11-046职业技能鉴定指导书

职业标准·试题库

送 电 线 路

（第二版）

电力行业职业技能鉴定指导中心　编

电力工程　线路运行与检修专业

U0748739

中国电力出版社
CHINA ELECTRIC POWER PRESS

内 容 提 要

　　本《指导书》是按照劳动和社会保障部制定国家职业标准的要求编写的，其内容主要由职业概况、职业技能培训、职业技能鉴定和鉴定试题库四部分组成，分别对技术等级、工作环境和职业能力特征进行了定性描述；对培训期限、教师、场地设备及培训计划大纲进行了指导性规定。本《指导书》自 1999 年出版后，对行业内职业技能培训和鉴定工作起到了积极的作用，本书在原《指导书》的基础上进行了修编，补充了内容，修正了错误。

　　试题库是根据《中华人民共和国国家职业标准》和针对本职业（工种）的工作特点，选编了具有典型性、代表性的理论知识（含技能笔试）试题和技能操作试题，还编制有试卷样例和组卷方案。

　　《指导书》是职业技能培训和技能鉴定考核命题的依据，可供劳动人事管理人员、职业技能培训及考评人员使用，亦可供电力（水电）类职业技术学校和企业职工学习参考。

图书在版编目（CIP）数据

　　送电线路/电力行业职业技能鉴定指导中心编 . —2 版 . —北京：中国电力出版社，2008.7（2019.8 重印）
　　（职业技能鉴定指导书）
　　电力工程线路运行与检修专业
　　ISBN 978 - 7 - 5083 - 7682 - 0

　　Ⅰ. 送…　Ⅱ. 电…　Ⅲ. 输电线路 - 职业技能鉴定-教材　Ⅳ. TM726

　　中国版本图书馆 CIP 数据核字（2008）第 102135 号

中国电力出版社出版、发行
（北京市东城区北京站西街 19 号　100005　http://www.cepp.com.cn）
北京雁林吉兆印刷有限公司印刷
各地新华书店经售

*

2002 年 1 月第一版
2008 年 7 月第二版　　2019 年 8 月北京第二十六次印刷
850 毫米×1168 毫米　32 开本　13.875 印张　355 千字
印数 137001—139000 册　定价 39.00 元

版 权 专 有　侵 权 必 究

本书如有印装质量问题，我社营销中心负责退换

电力职业技能鉴定题库建设工作委员会

主　任：徐玉华

副主任：方国元　王新新　史瑞家　杨俊平

　　　　陈乃灼　江炳思　李治明　李燕明

　　　　程加新

办公室：石宝胜　徐纯毅

委　员（以姓氏笔划为序）：

马建军	马振华	马海福	王　玉
王中奥	王向阳	王应永	丘佛田
李　杰	李生权	李宝英	刘树林
吕光全	许佐龙	朱兴林	陈国宏
季　安	吴剑鸣	杨　威	杨文林
杨好忠	杨耀福	张　平	张龙钦
张彩芳	金昌榕	南昌毅	倪　春
高　琦	高应云	奚　珦	徐　林
谌家良	章国顺	董双武	焦银凯
景　敏	路俊海	熊国强	

第一版编审人员

编写人员：万省民　车榕军　李恒锦

审定人员：鲁爱斌　王学功　邹玉华

　　　　　刘兴茂

第二版编审人员

编写人员（修订人员）：

　　　　　陶安余　翁岳明

审定人员：邹玉华　贾　凯　彭长均

说　明

为适应开展电力职业技能培训和实施技能鉴定工作的需要，按照劳动和社会保障部关于制定国家职业标准，加强职业培训教材建设和技能鉴定试题库建设的要求，电力行业职业技能鉴定指导中心统一组织编写了电力职业技能鉴定指导书（以下简称《指导书》）。

《指导书》以电力行业特有工种目录各自成册，于1999年陆续出版发行。

《指导书》的出版是一项系统工程，对行业内开展技能培训和鉴定工作起到了积极作用。由于当时历史条件和编写力量所限，《指导书》中的内容已不能适应目前培训和鉴定工作的新要求，因此，电力行业职业技能鉴定指导中心决定对《指导书》进行全面修编，在各网省电力（电网）公司、发电集团和水电工程单位的大力支持下，补充内容，修正错误，使之体现时代特色和要求。

《指导书》主要由职业概况、职业技能培训、职业技能鉴定和鉴定试题库四部分内容组成。其中，职业概况包括职业名称、职业定义、职业道德、文化程度、职业等级、职业环境条件、职业能力特征等内容；职业技能培训包括对不同等级的培训期限要求，对培训指导教师的经历、任职条件、资格要求，对培训场地设备条件的要求和培训计划大纲、培训重点、难点以及对学习单元的设计等；职业技能鉴定的依据是《中华人民共和国国家职业标准》，其具体内容不再在本书中重复；鉴定试题库是根据《中华人民共和国国家职业标准》所规定的范围和内容，以实际技能操作为主线，按照选择题、判断题、简答题、计算题、绘图题和论述题六种题型进行选题，并以难易程度组合排列，同时汇集了大量电力生产建设过程中具有普遍代表性和典型性的实际操作试题，构成了各工种的技能鉴定试题库。试题库的深度、广度涵盖了本职业技能鉴定的全部内容。题库之后还附有试卷样例和组卷方案，为实施鉴定命题提供依据。

《指导书》力图实现以下几项功能：劳动人事管理人员可根据《指导书》进行职业介绍，就业咨询服务；培训教学人员可按照《指导书》中的培训大纲组织教学；学员和职工可根据《指导书》要求，制定自学计划，确立发展目标，走自学成才之路。《指导书》对加强职工队伍培养，提高队伍素质，保证职业技能鉴定质量将起到重要作用。

本次修编的《指导书》仍会有不足之处，敬请各使用单位和有关人员及时提出宝贵意见。

电力行业职业技能鉴定指导中心

2008 年 6 月

目　录

说明

1 职业概况 ·································1

1.1 职业名称 ·································1
1.2 职业定义 ·································1
1.3 职业道德 ·································1
1.4 文化程度 ·································1
1.5 职业等级 ·································1
1.6 职业环境条件 ·························1
1.7 职业能力特征 ·························2

2 职业技能培训 ·····················3

2.1 培训期限 ·································3
2.2 培训教师资格 ·························3
2.3 培训场地设备 ·························3
2.4 培训项目 ·································4
2.5 培训大纲 ·································5

3 职业技能鉴定 ·····················16

3.1 鉴定要求 ·······························16
3.2 考评人员 ·······························16

4 鉴定试题库 ·························17

4.1 理论知识（含技能笔试）试题 ·····19
4.1.1 选择题 ·······························19

4.1.2 判断题 ……………………………………………… 64

4.1.3 简答题 ……………………………………………… 85

4.1.4 计算题 ……………………………………………… 137

4.1.5 绘图题 ……………………………………………… 207

4.1.6 论述题 ……………………………………………… 237

4.2 技能操作试题 ………………………………………… 274

4.2.1 单项操作 ……………………………………………… 274

4.2.2 多项操作 ……………………………………………… 334

4.2.3 综合操作 ……………………………………………… 385

5 **试卷样例** ………………………………………… 419

6 **组卷方案** ………………………………………… 436

1 ▼ 职业概况

1.1 职业名称

送电线路工（11—046）。

1.2 职业定义

巡视、维护、检修架空送电线路及其附属设备，使其达到安全运行规定质量标准的工作人员。

1.3 职业道德

热爱本职工作，刻苦钻研技术，遵守劳动纪律，爱护工具、设备，安全文明生产，诚实团结协作，艰苦朴素，吃苦耐劳，尊师爱徒。

1.4 文化程度

中等职业技术学校毕（结）业。

1.5 职业等级

本职业按照国家职业资格的规定，设为初级（国家五级）、中级（国家四级）、高级（国家三级）、技师（国家二级）、高级技师（国家一级）五个技术等级。

1.6 职业坏境条件

室外流动作业、高空作业。部分季节设备巡视检查、检修维护时高温、低温、潮湿等环境作业。

1.7 职业能力特征

能根据视觉信息协调眼、手和手指、足及身体其他部位，迅速、准确、协调地作出反应，完成既定操作。

能配合或组织相关人员，集体协作完成既定操作，有技术改造创新能力。

能利用眼看、耳听分析判断线路设备运行异常情况并能正确处理；有领会理解和应用技术文件的能力；能用精练语言进行联系、交流工作的能力；能准确而有目的运用数字进行运算，能凭思维想象几何形体和懂得三维物体的二维表现方法并具有识绘图能力。

2 ▼ 职业技能培训

2.1 培训期限

2.1.1 初级工：累计不少于 500 标准学时。

2.1.2 中级工：在取得初级职业资格的基础上累计不少于 400 标准学时。

2.1.3 高级工：在取得中级职业资格的基础上累计不少于 400 标准学时。

2.1.4 技师：在取得高级职业资格的基础上累计不少于 500 标准学时。

2.1.5 高级技师：在取得技师职业资格的基础上累计不少于 350 标准学时。

2.2 培训教师资格

2.2.1 具有中级以上专业技术职称的工程技术人员和技师可担任初、中级工培训教师。

2.2.2 具有高级专业技术职称的工程技术人员和高级技师可担任高级工、技师和高级技师的培训教师。

2.3 培训场地设备

2.3.1 具备本职业（工种）基础知识培训的教室和教学设备。配备有万用表、绝缘表、接地电阻表、盐密度测试仪、经纬仪及塔尺、标杆等；送电线路各种规格金具、绝缘子；送电线路检修、施工的各种工用具、安全工用具，机动绞磨、液压设备等。

2.3.2 具有基本技能的实习场所和实际操作训练设备。其中包括已经架设好的线路，线路部分包含混凝土直线单杆、耐张双杆、直线铁塔、耐张铁塔导线截面不小于 LGJ-120 型的，架空地线截面不小于 GJ-35 型的。绝缘子包括悬式瓷绝缘子、悬式防污瓷绝缘子、钢化玻璃悬式绝缘子、硅橡胶合成绝缘子、架空地线绝缘子；单串、双串悬式绝缘子组，单串、双串耐张绝缘子组。线路电压等级含 35、110kV 及 500kV。线路上具有各种保护金具。

2.3.3 虚拟仿真设备、模拟仿真设备。

2.3.4 本单位生产现场实际设备。

2.4 培训项目

2.4.1 培训目的：通过培训达到《职业技能鉴定规范》对本职业的知识和技能要求。

2.4.2 培训方式：自学和脱产相结合，脱产培训进行基础知识讲授和技能强化训练。

2.4.3 培训重点：

（1）送电线路有关规范及运行规程：如 DL 409—1991《电业安全工作规程（电力线路部分）》、《架空送电线路运行规程》、《检修规程》、GB 50233—2005《110～500kV 架空送电线路施工及验收规范》、《电力线路防护规程》、DL 588—1994《电业生产事故调查规程》等。

具体掌握以下知识：

1）线路工作安全知识。

2）线路基础知识。

3）线路维护工作知识。

4）线路防护工作知识。

5）线路各项技术标准及要求。

6）紧急救护工作。

（2）运行操作：

1）杆塔上的工作。

2）线路测量及基础分坑测量。

3）线路材料规格及使用组装。

4）线路材料运输。

5）排杆与焊接。

6）基础安装及浇制。

7）接地安装及检查测量。

8）杆塔组立。

9）导线、架空地线架设。

10）附件安装。

11）线路的日常维护。

12）线路的一般检修。

13）线路的事故抢修。

（3）事故分析、判断和处理：

1）继电保护有关知识。

2）线路事故设想及反事故演习。

3）线路季节性事故预防。

4）线路事故分析、判断。

5）倒杆塔、断导线、断架空地线、掉线、绝缘子击穿以及
线路污闪等事故的处理。

6）带电作业基本知识。

（4）线路技术管理：

1）《电力工业技术管理法规》及相关知识。

2）全面质量管理。

3）线路施工管理。

4）检修、施工组织设计。

5）小型送电线路工程设计。

6）送电线路工程施工预算、决算的编写。

2.5 培训大纲

本职业技能培训大纲，以模块组合（MES）—模块（MU）

—学习单元（LE）的结构模式进行编写，其学习目标及内容见表1，职业技能模块及学习单元对照选择见表2，学习单元名称见表3。

表1 培训大纲模块

模块序号及名称	单元序号及名称	学习目标	学习内容	学习方式	参考学时
MU1 供电职工职业道德	LE1 供电职工守则，送电线路工职业道德	通过本单元学习后，能掌握供电系统工作人员的职业道德规范，能模范自觉地遵守供电系统各项行为规范和准则	1. 热爱祖国，热爱本职工作 2. 遵纪守法，严守岗位职责 3. 刻苦学习，钻研技术 4. 吃苦耐劳，团结协作 5. 爱护设备、工具，节约材料 6. 遵守规章制度，安全文明生产 7. 尊师爱徒，互相关心	自学	4
MU2 有关线路方面的各种规程	LE2 《电业安全工作规程（电力线路部分）》《安全生产工作规定》	通过本单元学习，熟悉线路安全规程，明确电力线路安全工作的重要性，能牢固地树立"安全第一，预防为主"的思想，了解线路工作的各种安全规定并能自觉地遵守	1. 总则 2. 线路运行和维护 3. 保证安全的组织措施 4. 保证安全的技术措施 5. 一般安全措施 6. 配电变压器台上的工作 7. 邻近带电导体的工作 8. 带电作业 9. 紧急救护法	讲课结合自学	12

模块序号及名称	单元序号及名称	学习目标	学习内容	学习方式	参考学时
MU2 有关线路方面的各种规程	LE3 送电线路基本知识及相关知识	通过本单元的学习,了解线路的工作原理及构造,熟悉送电线路各种部件、材料的作用,了解熟悉相关理论知识	1. 有关的数学知识 2. 力学的基础知识与材料力学的基础知识 3. 绝缘材料及金属材料的基本知识 4. 电工基础知识和带电作业的基本知识 5. 送电线路组成及结构 6. 送电线路材料型号及规格 7. 机械制图 8. 机械基础知识 9. 内燃机基本原理 10. 测绘知识及计算 11. 钳工初步知识、起重、搬运、吊装初步知识 12. 计算机的有关知识	讲课 结合实际讲课 现场结合实际讲课 自学	80
	LE4 《架空送电线路运行规程》,《电力线路防护规程》	通过本单元的学习,了解并熟悉送电线路运行的基本条件,送电线路安全运行的技术要求。熟悉现场运行规程,线路防护规程和检修质量标准的有关条文。初步掌握送电线路维护事项	1. 送电线路运行各项技术数据 2. 送电线路各部件运行标准 3. 送电线路维护和检修 4. 架空电力线路防护区的各项技术数据	讲课与自学	8
	LE5 线路检修规程	通过本单元的学习,了解送电线路检修工作中的有关安全规程,掌握检修工作中的基本操作及检修后的验收标准,了解带电作业的基本操作方法	1. 送电线路检修分类 2. 送电线路检修周期 3. 送电线路检修方法 4. 送电线路检修工艺及验收标准 5. 送电线路检修常用的工具使用、检查、试验以及安全要求 6. 带电作业的基本操作方法	讲课与自学	12

模块序号及名称	单元序号及名称	学习目标	学习内容	学习方式	参考学时
MU3 专业操作技能	LE6 送电线路维护检修的地面工作	通过本单元的学习、培训及实际操作，掌握送电线路的一些地面维护、检修工作，并能熟练地操作使用线路工作中常用的工器具，能配合杆塔上工作人员完成一般的送电线路维护检修	1. 接地电阻值的测量 2. 瓷绝缘子的测量检查 3. 调整和制作各种类型的拉线 4. 混凝土杆、线材、水泥预制件的装卸与运输 5. 绳索的起重量确定及各种绳扣使用与打法 6. 常用工器具的使用、检查与保养 7. 各类带电工具检查保养与使用 8. 各类起重工具、器具的性能和强度以及检查保养和使用 9. 混凝土电杆的扒杆焊接 10. 地面上组装杆塔的工作 11. 线路材料、金具的使用数据	讲课与自学 现场实际讲课 结合实际操作	32
	LE7 线路基础的安装、浇制	通过本单元的学习、培训及实际操作，了解线路上各种基础的施工方法与安装方法，熟悉各种基础的施工图纸，熟悉各种基础施工的技术标准及验收规范，能参加完成各种电杆基础的安装、各种铁塔基础的浇制或安装	1. 各种基础施工图纸 2. 线路基础的计算 3. 各种土质基础坑的开挖及采取的技术措施 4. 爆破方面的基本知识和安全知识 5. 基础施工的技术措施 6. 普通混凝土用碎石或卵石及砂质量标准及检验方法 7. 线路基础工程施工及验收规范 8. 混凝土的浇制及养护 9. 基础施工机械的使用与保养 10. 冬雨季混凝土的施工	讲课与自学 现场实际讲课 结合实际操作	24

8

模块序号及名称	单元序号及名称	学习目标	学习内容	学习方式	参考学时
MU3 专业操作技能	LE8 直线杆、塔上作业	通过本单元的学习、培训与实际操作，掌握直线杆、塔上作业的基本操作，在师傅的带领下能完成直线杆、塔上的一般检修作业	1. 《电业安全工作规程》(电力线路部分)杆、塔上工作一节 2. 攀登杆塔(含升降板、脚扣、爬梯、脚钉等攀登) 3. 安全带的正确使用 4. 验电接地工作 5. 防振锤装拆 6. 悬垂线夹的装拆 7. 直线杆塔悬垂绝缘子更换(含更换单片绝缘子和整串绝缘子，杆塔上自行提升导线及杆塔下机动牵引提升导线) 8. 带电测量绝缘子 9. 停电或带电检修直线杆、塔 10. 停电或带电更换拉线	现场实际讲课结合实际操作	32
	LE9 耐张杆、塔上的工作	通过本单元的学习及实际操作，了解耐张杆、塔上的各项维护及检修工作，并能配合师傅完成这些工作	1. 跳线(弓子线、引流线)的连接与拆除 2. 架空地线的紧线、撤线 3. 导线的紧线、撤线 4. 导线、架空地线的弛度调整 5. 更换单串耐张绝缘子，用卡具更换单只或整串 6. 更换双串耐张绝缘子 7. 带电测试绝缘子 8. 停电或带电检修耐张杆、塔 9. 停电或带电更换拉线	现场实际讲课结合实际操作	32

模块序号及名称	单元序号及名称	学习目标	学习内容	学习方式	参考学时
MU3 专业操作技能	LE10 经纬仪及其他测绘仪器的使用	通过本单元的学习及实际操作，了解经纬仪的各项功能，能熟练地操作使用经纬仪及其他测绘仪器，看懂线路断面图、路径图、基础平面图、弧垂应力曲线、安装曲线等图纸，完成线路测量、施工定位、弛度观测工作	1. 线路施工、检修图纸 2. 线路的定线测量 3. 线路平、断面的测量，基础分坑测量，地形高程测量 4. 杆塔倾斜值测量，交叉跨越距离测量 5. 线路弧度测量	讲课与自学 现场实际讲课 结合实际操作	16
	LE11 机动绞磨的使用、维护和检修	通过本单元的学习及实际操作，了解机动绞磨的结构原理，能熟练地操作机动绞磨，完成各种起重及牵引工作，能对机动绞磨进行常规保养、故障检修	1. 内燃机的工作原理及各系统的保养、检修 2. 变速箱的结构、保养、检修 3. 机动绞磨工作现场的布置 4. 机动绞磨操作安全措施 5. 机动绞磨故障的分析与检修	自学 现场实际讲课 结合实际操作	12
	LE12 导线、架空地线爆炸压接与液压连接	通过本单元的学习及实际操作，熟悉导线、架空地线爆压、液压连接施工工艺规程、操作要领、质量检查、安全事项，能熟练地施工并保证施工质量	1. 爆压、液压的基本原理 2. 液压设备的检修、保养 3.《架空电力线路爆炸压接施工工艺规程》 4. SDJ226—1987《架空送电线路导线及避雷线液压施工工艺规程》 5. 长圆型搭接管爆压操作 6. 大截面导线直线管爆压操作、液压操作 7. 大截面耐张管爆压操作、液压操作 8. 钢绞线搭接爆压操作，耐张管爆压、液压操作 9. 爆压、液压后的质量检查 10. 爆压、液压施工的安全事项	现场实际讲课 结合实际操作	32

模块序号及名称	单元序号及名称	学习目标	学习内容	学习方式	参考学时
MU3 专业操作技能	LE13 电杆组立	通过本单元的学习、实际操作，熟悉电杆组立的各道工序、熟悉施工图纸、熟悉工器具的选择、熟悉现场布置、熟悉各种起重方法，能参与各种电杆组立工作，力争能组织指挥起立各种类型的混凝土电杆	1. 各种起重工具的计算、检查、选择 2. 起重机具检修、检查及试验标准 3. 各种组立电杆方式的应用 4. 各种组立电杆方式现场的布置 5. 各种组立电杆方式施工组织设计及作业指导书 6. 各种拉线的制作、安装	讲课 现场实际讲课 结合实际操作	32
	LE14 铁塔组立	通过本单元的学习，能看懂并熟悉各类型的铁塔组装图，能了解铁塔的各种组立方式并根据现场施工条件选取铁塔组立方式，能参加甚至能指挥铁塔组立工作	1. 铁塔组装施工图纸 2. 铁塔组立的各项技术要求 3. 铁塔组立作业指导书 4. 铁塔整体组立 5. 铁塔分段组立 6. 铁塔分片组立 7. 铁塔倒装式组立 8. 铁塔内拉线抱杆组塔法 9. 铁塔组立施工验收规范 10. 铁塔组立工作施工组织设计编制	讲课 现场实际讲课 结合实际操作	24
	LE15 导线、架空地线架设	通过本单元的学习，了解导线、架空地线的架设工作，熟悉导线、架空地线架设的各项技术要求，能胜任甚至能组织指挥导线、架空地线架设工作	1. 导线、架空地线架设工作施工组织设计编制 2. 放紧线段的选择 3. 线轴的选用及布置 4. 跨越架的架设 5. 导线、架空地线架设各项技术要求及验收规范 6. 附件安装 7. 飞车的使用及安全事项	讲课 现场实际讲课 结合实际操作	24

模块序号及名称	单元序号及名称	学习目标	学习内容	学习方式	参考学时
MU4 线路事故分析、判断和处理	LE16 继电保护有关知识	通过本单元的学习，了解继电保护装置的基本原理，熟悉送电线路上常用的继电保护装置及微机保护装置；能根据继电保护装置的动作及微机保护装置的记录，正确分析查找线路事故点，以减少查找线路事故点投入的人力和时间	1. 继电保护装置及微机保护装置的原理 2. 送电线路上常用的继电保护装置及微机保护装置 3. 送电线路上常用的继电保护装置的时限特性与时限配合 4. 方向过电流保护与距离保护 5. 差动保护与高频保护 6. 零序电流保护 7. 自动重合闸装置	讲课 自学	8
	LE17 架空电力线路季节性事故的预防	通过本单元的学习，掌握架空电力线路季节性事故的特点和规律。能制定季节性事故预防措施和预防计划。防止线路季节性事故的发生	1. 架空电力线路竹树事故的预防 2. 架空电力线路雷害事故的预防 3. 架空电力线路污闪事故的预防 4. 架空电力线路防风、防暴雨、防洪工作 5. 架空电力线路防冻、防冰雪、防鸟害工作 6. 架空电力线路防外力破坏工作	讲课 自学	6
	LE18 送电线路事故处理	通过本单元的学习，能分析线路事故发生的一些规律，能用最短的时间找出事故点，能选定最佳事故抢修方案及制订抢修组织、安全、技术措施，能参加、组织、指挥送电架空电力线路各种事故的抢修，以最短的时间恢复送电	1. 线路事故抢修材料的准备 2. 线路事故抢修方案的选择 3. 掉线事故的抢修 4. 断线事故的抢修 5. 倒杆塔事故的抢修 6. 导线的补修和局部换线	讲课 自学 现场实际讲课 结合实际操作	16

模块序号及名称	单元序号及名称	学习目标	学习内容	学习方式	参考学时
MU4 线路事故分析、判断和处理	LE19 送电线路带电作业	通过本单元的学习和实践，了解带电作业的基本原理，熟悉带电作业的有关规程，熟悉带电作业工具维护、保管与使用，能完成基本的带电作业任务	1.《电业安全工作规程》带电作业部分及其宣讲教材 2. 带电作业安全工作规程 3. 带电作业工具维护，保管、实验与使用 4. 用绝缘操作杆进行带电工作 5. 带电测试查找零值绝缘子	讲课 自学 现场实际讲课 结合实际操作	8
MU5 线路技术管理	LE20 线路运行管理	通过本单元的学习，能对送电线路运行、维护、检修进行计划、组织与指挥，熟悉所辖区线路的地形、路径、走向等，能对送电线路进行较科学的管理	1. 架设送电线路工程施工质量检查评级标准 2. 电业生产事故调查规程 3. 线路运行的计划管理 4. 线路运行的缺陷管理 5. 线路图纸、资料记录管理 6. 线路运行分析 7. 线路工作技术培训 8. 线路反事故措施计划的编制 9. 线路大修计划的编制 10. 线路检修、抢修工作的组织 11. 防止电力生产重大事故的 25 项重点要求 12. 线路技术改造与线路升级 13. 计算机辅助管理	讲课 自学 现场实际讲课 结合实际操作	24

模块序号及名称	单元序号及名称	学习目标	学习内容	学习方式	参考学时
MU5 线路技术管理	LE21 线路工程施工管理	通过本单元的学习，能对线路施工工程的安全、质量、工期、造价等进行全面、科学的管理	1. 设计图纸的审查 2. 技术交底 3. 施工组织设计的编制 4. 施工质量计划的编制 5. 施工进度计划的编制、横道图、网络图的绘制 6. 施工项目质量与安全管理 7. 与监理工作的配合 8. 工程验收及资料交接 9. 文明施工知识及有关环保文件 10. 计算机辅助施工项目管理 11. 全面质量管理的有关知识	讲课 自学 现场实际讲课 结合实际操作	24
	LE22 线路工程概算、预算、决算的编制	通过本单元的学习，能对线路工程的造价有较准确的计算，能利用技术、经济手段控制、降低线路施工、改造、检修等工程成本	1. 施工图的熟悉 2. 线路安装定额 3. 材料的统计计算 4. 运输量、土方量的计算 5. 地形系数计算及套用 6. 各种取费标准计算 7. 工程经济分析 8. 施工项目成本管理	讲课 自学 现场实际讲课 结合实际操作	24

表2　　　　　　　　　职业技能模块及学习单元对照选择表

模块		MU1	MU2	MU3	MU4	MU5
内容		供电职工职业道德	有关线路方面的各种规程	专业操作技能	线路事故分析、判断和处理	线路技术管理
参考学时		4	112	260	38	72
适用等级		初、中、高、技师、高级技师	初、中、高、技师、高级技师	初、中、高、技师、高级技师	中、高、技师、高级技师	高、技师、高级技师
LE学习单元选择	初	1	2、3、5	6、7、8		
	中	1	2、3、4、5	6、7、8、9、10	16、17	
	高	1	2、3、4、5	10、11、12、13、15	16、17、18、19	
	技师	1	2、3、4、5	10、11、12、13、14、15	16、17、18、19	20、21、22
	高技	1、	2、3、4、5	10、11、12、13、14、15	16、17、18、19	20、21、22

表3　　　　　　　　　学习单元名称表

单元序号	单元名称	单元序号	单元名称
LE1	供电职工守则，送电线路工职业道德	LE12	导线、架空地线爆炸压接与液压连接
LE2	《电业安全工作规程（电力线路部分）》，《安全生产工作规定》	LE13	电杆组立
LE3	送电线路基本知识及相关知识	LE14	铁塔组立
LE4	《架空送电线路运行规程》，《电力线路防护规程》	LE15	导线、架空地线架设
LE5	线路检修规程	LE16	继电保护有关知识
LE6	送电线路维护检修的地面工作	LE17	架空电力线路季节性事故的预防
LE7	线路基础的安装、浇制	LE18	送电线路事故处理
LE8	直线杆、塔上作业	LE19	送电线路带电作业
LE9	耐张杆、塔上的工作	LE20	线路运行管理
LE10	经纬仪及其他测绘仪器的使用	LE21	线路工程施工管理
LE11	机动绞磨的使用、维护和检修	LE22	线路工程概算、预算、决算的编制

3 职业技能鉴定

3.1 鉴定要求

鉴定内容和考核双向细目表按照本职业（工种）《中华人民共和国职业技能鉴定规范·电力行业》执行。

3.2 考评人员

考评人员是指在规定的工种（职业）、等级和类别范围内，依据国家职业技能鉴定范围和国家职业技能鉴定试题库电力行业分库试题，对职业技能鉴定对象进行考核、评审工作的人员。

考评人员分考评员和高级考评员。考评员可承担初、中、高级技能等级鉴定；高级考评员可承担初、中、高级技能等级和技师、高级技师资格考评。其任职条件是：

3.2.1 考评员必须具有高级工、技师或者中级专业技术职务以上的资格，具有 15 年以上本工种专业工龄；高级考评员必须具有高级技师或者高级专业技术职务的资格，取得考评员资格并具有 1 年以上实际考评工作经历。

3.2.2 掌握必要的职业技能鉴定理论、技术和方法，熟悉职业技能鉴定的有关法律、法规和政策，有从事职业技术培训、考核的经历。

3.2.3 具有良好的职业道德，秉公办事，自觉遵守职业技能鉴定考评人员守则和有关规章制度。

鉴定试题库

4

4.1 理论知识（含技能笔试）试题

4.1.1 选择题

下列每道题都有 4 个答案，其中只有一个正确答案，将正确答案填在括号内。

La5A1001 我们把提供电流的装置，例如电池之类统称为（**A**）。

（A）电源；（B）电动势；（C）发电机；（D）电能。

La5A1002 金属导体的电阻与（**C**）无关。

（A）导体长度；（B）导体截面积；（C）外加电压；（D）导体电阻率。

La5A1003 两只阻值相同的电阻串联后，其阻值（**B**）。

（A）等于两只电阻阻值的乘积；（B）等于两只电阻阻值的和；（C）等于两只电阻阻值之和的 1/2；（D）等于其中一只电阻阻值的一半。

La5A2004 一个物体受力平衡，则（**C**）。

（A）该物体必静止；（B）该物体作匀速运动；（C）该物体保持原来的运动状态；（D）该物体作加速运动。

La5A2005 材料力学是研究力的（**A**）。

（A）内效应；（B）外效应；（C）材料的属性；（D）作用效果。

La5A2006 作用在物体上的力叫（**D**）。

（A）反作用力；（B）推力；（C）拉力；（D）作用力。

La5A3007 在 6～10kV 中性点不接地系统中，发生单相完全金属性接地时，非故障相的相电压将（**C**）。

（A）升高；（B）升高不明显；（C）升高 $\sqrt{3}$ 倍；（D）降低。

La5A4008 载流导体周围的磁场方向与产生磁场的（**D**）有关。

（A）磁场强度；（B）磁力线的方向；（C）电场方向；（D）电流方向。

Lb5A1009 高压电气设备电压等级在（**D**）V 及以上。

（A）220；（B）380；（C）500；（D）1000。

Lb5A1010 铝材料比铜材料的导电性能（**B**）。

（A）好；（B）差；（C）一样；（D）稍好。

Lb5A1011 接地线的截面应（**A**）。

（A）符合短路电流的要求并不得小于 $25mm^2$；（B）符合短路电流的要求并不得小于 $35mm^2$；（C）不得小于 $25mm^2$；（D）不得大于 $50mm^2$。

Lb5A1012 在 35kV 带电线路杆塔上工作的安全距离是（**C**）m。

（A）0.5；（B）0.7；（C）1.0；（D）1.5。

Lb5A1013 **35kV** 电力网电能输送的电压损失应不大于（**C**）。

（A）5%；（B）8%；（C）10%；（D）15%。

Lb5A1014 **LGJ–95～150** 型导线应用的悬垂线夹型号为（**C**）。

（A）XGU–1；（B）XGU–2；（C）XGU–3；（D）XGU–4。

Lb5A1015 直线杆悬垂绝缘子串除有设计特殊要求外，其与铅垂线之间的偏斜角不得超过（**B**）。

（A）4°；（B）5°；（C）6°；（D）7°。

Lb5A1016 由雷电引起的过电压称为（**D**）。

（A）内部过电压；（B）工频过电压；（C）谐振过电压；（D）大气过电压。

Lb5A1017 弧垂减小导线应力（**A**）。

（A）增大；（B）减小；（C）不变；（D）可能增大，可能减小。

Lb5A1018 三相四线制电路的零线截面，不宜小于相线截面的（**C**）。

（A）30%；（B）40%；（C）50%；（D）75%。

Lb5A1019 线路杆塔的编号顺序应从（**A**）。

（A）送电端编至受电端；（B）受电端编至送电端；（C）耐张杆开始；（D）变电站开始。

Lb5A1020 电力线路杆塔编号的涂写方位或挂杆号牌应在（**D**）。

（A）杆塔的向阳面；（B）面向巡线通道或大路；（C）面向横线路侧；（D）面向顺线路方向送电侧。

Lb5A2021 若用 **LGJ-50** 型导线架设线路，该导线发生电晕的临界电压为（**D**）。

（A）10kV；（B）35kV；（C）110kV；（D）153kV。

Lb5A2022 线路电杆在运输过程中的要求是（**C**）。

（A）放置平衡；（B）不宜堆压；（C）必须捆绑牢固、放置平稳；（D）小心轻放、防止曝晒。

Lb5A2023 采用人力立杆方法立杆时，电杆长度不应超过（**C**）。

（A）6m；（B）8m；（C）10m；（D）13m。

Lb5A2024 线路架设施工中，杆坑的挖掘深度，一定要满足设计要求，其允许误差不得超过（**C**）。

（A）±50mm；（B）+120mm；（C）+100mm，−50mm；（D）±30mm。

Lb5A2025 挖掘杆坑时，坑底的规格要求是底盘四面各加（**B**）。

（A）100mm 以下的裕度；（B）200mm 左右的裕度；（C）300～500mm 的裕度；（D）500mm 以上的裕度。

Lb5A2026 杆坑需用马道时，一般要求马道的坡度不大于（**C**）。

（A）30°；（B）35°；（C）45°；（D）60°。

Lb5A2027 验收 **110kV** 线路时，弧垂应不超过设计弧垂的（**B**），−2.5%。

（A）+4%；（B）+5%；（C）+6%；（D）+2.5%。

Lb5A2028 巡线人员发现导线断裂落地后，应设法防止行人靠近断线地点（**C**）以内。

（A）5m；（B）7m；（C）8m；（D）10m。

Lb5A2029 架空线受到均匀轻微风的作用时，产生的周期性的振动称为（**D**）。

（A）舞动；（B）横向碰击；（C）次档距振荡；（D）微风振动。

Lb5A2030 高处作业是指工作地点离地面（**A**）及以上的作业。

（A）2m；（B）3m；（C）4m；（D）4.5m。

Lb5A2031 输电线路的拉线坑若为流沙坑基时，其埋设深度不得小于（**A**）。

（A）2.2m；（B）2.0m；（C）1.8m；（D）1.5m。

Lb5A2032 220～330kV 混凝土杆组立后根开距离误差尺寸不得超过（**C**）。

（A）±5%；（B）±3‰；（C）±5‰；（D）±7%。

Lb5A2033 相分裂导线与单根导线相比（**B**）。

（A）电容小；（B）电感小；（C）电感大；（D）对通信干扰加重。

Lb5A3034 直流高压输电和交流高压输电的线路杆塔相比（**A**）。

（A）直流杆塔简单；（B）交流杆塔简单；（C）基本相同没有多大区别；（D）直流杆塔消耗材料多。

Lb5A3035 铁塔基础坑开挖深度超过设计规定+100mm时，其超深部分应（**D**）。

（A）石块回填；（B）回填土夯实；（C）用灰土夯实；（D）进行铺石灌浆处理。

Lb5A3036 电力系统在运行中发生三相短路时，通常出现（**B**）现象。

（A）电流急剧减小；（B）电流急剧增大；（C）电流谐振；（D）电压升高。

Lb5A4037 测量杆塔接地电阻，在解开或恢复接地引线时，应（**B**）。

（A）戴手套；（B）戴绝缘手套；（C）戴纱手套；（D）随便戴与不戴。

Lc5A1038 当电力线路上发生故障时，继电保护仅将故障部分切除，保持其他非直接故障部分继续运行，称为继电保护的（**D**）。

（A）灵敏性；（B）快速性；（C）可靠性；（D）选择性。

Lc5A1039 兆欧表又称（**A**）。

（A）绝缘电阻表；（B）欧姆表；（C）接地电阻表；（D）万用表。

Lc5A1040 为了保证用户的电压质量，系统必须保证有足够的（**C**）。

（A）有功容量；（B）电压；（C）无功容量；（D）频率。

Lc5A2041 输电线路的电压等级是指线路的（**B**）。

（A）相电压；（B）线电压；（C）线路总电压；（D）端电压。

Lc5A2042 使用悬式绝缘子串的杆塔，根据线路电压和（**C**）的不同，其水平线间距离也不同。

（A）杆塔；（B）地形；（C）档距；（D）悬点高度。

Lc5A2043 悬垂线夹应有足够的握着力，普通钢芯铝绞线用的悬垂线夹，其握着力不小于导线的计算拉断力的（**A**）。

（A）20%；（B）30%；（C）35%；（D）40%。

Lc5A3044 输电线路的导线和架空地线补偿初伸长的方法是（**A**）。

（A）降温法；（B）升温法；（C）增加弧垂百分数法；（D）减少张力法。

Lc5A4045 输电线路与一级通信线的交叉角应（**A**）。

（A）≥45°；（B）≥30°；（C）≤30°；（D）≤45°。

Jd5A1046 35～110kV 线路跨越公路时对路面的最小垂直距离是（**D**）。

（A）9.0m；（B）8.0m；（C）7.5m；（D）7.0m。

Jd5A1047 154～220kV 导线与树木之间的最小垂直距离为（**B**）。

（A）4.0m；（B）4.5m；（C）5.5m；（D）6.0m。

Jd5A1048 220kV 线路双杆组立后，两杆的扭转（迈步）误差尺寸不得超过（**B**）。

（A）5/1000 根开距离；（B）1/100 根开距离；（C）1.5/100 根开距离；（D）2/100 根开距离。

Jd5A1049 输电线路的导线截面一般根据（**C**）来选择。
（A）允许电压损耗；（B）机械强度；（C）经济电流密度；（D）电压等级。

Jd5A2050 杆塔组立后杆塔左右偏离线路中心误差尺寸不得大于（**D**）。
（A）20mm；（B）30mm；（C）40mm；（D）50mm。

Jd5A2051 起重用的手拉葫芦一般起吊高度为（**B**）m。
（A）3.5～5；（B）2.5～3；（C）3～4.5；（D）2.5～5。

Jd5A2052 下列不属于基本安全用具有（**B**）。
（A）绝缘操作棒；（B）绝缘手套；（C）绝缘夹钳；（D）验电笔。

Jd5A2053 线路的杆塔上必须有线路名称、杆塔编号、（**B**）以及必要的安全、保护等标志。
（A）电压等级；（B）相位；（C）用途；（D）回路数。

Jd5A3054 钢丝绳在使用时损坏应该报废的情况有（**B**）。
（A）钢丝断丝；（B）钢丝绳钢丝磨损或腐蚀达到原来钢丝直径的 40%及以上；（C）钢丝绳受过轻微退火或局部电弧烧伤者；（D）钢丝绳受压变形及表面起毛刺者。

Jd5A4055 线路的绝缘薄弱部位应加装（**D**）。
（A）接地线；（B）放电间隙；（C）FZ 普通型避雷器；（D）无续流氧化锌避雷器。

Je5A1056　在档距中导线、架空地线上挂梯（或飞车）时，钢芯铝绞线的截面不得小于（**B**）mm²。

（A）95；（B）120；（C）150；（D）70。

Je5A4057　线路的转角杆塔组立后，其杆塔结构中心与中心桩间横、顺线路方向位移不得超过（**B**）。

（A）38mm；（B）50mm；（C）80mm；（D）100mm。

Je5A1058　输电线路在跨越标准轨铁路时，其跨越档内（**A**）。

（A）不允许有接头；（B）允许有一个接头；（C）允许有两个接头；（D）不能超过三个接头。

Je5A1059　220kV 线路导线与 35kV 线路导线之间的最小垂直距离不应小于（**C**）。

（A）2.5m；（B）3.0m；（C）4.0m；（D）5.0m。

Je5A1060　杆塔组立后，必须将螺栓全部紧固一遍，架线后再全面复紧一次，M16 螺栓的扭矩标准是（**D**）。

（A）100N·m；（B）40N·m；（C）60N·m；（D）80N·m。

Je5A1061　运行中的 500kV 线路盘形绝缘子，其绝缘电阻值应不低于（**D**）。

（A）100MΩ；（B）200MΩ；（C）300MΩ；（D）500MΩ。

Je5A1062　重力基础是指杆塔与基础总的重力（**D**）。

（A）大于 9.81kN；（B）等于上拔力；（C）小于上拔力；（D）大于上拔力。

Je5A1063　导线悬挂点的应力（**A**）导线最低点的应力。

（A）大于；（B）等于；（C）小于；（D）根据计算确定。

Je5A1064 输电线路直线杆塔如需要带转角，一般不宜大于（**A**）。

（A）5°；（B）10°；（C）15°；（D）20°。

Je5A1065 悬垂绝缘子串不但承受导线的垂直荷载，还要承受导线的（**B**）。

（A）斜拉力；（B）水平荷载；（C）吊力；（D）上拔力。

Je5A1066 在使用滑轮组起吊相同重物时，在采用的工作绳数相同的情况下，绳索的牵引端从定滑轮绕出比从动滑轮绕出所需的牵引力（**A**）。

（A）大；（B）小；（C）相同；（D）无法确定。

Je5A1067 导线单位长度、单位面积的荷载叫做（**C**）。

（A）应力；（B）张力；（C）比载；（D）最小荷载。

Je5A1068 绝缘子是用来使导线和杆塔之间保持（**C**）状态。

（A）稳定；（B）平衡；（C）绝缘；（D）保持一定距离。

Je5A1069 主要用镐，少许用锹、锄头挖掘的黏土、黄土、压实填土等称为（**D**）。

（A）沙砾土；（B）次坚石；（C）软石十；（D）坚土。

Je5A2070 XP-70 型绝缘子的（**B**）为 70kN。

（A）1h 机电荷载；（B）额定机电破坏荷载；（C）机电荷载；（D）能够承受的荷载。

Je5A2071 杆塔下横担下弦边线至杆塔施工基面的高度叫（**C**）。

（A）杆塔的高度；（B）导线对地高度；（C）杆塔呼称高；（D）绝缘子悬挂点高度。

Je5A2072 一根 **LGJ-400** 型导线在放线过程中，表面一处 **4** 根铝线被磨断（每根铝股的截面积为 **7.4mm²**），对此应进行（**B**）。

（A）缠绕处理；（B）补修管处理；（C）锯断重新接头处理；（D）换新线。

Je5A2073 为了限制内部过电压，在技术经济比较合理时，较长线路可（**C**）。

（A）多加装架空地线；（B）加大接地电阻；（C）设置中间开关站；（D）减少接地电阻。

Je5A2074 紧线施工中，牵引的导地线拖地时，人不得（**B**）。

（A）穿越；（B）横跨；（C）停留；（D）暂停通行。

Je5A2075 电力线路采用架空地线的主要目的是为了（**D**）。

（A）减少内过电压对导线的冲击；（B）减少导线受感应雷的次数；（C）减少操作过电压对导线的冲击；（D）减少导线受直击雷的次数。

Je5A2076 在软土、坚土、砂、岩石四者中，电阻率最高的是（**C**）。

（A）软土；（B）砂；（C）岩石；（D）坚土。

Je5A2077 容易发生污闪事故的天气是（**C**）。

（A）大风、大雨；（B）雷雨；（C）毛毛雨、大雾；（D）晴天。

Je5A2078 在线路施工中对所用工器具的要求是（**D**）。

（A）出厂的工具就可以使用；（B）经试验合格后就可使用；（C）每次使用前不必进行外观检查；（D）经试验合格有效及使用前进行外观检查合格后方可使用。

Je5A2079 相邻两基耐张杆塔之间的架空线路，称为一个（**A**）。

（A）耐张段；（B）代表档距；（C）水平档距；（D）垂直档距。

Je5A2080 导线垂直排列时的垂直线间距离一般为水平排列时水平线间距离的（**C**）。

（A）50%；（B）60%；（C）75%；（D）85%。

Je5A2081 线路停电后，装设接地线时应（**D**）。

（A）先装中相后装两边相；（B）先装两边相后装中相；（C）先装导体端；（D）先装接地端。

Je5A2082 在超过（**B**）深的坑内作业时，抛土要特别注意防止土石回落坑内。

（A）1.0m；（B）1.5m；（C）2.0m；（D）2.5m。

Je5A2083 电杆需要卡盘固定时，上卡盘的埋深要求是（**B**）。

（A）电杆埋深的1/2处；（B）电杆埋深的1/3处；（C）卡盘与地面持平；（D）卡盘顶部与杆底持平。

Je5A3084 运行中的钢筋混凝土电杆允许倾斜度范围为（**D**）。

（A）3/1000；（B）5/1000；（C）10/1000；（D）15/1000。

Je5A3085　输电线路的导线连接器为不同金属连接器时，规定检查测试的周期是（**B**）。

（A）半年一次；（B）一年一次；（C）一年半一次；（D）两年一次。

Je5A3086　输电线路盘形绝缘子的绝缘测试周期是（**B**）。

（A）一年一次；（B）两年一次；（C）三年一次；（D）五年一次。

Je5A3087　同杆塔架设的多层电力线路停电后挂接地线时应（**B**）。

（A）先挂低压后挂高压，先挂上层后挂下层；（B）先挂低压后挂高压，先挂下层后挂上层；（C）先挂高压后挂低压，先挂上层后挂下层；（D）先挂高压后挂低压，先挂下层后挂上层。

Je5A3088　运行中接续金具温度高于导线温度（**B**），应进行处理。

（A）5℃；（B）10℃；（C）15℃；（D）20℃。

Je5A4089　架线施工时，某观测档已选定，但弧垂最低点低于两杆塔基部连线，架空线悬挂点高差大，档距也大，应选用观测弧垂的方法是（**C**）。

（A）异长法；（B）等长法；（C）角度法；（D）平视法。

Je5A4090　中性点直接接地系统对于一般无污染地区，为保证使用的绝缘子串或瓷横担绝缘水平，要求泄漏比距（按 **GB/T 16434—1996** 要求）应不小于（**C**）。

（A）1.0cm/kV；（B）1.4cm/kV；（C）1.6cm/kV；（D）2.0cm/kV。

Je5A4091　用导线的应力、弧垂曲线查应力（或弧垂）时，必须按（**A**）确定。

（A）代表档距；（B）垂直档距；（C）水平档距；（D）平均档距。

Jf5A1092 绝缘架空地线应视为带电体，作业人员与架空地线之间的安全距离不应小于（**A**）m。

（A）0.4；（B）0.8；（C）1.0；（D）1.5。

Jf5A1093 绝缘子盐密测量周期为（**C**）一次。

（A）三个月；（B）半年；（C）一年；（D）二年。

Jf5A1094 非张力放线时，在一个档距内，每根导线上只允许有（**A**）。

（A）一个接续管和三个补修管；（B）两个接续管和四个补修管；（C）一个接续管和两个补修管；（D）两个接续管和三个补修管。

Jf5A2095 用 ZC–8 型接地电阻测量仪测量接地电阻时，电压极愈靠近接地极，所测得的接地电阻数值（**B**）。

（A）愈大；（B）愈小；（C）不变；（D）无穷大。

Jf5A2096 导地线产生稳定振动的基本条件是（**A**）。

（A）均匀的微风；（B）较大的风速；（C）风向与导线成30°；（D）风向与导线成90°。

Jf5A2097 水灰比相同的条件下，碎石与卵石混凝土强度的比较，（**B**）。

（A）碎石混凝土比卵石混凝土的强度低；（B）碎石混凝土比卵石混凝土的强度略高；（C）碎石混凝土和卵石混凝土的强度一样；（D）碎石混凝土和卵石混凝土的强度无法比较。

Jf5A3098 在 220kV 线路直线杆上,用火花间隙测试零值绝缘子,当在一串中已测出(**D**)零值绝缘子时,应停止对该串继续测试。

(A)2 片;(B)3 片;(C)4 片;(D)5 片。

Jf5A3099 均压环的作用是(**D**)。

(A)使悬挂点周围电场趋于均匀;(B)使悬垂线夹及其他金具表面的电场趋于均匀;(C)使导线周围电场趋于均匀;(D)使悬垂绝缘子串的分布电压趋于均匀。

Jf5A4100 双地线 220kV 输电线路地线对边导线的保护角宜采用(**C**)。

(A)10°~15°;(B)20°~30°;(C)20°左右;(D)30°以下。

La4A1101 分裂导线子导线装设间隔棒的作用是(**B**)。

(A)使子导线间保持绝缘;(B)防止子导线间鞭击;(C)防止混线;(D)防止导线微风振动。

La4A1102 并联电阻电路中的总电流等于(**A**)。

(A)各支路电流的和;(B)各支路电流的积;(C)各支路电流的倒数和;(D)各支路电流和的倒数。

La4A2103 欧姆定律阐明了电路中(**C**)。

(A)电压和电流是正比关系;(B)电流与电阻是反比关系;(C)电压、电流和电阻三者之间的关系;(D)电阻值与电压成正比关系。

La4A2104 几个电阻的两端分别接在一起,每个电阻两端电压相等,这种连接方法称为电阻的(**B**)。

（A）串联；（B）并联；（C）串并联；（D）电桥连接。

La4A2105 我们把在任何情况下都不发生变形的抽象物体称为（**D**）。

（A）平衡固体；（B）理想物体；（C）硬物体；（D）刚体。

La4A3106 静力学是研究物体在力系(一群力)的作用下，处于（**C**）的学科。

（A）静止；（B）固定；（C）平衡；（D）匀速运动。

La4A3107 作用于同一物体上的两个力大小相等、方向相反，且作用在同一直线上，使物体平衡，我们称为（**B**）。

（A）二力定理；（B）二力平衡公理；（C）二力相等定律；（D）物体匀速运动的条件定理。

La4A4108 实验证明，磁力线、电流方向和导体受力的方向，三者的方向（**B**）。

（A）一致；（B）互相垂直；（C）相反；（D）互相平行。

Lb4A1109 挂接地线时，若杆塔无接地引下线时，可采用临时接地棒，接地棒在地面以下深度不得小于（**C**）。

（A）0.3m；（B）0.5m；（C）0.6m；（D）1.0m。

Lb4A1110 在 **220kV** 带电线路杆塔上工作的安全距离是（**D**）。

（A）0.7m；（B）1.0m；（C）1.5m；（D）3.0m。

Lb4A1111 为了防止出现超深坑，在基坑开挖时，可预留暂不开挖层，其深度为（**B**）。

（A）500mm；（B）100～200mm；（C）300mm；（D）400mm。

Lb4A1112　220kV 以下的输电线路的一个耐张段的长度一般采用（B）。

（A）1～2km；（B）3～5km；（C）7～10km；（D）10～12km。

Lb4A1113　输电线路在山区单架空地线对导线的保护角一般为（C）。

（A）15°；（B）20°；（C）25°左右；（D）30°以下。

Lb4A1114　电力线路发生接地故障时，在接地点周围区域将会产生（D）。

（A）接地电压；（B）感应电压；（C）短路电压；（D）跨步电压。

Lb4A2115　高压架空线路发生接地故障时，会对邻近的通信线路发生（A）。

（A）电磁感应；（B）电压感应；（C）接地感应；（D）静电感应。

Lb4A2116　在分裂导线线路上，不等距离安装间隔棒的作用是（B）。

（A）保持绝缘；（B）抑制振动；（C）防止鞭击；（D）保持子导线间距离。

Lb4A2117　绝缘子盐密测量原则上在（D）进行。

（A）每年5月到6月；（B）每年7月到10月；（C）每年10月到次年的4月；（D）每年11月到次年的3月。

Lb4A2118　为了避免线路发生电晕，规范要求 220kV 线路的导线截面积最小是（C）。

（A）150mm²；（B）185mm²；（C）240mm²；（D）400mm²。

Lb4A2119 自阻尼钢芯铝绞线的运行特点是（**D**）。

（A）载流量大；（B）减小电晕损失；（C）感受风压小；（D）削弱导线振动。

Lb4A2120 电力线路适当加强导线绝缘或减少架空地线的接地电阻，目的是为了（**B**）。

（A）减少雷电流；（B）避免反击闪络；（C）减少接地电流；（D）避免内过电压。

Lb4A2121 带电作业绝缘工具的电气试验周期是（**B**）。

（A）一年一次；（B）半年一次；（C）一年半一次；（D）两年一次。

Lb4A2122 最容易引起架空线发生微风振动的风向是（**B**）。

（A）顺线路方向；（B）垂直线路方向；（C）旋转风；（D）与线路成 45° 角方向。

Lb4A2123 并沟线夹、压接管、补修管均属于（**D**）。

（A）线夹金具；（B）连接金具；（C）保护金具；（D）接续金具。

Lb4A2124 下列不能按口头或电话命令执行的工作为：（**A**）。

（A）在全部停电的低压线路上工作；（B）测量杆塔接地电阻；（C）杆塔底部和基础检查；（D）杆塔底部和基础消缺工作。

Lb4A2125 在线路平、断面图上常用的代表符号 N 表示（**D**）。

（A）直线杆；（B）转角杆；（C）换位杆；（D）耐张杆。

Lb4A2126 对使用过的钢丝绳要定期（**A**）。

（A）浸油；（B）用钢刷清除污垢；（C）用水清洗；（D）用50%酒精清洗。

Lb4A2127 班组管理中一直贯彻（**D**）的指导方针。

（A）安全第一、质量第二；（B）安全第二、质量第一；（C）生产第一、质量第一；（D）安全第一、质量第一。

Lb4A3128 电力线路的杆塔编号涂写工作，要求在（**A**）。

（A）施工结束后，验收移交投运前进行；（B）验收后由运行单位进行；（C）送电运行后进行；（D）杆塔立好后进行。

Lb4A3129 完全用混凝土在现场浇灌而成的基础，且基础体内没有钢筋，这样的基础为（**C**）。

（A）钢筋混凝土基础；（B）桩基础；（C）大块混凝土基础；（D）岩石基础。

Lb4A3130 导线微风振动的振动风速下限为（**A**）。

（A）0.5m/s；（B）1m/s；（C）2m/s；（D）4m/s。

Lb4A3131 LGJ–95型导线使用钳压接续管接续时，钳压坑数为（**C**）个。

（A）10；（B）14；（C）20；（D）24。

Lb4A3132 电力线路在同样电压下，经过同样地区，单位爬距越大，则发生闪络的（**A**）。

（A）可能性愈小；（B）可能性愈大；（C）机会均等；（D）条件不够，无法判断。

Lb4A3133 线路绝缘子的沿面闪络故障一般发生在（**D**）。

（A）绝缘子的胶合剂内部；（B）绝缘子内部；（C）绝缘子的连接部位；（D）绝缘子表面。

Lb4A3134 如图 A-1 所示起吊铁塔横担时，绳索水平倾角为α，则（B）。

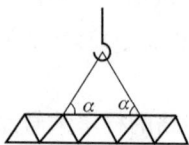

图 A-1

（A）α角大些，绳索受力大；（B）α角小些，绳索受力大；（C）绳索受力与α角大小无关；（D）绳索受力无法确定。

Lb4A4135 运行中的绝缘子串，分布电压最高的一片绝缘子是（B）。

（A）靠近横担的第一片；（B）靠近导线的第一片；（C）中间的一片；（D）靠近导线的第二片。

Lb4A4136 220kV 线路杆塔架设双地线时，其保护角为（B）。

（A）10°左右；（B）20°左右；（C）30°左右；（D）不大于 40°。

Lb4A4137 钢筋混凝土构件，影响钢筋和混凝土黏结力大小的主要因素有（C）。

（A）混凝土强度越高，黏结力越小；（B）钢筋表面积越大，黏结力越小；（C）钢筋表面越粗糙，黏结力越大；（D）钢筋根数越多，黏结力越小。

Lc4A1138 高频保护一般装设在（**A**）。

（A）220kV 及以上线路；（B）35～110kV 线路；（C）35kV 以下线路；（D）10～35kV 线路。

Lc4A1139 绝缘子盐密测量，若采用悬挂不带电绝缘子监测盐密，则每个点悬挂（**C**）串并进行编号。

（A）1；（B）2；（C）3；（D）4。

Lc4A2140 变压器二次侧电流增加时，变压器一次侧的电流变化情况是（**C**）。

（A）任意减小；（B）不变；（C）随之相应增加；（D）随之减小。

Lc4A2141 电力线路的电流速断保护范围是（**D**）。

（A）线路全长；（B）线路的 1/2；（C）线路全长的 15%～20%；（D）线路全长的 15%～85%。

Lc4A2142 电气设备外壳接地属于（**B**）。

（A）工作接地；（B）保护接地；（C）防雷接地；（D）保护接零。

Lc4A3143 铁塔组装困难时，少量螺孔位置不对，需扩孔部分应不超过（**B**）mm。

（A）1；（B）3；（C）5；（D）8。

Lc4A3144 采用张力放线时，牵张机的地锚抗拔力应是正常牵引力的（**B**）倍。

（A）1～2；（B）2～3；（C）3～4；（D）4～5。

Lc4A3145 为了使长距离线路三相电压降和相位间保持

平衡，电力线路必须（**A**）。

（A）按要求进行换位；（B）经常检修；（C）改造接地；（D）增加爬距。

Jd4A1146 一片 **XP–60** 型绝缘子的泄漏距离为（**C**）。

（A）146mm；（B）250mm；（C）290mm 左右；（D）350mm 左右。

Jd4A1147 公式 $D = 0.4\lambda + \dfrac{U_N}{110} + 0.65\sqrt{f_{max}}$ 用于确定（**A**）。

（A）导线水平线间距离；（B）导线垂直线间距离；（C）导线对地距离；（D）水平档距。

Jd4A4148 直线杆塔的绝缘子串顺线路方向的偏斜角（除设计要求的预偏外）大于（**B**），且其最大偏移值大于 **300mm**，应进行处理。

（A）5°；（B）7.5°；（C）10°；（D）15°。

Jd4A2149 导线产生稳定振动的风速上限与（**A**）有关。

（A）悬点高度；（B）导线直径；（C）周期性的间歇风力；（D）风向。

Jd4A2150 耐张塔的底宽与塔高之比为（**B**）。

（A）1/2～1/3；（B）1/4～1/5；（C）1/6～1/7；（D）1/7～1/8。

Jd4A2151 若钢芯铝绞线断股损伤截面占铝股总面积的 **7%～25%** 时，处理时应采用（**B**）。

（A）缠绕；（B）补修；（C）割断重接；（D）换线。

Jd4A2152 用独脚抱杆起立电杆时，抱杆应设置牢固，抱杆最大倾斜角应不大于（**B**）。

（A）5°；（B）10°；（C）15°；（D）20°。

Jd4A3153 导线的瞬时拉断力除以安全系数为导线的（**B**）。

（A）水平张力；（B）最大许用张力；（C）平均运行张力；（D）放线张力。

Jd4A3154 输电线路某杆塔的水平档距是指（**C**）。

（A）相邻档距中两弧垂最低点之间的距离；（B）耐张段内的平均档距；（C）相邻两档距中点之间的水平距离；（D）耐张段的代表档距。

Jd4A4155 在同一耐张段中，各档导线的（**A**）相等。

（A）水平应力；（B）垂直应力；（C）悬挂点应力；（D）杆塔承受应力。

Je4A1156 导线和架空地线的设计安全系数不应小于**2.5**，施工时的安全系数不应小于（**B**）。

（A）1.5；（B）2；（C）2.5；（D）3。

Je4A1157 杆塔上两根架空地线之间的水平距离不应超过架空地线与导线间垂直距离的（**B**）倍。

（A）3；（B）5；（C）6；（D）7。

Je4A3158 导线悬挂点的应力与导线最低点的应力相比，（**B**）。

（A）一样；（B）不大于1.1倍；（C）不大于2.5倍；（D）要根据计算确定。

Je4A1159 导线在直线杆采用多点悬挂的目的是（**D**）。

（A）解决对拉线的距离不够问题；（B）增加线路绝缘；（C）便于施工；（D）解决单个悬垂线夹强度不够问题或降低导线的静弯应力。

Je4A1160 整立铁塔过程中，随塔身起立角度增大所需牵引力越来越小，这是因为（**C**）。

（A）铁塔的重心位置在不断改变；（B）重心矩的力臂不变，而拉力臂不断变大；（C）重心矩的力臂不断变小，而拉力臂不断变大；（D）铁塔的重力在减小。

Je4A1161 对 220kV 线路导、地线各相弧垂相对误差一般情况下应不大于（**C**）。

（A）100mm；（B）200mm；（C）300mm；（D）400mm。

Je4A1162 在导线上安装防振锤是为（**C**）。

（A）增加导线的重量；（B）减少导线的振动次数；（C）吸收和减弱振动的能量；（D）保护导线。

Je4A2163 相分裂导线同相子导线的弧垂应力求一致，220kV 线路非垂直排列的同相子导线其相对误差应不超过（**B**）mm。

（A）60；（B）80；（C）100；（D）120。

Je4A2164 倒落式抱杆整立杆塔时，抱杆的初始角设置（**C**）为最佳。

（A）40°～50°；（B）50°～60°；（C）60°～65°；（D）65°～75°。

Je4A2165 用倒落式人字抱杆起立电杆时，牵引力的最大值出现在（C）。

（A）抱杆快失效时；（B）抱杆失效后；（C）电杆刚离地时；（D）电杆与地成 45°角时。

Je4A2166 运行线路普通钢筋混凝土杆的裂缝宽度不允许超过（D）。

（A）0.05mm；（B）0.1mm；（C）0.15mm；（D）0.2mm。

Je4A2167 500kV 线路瓷绝缘子其绝缘电阻值应不低于（D）。

（A）200MΩ；（B）300MΩ；（C）400MΩ；（D）500MΩ。

Je4A2168 高压绝缘子在干燥、淋雨、雷电冲击条件下承受的冲击和操作过电压称为（C）。

（A）绝缘子的绝缘性能；（B）耐电性能；（C）绝缘子的电气性能；（D）绝缘子的机电性能。

Je4A2169 铝绞线及钢芯铝绞线连接器的检验周期是（D）。

（A）一年一次；（B）两年一次；（C）三年一次；（D）四年一次。

Je4A2170 观测弧垂时，若紧线段为 1～5 档者，可选其中（B）。

（A）两档观测；（B）靠近中间地形较好的一档观测；（C）三档观测；（D）靠近紧线档观测。

Je4A2171 在风力的作用下，分裂导线各间隔棒之间发生的振动称为（C）。

（A）舞动；（B）摆动；（C）次档距振动；（D）风振动。

Je4A2172 110kV 线路，耐张杆单串绝缘子共有 **8** 片，在测试零值时发现同一串绝缘子有（**C**）片零值，要立即停止测量。

（A）2 片；（B）3 片；（C）4 片；（D）5 片。

Je4A2173 整体立杆制动绳受力在（**D**）时最大。

（A）电杆刚离地时；（B）杆塔立至 40° 以前；（C）杆塔立至 80° 以后；（D）抱杆快失效前。

Je4A2174 运行中普通钢筋混凝土电杆可以有（**B**）。

（A）纵向裂纹；（B）横向裂纹；（C）纵向、横向裂纹；（D）超过 0.2mm 裂纹。

Je4A2175 搭设的跨越架与公路主路面的垂直距离为（**D**）。

（A）6.5m；（B）7.5m；（C）4.5m；（D）5.5m。

Je4A2176 钢芯铝绞线断股损伤截面占铝股总截面的 **20%** 时，应采取的处理方法为（**C**）。

（A）缠绕补修；（B）护线预绞丝补修；（C）补修管或补修预绞丝补修；（D）切断重接。

Je4A2177 混凝土基础应一次浇灌完成，如遇特殊原因，浇灌时间间断（**A**）及以上时，应将接缝表面打成麻面等措施处理后继续浇灌。

（A）2h；（B）8h；（C）12h；（D）24h。

Je4A2178 LGJ–185～240 型导线应选配的悬垂线夹型号为（**D**）。

（A）XGU–1；（B）XGU–2；（C）XGU–3；（D）XGU–4。

Je4A3179 跨越架与通信线路的水平安全距离和垂直安全距离分别为（**C**）。

（A）0.6m，3.0m；（B）3.0m，0.6m；（C）0.6m，1.0m；（D）1.0m，0.6m。

Je4A3180 绝缘棒平时应（**B**）。

（A）放置平衡；（B）放在工具间，使它们不与地面和墙壁接触，以防受潮；（C）放在墙角；（D）放在经常操作设备的旁边。

Je4A3181 输电线路的铝并沟线夹检查周期为（**A**）。

（A）每年一次；（B）每两年一次；（C）每三年一次；（D）每四年一次。

Je4A3182 在中性点不接地系统中发生单相接地故障时，允许短时运行，但不应超过（**B**）h。

（A）1；（B）2；（C）3；（D）4。

Je4A3183 电杆立直后填土夯实的要求是（**A**）。

（A）每 300mm 夯实一次；（B）每 400mm 夯实一次；（C）每 600mm 夯实一次；（D）每 500mm 夯实一次。

Je4A3184 绝缘子串的干闪电压（**A**）湿闪电压。

（A）大于；（B）小于；（C）等于；（D）小于或等于。

Je4A3185 一次事故死亡 3 人及以上，或一次事故死亡和重伤 10 人及以上，未构成特大人身事故者称为（**C**）。

（A）一般人身事故；（B）一类障碍；（C）重大人身事故；（D）特大人身事故。

Je4A3186 防振锤的理想安装位置是（**D**）。

（A）靠近线夹处；（B）波节点；（C）最大波腹处；（D）最大波腹与最小波腹之间。

Je4A3187 当线路负荷增加时，导线弧垂将会（**A**）。

（A）增大；（B）减小；（C）不变；（D）因条件不足，无法确定。

Je4A4188 当测量直线遇有障碍物，而障碍物上又无法立标杆或架仪器时，可采用（**C**）绕过障碍向前测量。

（A）前视法；（B）后视法；（C）矩形法；（D）重转法。

Je4A4189 浇筑混凝土基础时，保护层厚度的误差应不超过（**B**）。

（A）–3mm；（B）–5mm；（C）±3mm；（D）±5mm。

Je4A4190 杆塔整立时，牵引钢丝绳与地夹角不应大于（**A**）。

（A）30°；（B）45°；（C）60°；（D）65°。

Je4A4191 钢管电杆连接后，其分段及整根电杆的弯曲均不应超过其对应长度的（**B**）。

（A）1‰；（B）2‰；（C）3‰；（D）4‰。

Jf4A1192 在户外工作突遇雷雨天气时，应该（**A**）。

（A）进入有宽大金属构架的建筑物或在一般建筑物内距墙壁一定距离处躲避；（B）在有防雷装置的金属杆塔下面躲避；（C）在大树底下躲避；（D）靠近避雷器或避雷针更安全。

Jf4A1193 安全带的试验周期是（**D**）。

（A）每三个月一次；（B）半年一次；（C）每一年半一次；（D）每年一次。

Jf4A2194 电力线路杆塔编号的涂写部位应距离地面（**B**）。

（A）1.5～2m；（B）2.5～3m；（C）3.5～4m；（D）4m以上。

Jf4A2195 隔离开关的主要作用是（**D**）。

（A）切断有载电路；（B）切断短路电流；（C）切断负荷电流；（D）隔离电源。

Jf4A2196 触电者触及断落在地上的带电高压导线，救护人员在未作好安全措施前，不得接近距断线接地点（**C**）的范围。

（A）3m以内；（B）5m以内；（C）8m以内；（D）12m以上。

Jf4A2197 继电保护装置对其保护范围内发生故障或不正常工作状态的反应能力称为继电保护装置的（**A**）。

（A）灵敏性；（B）快速性；（C）可靠性；（D）选择性。

Jf4A3198 预制基础的混凝土强度等级不宜低于（**C**）。

（A）C10；（B）C15；（C）C20；（D）C25。

Jf4A3199 放线滑车轮槽底部的轮径与钢芯铝绞线导线直径之比不宜小于（**D**）。

（A）5；（B）10；（C）15；（D）20。

Jf4A4200 设备缺陷比较重大但设备在短期内仍可继续

安全运行的缺陷是（C）。

（A）一般缺陷；（B）危重缺陷；（C）重大缺陷；（D）紧急缺陷。

La3A2201　基尔霍夫电压定律是指（C）。

（A）沿任一闭合回路各电动势之和大于各电阻压降之和；（B）沿任一闭合回路各电动势之和小于各电阻压降之和；（C）沿任一闭合回路各电动势之和等于各电阻压降之和；（D）沿任一闭合回路各电阻压降之和为零。

La3A3202　正弦交流电的三要素（B）。

（A）电压、电动势、电能；（B）最大值、角频率、初相角；（C）最大值、有效值、瞬时值；（D）有效值、周期、初始值。

La3A3203　两根平行载流导体，在通过同方向电流时，两导体将（A）。

（A）互相吸引；（B）相互排斥；（C）没反应；（D）有时吸引、有时排斥。

La3A4204　力的可传性不适用于研究力对物体的（D）效应。

（A）刚体；（B）平衡；（C）运动；（D）变形。

La3A5205　大小相等、方向相反、不共作用线的两个平行力构成（C）。

（A）作用力和反作用力；（B）平衡力；（C）力偶；（D）约束与约束反力。

Lb3A2206　当距离保护的Ⅰ段动作时，说明故障点在（A）。

（A）本线路全长的 85% 范围以内；（B）线路全长范围内；（C）本线路的相邻线路；（D）本线路全长的 50% 范围以内。

Lb3A2207 铜线比铝线的机械性能（**A**）。

（A）好；（B）差；（C）一样；（D）稍差。

Lb3A2208 用于供人升降用的起重钢丝绳的安全系数为（**B**）。

（A）10；（B）14；（C）5～6；（D）8～9。

Lb3A2209 电力线路无论是空载、负载还是故障时，线路断路器（**A**）。

（A）均应可靠动作；（B）空载时无要求；（C）负载时无要求；（D）故障时不一定动作。

Lb3A3210 电压互感器的二次回路（**D**）。

（A）根据容量大小确定是否接地；（B）不一定全接地；（C）根据现场确定是否接地；（D）必须接地。

Lb3A3211 为避免电晕发生，规范要求 **110kV** 线路的导线截面积最小是（**A**）。

（A）$50mm^2$；（B）$70mm^2$；（C）$95mm^2$；（D）$120mm^2$。

Lb3A3212 当不接地系统的电力线路发生单相接地故障时，在接地点会（**D**）。

（A）产生一个高电压；（B）通过很大的短路电流；（C）通过正常负荷电流；（D）通过电容电流。

Lb3A3213 LGJ–120～150 型导线应选配的倒装式螺栓耐张线夹型号为（**C**）。

（A）NLD–1；（B）NLD–2；（C）NLD–3；（D）NLD–4。

Lb3A3214 现场浇筑混凝土在日平均温度低于 **5℃时，应（C）。**

（A）及时浇水养护；（B）在 3h 内进行浇水养护；（C）不得浇水养护；（D）随便。

Lb3A3215 高压油断路器的油起（**A**）作用。

（A）灭弧和绝缘；（B）绝缘和防锈；（C）绝缘和散热；（D）灭弧和散热。

Lb3A3216 带电水冲洗 **220kV** 变电设备时，水电阻率不应小于（C）Ω·cm。

（A）1500；（B）2000；（C）3000；（D）5000。

Lb3A4217 污秽等级的划分，根据（**B**）。

（A）运行经验决定；（B）污秽特征，运行经验，并结合盐密值三个因素综合考虑决定；（C）盐密值的大小决定；（D）大气情况决定。

Lb3A4218 钢丝绳端部用绳卡连接时，绳卡压板应（**B**）。

（A）不在钢丝绳主要受力一边；（B）在钢丝绳主要受力一边；（C）无所谓哪一边，（D）正反交义设置。

Lb3A4219 直流高压输电和交流高压输电的线路走廊相比（**A**）。

（A）直流走廊较窄；（B）交流走廊较窄；（C）两种走廊同样；（D）直流走廊要求高。

Lb3A4220 如果输电线路发生永久性故障，无论继电保护或断路器是否失灵，未能重合，造成线路断电，这种事故考核的单位是（**B**）。

（A）继电保护或断路器（开关）管理单位；（B）线路管理单位；（C）运行管理单位；（D）线路管理单位和继电保护及断路器管理单位。

Lb3A4221 绝缘材料的电气性能主要指（**C**）。

（A）绝缘电阻；（B）介质损耗；（C）绝缘电阻、介损、绝缘强度；（D）泄漏电流。

Lb3A5222 接续金具的电压降与同样长度导线的电压降的比值不大于（**B**）。

（A）1；（B）1.2；（C）1.5；（D）2。

Lb3A5223 对触电伤员进行单人抢救,采用胸外按压和口对口人工呼吸同时进行，其节奏为（**D**）。

（A）每按压 5 次后吹气 1 次；（B）每按压 10 次后吹气 1 次；（C）每按压 15 次后吹气 1 次；（D）每按压 15 次后吹气 2 次。

Lc3A2224 扑灭室内火灾最关键的阶段是（**B**）。

（A）猛烈阶段；（B）初起阶段；（C）发展阶段；（D）减弱阶段。

Lc3A3225 张力放线时，为防止静电伤害，牵张设备和导线必须（**A**）。

（A）接地良好；（B）连接可靠；（C）绝缘；（D）固定。

Lc3A3226 粗沙平均粒径不小于（**C**）。

（A）0.25mm；（B）0.35mm；（C）0.5mm；（D）0.75mm。

Lc3A4227 在短时间内危及人生命安全的最小电流是（**B**）mA。

（A）30；（B）50；（C）70；（D）100。

Jd3A2228 钢管杆的运行维护应加强对钢管杆的（**B**）、锈蚀情况、螺栓紧固程度以及法兰连接情况等检查。

（A）倾斜；（B）焊缝裂纹；（C）弯曲；（D）接地情况。

Jd3A3229 人字抱杆的根开即人字抱杆两脚分开的距离应根据对抱杆强度和有效高度的要求进行选取，一般情况下根据单根抱杆的全长 L 来选择，其取值范围为（**C**）。

（A）（1/8～1/6）L；（B）（1/6～1/5）L；（C）（1/4～1/3）L；（D）（1/2～2/3）L。

Jd3A3230 横线路临时拉线地锚位置应设置在杆塔起立位置的两侧，其距离应大于杆塔高度的（**D**）倍。

（A）0.8；（B）1；（C）1.1；（D）1.2。

Jd3A4231 导线换位的目的是使线路（**B**）。

（A）电压平衡；（B）阻抗平衡；（C）电阻平衡；（D）导线长度相等。

Jd3A4232 耐张段内档距愈小，过牵引应力（**B**）。

（A）增加愈少；（B）增加愈多；（C）不变；（D）减少愈少。

Jd3A5233 输电线路采用的普通钢芯铝绞线（铝钢截面比为 **5.05～6.16**）塑蠕伸长对弧垂的影响，一般用降温法补偿，降低的温度为（**B**）。

（A）10～15℃；（B）15～20℃；（C）20～25℃；（D）25～30℃。

Je3A2234 耐张线夹承受导地线的（**B**）。

（A）最大合力；（B）最大使用张力；（C）最大使用应力；（D）最大握力。

Je3A2235 混凝土强度等级 **C30**，表示该混凝土的立方抗压强度为（**B**）。

（A）$30kg/m^2$；（B）$30MN/m^2$；（C）$30N/m^2$；（D）$30N/cm^2$。

Je3A2236 绝缘子的等值附盐密度，是衡量绝缘子（**D**）污秽导电能力大小的一个重要参数。

（A）钢帽表面；（B）钢脚表面；（C）表面；（D）瓷件表面。

Je3A2237 架空地线的保护效果，除了与可靠的接地有关，还与（**C**）有关。

（A）系统的接地方式；（B）导线的材料；（C）防雷保护角；（D）防雷参数。

Je3A3238 线路运行绝缘子发生闪络的原因是（**D**）。

（A）表面光滑；（B）表面毛糙；（C）表面潮湿；（D）表面污湿。

Je3A3239 架空线路导线最大使用应力不可能出现的气象条件是（**A**）。

（A）最高气温；（B）最大风速；（C）最大覆冰；（D）最低气温。

Je3A3240 钳压连接导线只适用于中、小截面铝绞线、钢绞线和钢芯铝绞线。其适用的导线型号为（**D**）。

（A）LJ–16～LJ–150；（B）GJ–16～GJ–120；（C）LGJ–16～LGJ–185；（D）LGJ–16～LGJ–240。

Je3A3241 浇制铁塔基础的立柱倾斜误差应不超过（**D**）。

（A）4%；（B）3%；（C）2%；（D）1%。

Je3A3242 架空输电线路施工及验收规范规定，杆塔基础坑深的允许负误差是（**C**）。

（A）–100mm；（B）–70mm；（C）–50mm；（D）–30mm。

Je3A3243 全高超过 **40m** 有架空地线的杆塔，其高度增加与绝缘子增加的关系是（**B**）。

（A）每高 5m 加一片；（B）每高 10m 加一片；（C）每高 15m 加一片；（D）每高 20m 加一片。

Je3A3244 抱杆座落点的位置，即抱杆脚落地点至整立杆塔支点的距离可根据抱杆的有效高度 h 选择，其取值范围为（**A**）。

（A）0.2～0.4h；（B）0.4～0.6h；（C）0.6～0.8h；（D）0.8～0.9h。

Je3A3245 防污绝缘子之所以防污闪性能较好，主要是因为（**B**）。

（A）污秽物不易附着；（B）泄漏距离较大；（C）憎水性能较好；（D）亲水性能较好。

Je3A3246 杆塔承受的导线重量为（**B**）。

（A）杆塔相邻两档导线重量之和的一半；（B）杆塔相邻两档距弧垂最低点之间导线重量之和；（C）杆塔两侧相邻杆塔间的导线重量之和；（D）杆塔两侧相邻杆塔间的大档距导线重量。

Je3A4247 用倒落式抱杆整立杆塔时，抱杆失效角指的是（**C**）。

（A）抱杆脱帽时抱杆与地面的夹角；（B）抱杆脱帽时牵引绳与地面的夹角；（C）抱杆脱帽时杆塔与地面的夹角；（D）抱杆脱帽时杆塔与抱杆的夹角。

Je3A4248 护线条、预绞丝的主要作用是加强导线在悬点的强度，提高（**B**）。

（A）抗拉性能；（B）抗振性能；（C）保护线夹；（D）线夹握力。

Je3A4249 整体立杆过程中，当杆顶起立离地（**B**）时，应对电杆进行一次冲击试验。

（A）0.2m；（B）0.8m；（C）1.5m；（D）2.0m。

Je3A4250 架线后，直线钢管电杆的倾斜不超过杆高的（**C**），转角杆组立前宜向受力反侧预倾斜。

（A）2‰；（B）3‰；（C）5‰；（D）7‰。

Je3A4251 张力放线区段长度不宜超过（**A**）的线路长度。

（A）20个放线滑车；（B）30个放线滑车；（C）8～12km；（D）13～15km。

Je3A4252 在液压施工前，必须用和施工中同型号的液压管，并以同样工艺制作试件做拉断力试验，其拉断力应不小于同型号线材设计使用拉断力的（**C**）。

（A）85%；（B）90%；（C）95%；（D）100%。

Je3A4253 在整体起立杆塔现场布置时，主牵引地锚、制动地锚、临时拉线地锚等均应布置在倒杆范围以外，主牵引地锚可稍偏远，使主牵引绳与地面夹角以不大于（**A**）为宜。

（A）30°；（B）45°；（C）60°；（D）65°。

Je3A5254 接续管或修补管与悬垂线夹和间隔棒的距离分别不小于（**D**）。

（A）5m，2.5m；（B）10m，2.5m；（C）10m，0.5m；（D）5m，0.5m。

Je3A5255 跨越架的竖立柱间距以（**B**）为宜，立柱埋深不应小于 **0.5m**。

（A）0.5～1.0m；（B）1.5～2.0m；（C）1.5～3.0m；（D）2.5～3.0m。

Jf3A2256 拉线盘安装位置应符合设计规定，沿拉线方向的左右偏差不应超过拉线盘中心至相对应电杆中心水平距离的（**A**）。

（A）1%；（B）3%；（C）5%；（D）10%。

Jf3A3257 导、地线的机械特性曲线，系为不同气象条件下，导线应力与（**D**）的关系曲线。

（A）档距；（B）水平档距；（C）垂直档距；（D）代表档距。

Jf3A3258 绝缘子的泄漏距离是指铁帽和铁脚之间绝缘子（**C**）的最近距离。

（A）内部；（B）外部；（C）表面；（D）垂直。

Jf3A4259 220kV 线路沿绝缘子串进入强电场作业时，进入电场的方法是（**A**）。

（A）跨二短三；（B）跨三短二；（C）跨三短四；（D）跨四短三。

Jf3A5260 带电水冲洗悬式绝缘子串、瓷横担、耐张绝缘子串时，应从（**B**）依次冲洗。

（A）横担侧向导线侧；（B）导线侧向横担侧；（C）中间向两侧；（D）两侧向中间。

La2A3261 叠加原理不适用于（**D**）中的电压、电流计算。

（A）交流电路；（B）直流电路；（C）线性电路；（D）非线性电路。

La2A4262 材料力学的任务就是对构件进行（**A**）的分析和计算，在保证构件能正常、安全地工作的前提下最经济地使用材料。

（A）强度、刚度和稳定度；（B）强度、刚度和组合变形；（C）强度、塑性和稳定度；（D）剪切变形、刚度和稳定度。

Lb2A2263 转角杆塔结构中心与线路中心桩在（**C**）的偏移称为位移。

（A）顺线路方向；（B）导线方向；（C）横线路方向；（D）横担垂直方向。

Lb2A3264 导线的电阻与导线温度的关系是（**A**）。

（A）温度升高，电阻增加；（B）温度下降，电阻增加；（C）温度变化电阻不受任何影响；（D）温度升高，电阻减小。

Lb2A3265 在 500kV 带电线路附近工作，不论何种情况都要保证对 500kV 线路的安全距离为（**D**）m，否则应按带电作业进行。

（A）3；（B）4；（C）5；（D）6。

Lb2A4266 系统发生短路故障时，系统网络的总阻抗会（**D**）。

（A）突然增大；（B）缓慢增大；（C）无明显变化；（D）突然减小。

Lb2A4267 导、地线的安装曲线，系为不同温度下，导线应力、弧垂与（D）的关系曲线。

（A）档距；（B）水平档距；（C）垂直档距；（D）代表档距。

Lb2A5268 混凝土的配合比，一般以水:水泥:砂:石子（重量比）来表示，而以（A）为基数 **1**。

（A）水泥；（B）砂；（C）石子；（D）水。

Lc2A4269 1211 灭火器内装的是（C）。

（A）碳酸氢钠；（B）二氧化碳；（C）氟溴化合物；（D）氮气。

Jd2A3270 用人字倒落式抱杆起立杆塔，杆塔起立约（B）时应停止牵引，利用临时拉线将杆塔调正、调直。

（A）60°；（B）70°；（C）80°；（D）90°。

Jd2A4271 导线断股、损伤进行缠绕处理时，缠绕长度以超过断股或损伤点以外各（D）为宜。

（A）5～10mm；（B）10～15mm；（C）15～20mm；（D）20～30mm。

Je2A2272 各类压接管与耐张线夹之间的距离不应小于（B）m。

（A）10；（B）15；（C）20；（D）25。

Je2A3273 附件安装应在（A）后方可进行。

（A）杆塔全部校正、弧垂复测合格；（B）杆塔全部校正；

（C）弧垂复测合格；（D）施工验收。

Je2A3274 水平接地体的地表面以下开挖深度及接地槽宽度一般分别以（**C**）为宜。

（A）1.0～1.5m，0.5～0.8m；（B）0.8～1.2m，0.5～0.8m；（C）0.6～1.0m，0.3～0.4m；（D）0.6～1.0m，0.5～0.6m。

Je2A4275 预应力电杆的架空地线接地引下线必须专设，引下线应选用截面积不小于（**A**）的钢绞线。

（A）25mm^2；（B）35mm^2；（C）50mm^2；（D）70mm^2。

Je2A4276 悬垂线夹安装后，绝缘子串应垂直地平面，个别情况其顺线路方向与垂直位置的偏移角不应超过（**C**），且最大偏移值不应超过（**C**）。

（A）5°，100mm；（B）10°，100mm；（C）5°，200mm；（D）10°，200mm。

Je2A4277 接地电阻测量仪对探测针的要求是：一般电流探测针及电位探测针本身的接地电阻分别不应大于（**C**）。

（A）1000Ω，250Ω；（B）500Ω，1000Ω；（C）250Ω，1000Ω；（D）1000Ω，500Ω。

Je2A5278 在Ⅲ类污秽区测得 220kV 绝缘子等值附盐密度为 0.1～0.25mg/cm^2，按 GB/T 16434—1996 要求其泄漏比距为（**C**）。

（A）1.6～2.0cm/kV；（B）2.0～2.5cm/kV；（C）2.5～3.2cm/kV；（D）3.2～3.8cm/kV。

Jf2A3279 在耐张段中的大档距内悬挂软梯作业时，导线应力比在小档距内悬挂软梯作业时导线应力（**A**）。

（A）增加很多；（B）略微增加；（C）略微减小；（D）减少很多。

Jf2A4280　带电作业所使用的工具要尽量减轻重量，安全可靠、轻巧灵活，所以要求制作工具的材料（**A**）。

（A）相对密度小；（B）相对密度大；（C）尺寸小；（D）尺寸大。

La1A4281　在 **R**、**C** 串联电路中，**R** 上的电压为 **4V**，**C** 上的电压为 **3V**，**R**、**C** 串联电路端电压及功率因数分别为（**D**）。

（A）7V，0.43；（B）5V，0.6；（C）7V，0.57；（D）5V，0.8。

La1A5282　只要保持力偶矩的大小和力偶的（**B**）不变，力偶的位置可在其作用面内任意移动或转动都不影响该力偶对刚体的效应。

（A）力的大小；（B）转向；（C）力臂的长短；（D）作用点。

Lb1A2283　2500V 的绝缘电阻表使用在额定电压为（**B**）。

（A）500V 及以上的电气设备上；（B）1000V 及以上的电气设备上；（C）2000V 及以上的电气设备上；（D）10000V 及以上的电气设备上。

Lb1A3284　导线对地距离，除考虑绝缘强度外，还应考虑（**D**）影响来确定安全距离。

（A）集夫效应；（B）最小放电距离；（C）电磁感应；（D）静电感应。

Lb1A4285　架空扩径导线的主要运行特点是（**B**）。

（A）传输功率大；（B）电晕临界电压高；（C）压降小；（D）感受风压小。

Lb1A4286　直流高压输电线路和交流高压输电线路的能量损耗相比，**（D）**。

（A）无法确定；（B）交流损耗小；（C）两种损耗一样；（D）直流损耗小。

Lb1A5287　对各种类型的钢芯铝绞线，在正常情况下其最高工作温度为**（C）**。

（A）40℃；（B）65℃；（C）70℃；（D）90℃。

Lb1A5288　输电线路杆塔的垂直档距**（C）**。

（A）决定杆塔承受的水平荷载；（B）决定杆塔承受的风压荷载；（C）决定杆塔承受的垂直荷载；（D）决定杆塔承受的水平荷载和风压荷载。

Lc1A4289　电力线路适当加强导线绝缘或减少地线的接地电阻，目的是为了**（B）**。

（A）减小雷电流；（B）避免反击闪络；（C）减少接地电流；（D）避免内过电压。

Jd1A4290　接地体之间的连接，圆钢应为双面焊接，焊接长度应为其直径的 **6** 倍，扁钢的焊接长度不得小于接地体宽度的**（D）**倍以上，并应四面焊接。

（A）6；（B）4；（C）5；（D）2。

Jd1A5291　**500kV** 线路，其一串绝缘子有 **28** 片，在测试零值时发现同一串绝缘子有**（C）**片零值，要立即停止测量。

（A）4；（B）5；（C）6；（D）7。

Je1A2292 同一耐张段、同一气象条件下各档导线的水平张力（**D**）。

（A）悬挂点最大；（B）弧垂点最大；（C）高悬挂点最大；（D）一样大。

Je1A3293 架空地线对导线的保护角变小时，防雷保护的效果（**A**）。

（A）变好；（B）变差；（C）无任何明显变化；（D）根据地形确定。

Je1A4294 导地线悬挂点的设计安全系数不应小于（**B**）。
（A）2.0；（B）2.25；（C）2.5；（D）3.0。

Je1A4295 LGJ–400/50 型导线与其相配合的架空地线的规格为（**C**）。

（A）GJ–25 型；（B）GJ–35 型；（C）GJ–50 型；（D）GJ–70 型。

Je1A4296 导线直径在 12～22mm，档距在 350～700m 范围内，一般情况下安装防振锤个数为（**B**）个。

（A）1；（B）2；（C）3；（D）4。

Je1A5297 终勘工作应在初勘工作完成、（**C**）定性后进行。

（A）施工图设计；（B）设计；（C）初步设计；（D）室内选线。

Je1A5298 I 类设备中 500kV 导线弧垂误差必须在 +2.5%～–2.5%范围之内，三相导线不平衡度不超过（**D**）。

（A）80mm；（B）200mm；（C）250mm；（D）300mm。

Jf1A4299　在 **220kV** 及以上线路进行带电作业的安全距离主要取决于（**B**）。

（A）直击雷过电压；（B）内过电压；（C）感应雷过电压；（D）运行电压。

Jf1A5300　各种液压管压后呈正六边形，其对边距 S 的允许最大值为（**C**）。

（A）$0.8 \times 0.993D + 0.2$；（B）$0.8 \times 0.993D + 0.1$；（C）$0.866 \times 0.993D + 0.2$；（D）$0.866 \times 0.993D$。

4.1.2　判断题

判断下列描述是否正确。对的在括号内画"√"，错的在括号内画"×"。

La5B1001　常用电力系统示意图是以单线画出，因此也称为单线图。（√）

La5B1002　金属导体内存在大量的自由电子，当自由电子在外加电压作用下出现定向移动便形成电流，因此自由电子移动方向就是金属导体电流的正方向。（×）

La5B1003　任何一个合力总会大于分力。（×）

La5B2004　防振锤和护线条的作用相同，都是减少或消除导线的振动。（×）

La5B2005　电力网包括电力系统中的所有变电设备及不同电压等级的线路。（√）

La5B2006　作用力与反作用力是大小相等，方向相反，作用在同一物体上的一对力。（×）

La5B3007　因滑车组能省力，所以其机械效率大于100%。（×）

La5B4008　10kV 架空线路线电压的最大值为 10kV。（×）

La5B1009　球头挂环属于连接金具。（√）

Lb5B3010　只要用具有测量饱和盐密的盐密度测试仪，就可测出绝缘子的饱和等值附盐密度。（×）

Lb5B1011　杆塔用于支承导线、架空地线及其附件，并使导线具备足够的空气间隙和安全距离。（√）

Lb5B1012　杆塔拉线用于平衡线路运行中出现的不平衡荷载，以提高杆塔的承载能力。（√）

Lb5B1013　线路绝缘子污秽会降低其绝缘性能，所以线路污闪事故常常在环境较干燥的条件下出现。（×）

Lb5B1014　雷击引起的线路故障多为永久性接地故障，因

此必须采取必要措施加以预防。（×）

Lb5B1015 振动对架空线的危害很大，易引起架空线断股甚至断线，因此要求施工紧线弧垂合格后应及时安装附件。（√）

Lb5B1016 杆塔整体起立开始阶段，制动绳受力最大。（×）

Lb5B1017 混凝土的抗压强度是混凝土试块经养护后测得的抗压极限强度。（×）

Lb5B1018 钢筋混凝土内的钢筋在环境温度变化较大时，在混凝土内会发生少量的位置移动。（×）

Lb5B1019 进行高空作业或进入高空作业区下方工作必须戴安全帽。（√）

Lb5B1020 在停电线路上进行检修作业必须填写第二种工作票。（×）

Lb5B2021 直线杆用于线路直线段上，一般情况下不兼带转角。（√）

Lb5B2022 因钢绞线的电阻系数较大，所以在任何情况下不宜用作导线。（×）

Lb5B2023 输电线路架空地线对导线的防雷保护效果要取决于保护角的大小，保护角越大保护效果越好。（×）

Lb5B2024 架空线路导线线夹处安装均压环的目的是为了改善超高压线路绝缘子串上的电位分布。（√）

Lb5B2025 超高压直流输电能进行不同频率交流电网之间的联络。（√）

Lb5B2026 拌制混凝土时，为符合配合比水泥用量要求，应尽量选用较细的砂粒。（×）

Lb5B2027 为保证混凝土基础具有较高的强度，在条件许可情况下水泥用量越大越好。（×）

Lb5B2028 在其他条件相同的情况下，水灰比小，混凝土强度高。（√）

Lb5B2029 钢筋混凝土构件充分利用了混凝土抗压强度

高和钢筋抗拉强度高的特性。（√）

Lb5B2030 杆塔整体起立时，抱杆的初始角大，抱杆的有效高度能得到充分利用，且抱杆受力可减小，因此抱杆的初始角越大越好。（×）

Lb5B2031 杆塔整体起立初始阶段，牵引绳受力最大，并随着杆塔起立角度增大而减小。（√）

Lb5B2032 每条线路必须有明确的维修界限，应与变电站和相邻的运行管理单位明确划分分界点，不得出现空白点。（√）

Lb5B3033 导线的比载是指导线单位面积上承受的荷载。（×）

Lb5B3034 放线滑车的滑轮在材质上应与其他滑车有一定区别，目的是为了防止放线时滑车的滑轮被磨损。（×）

Lb5B3035 线路缺陷是指线路设备存有残损和隐患，如不及时处理将会影响安全运行。（√）

Lb5B3036 M24 螺栓的标准扭矩为 250N·m。（√）

Lb5B4037 导线连接时在导线表面氧化膜清除后，涂上一层中性凡士林比涂上导电脂好，因为导电脂熔化流失温度较低。（×）

Lc5B1038 物体的重心一定在物体的内部。（×）

Lc5B1039 錾子的切削角是指錾子的中心轴线与切削平面所形成的夹角。（×）

Lc5B1040 锉刀的型号越大，说明锉齿越粗。（×）

Lc5B2041 电气设备发生火灾时，首先应立即进行灭火，以防止火势蔓延扩大。（×）

Lc5B2042 水能用于熄灭各类固体材料燃烧所引起的火灾。（×）

Lc5B2043 电伤最危险，因为电伤是电流通过人体所造成的内伤。（×）

Lc5B3044 触电者心跳、呼吸停止的，立即就地迅速用心肺复苏法进行抢救。（√）

Lc5B4045 如果人站在距离导线落地点 10m 以外的地方，那么，发生跨步电压触电事故的可能性较小。（√）

Jd5B1046 线路巡视一般沿线路走向的下风侧进行巡查。（×）

Jd5B1047 铝包带的缠绕方向与导线外层股线的绞向一致。（√）

Jd5B1048 绝缘子表面出现放电烧伤痕迹，说明该绝缘子的绝缘已被击穿。（×）

Jd5B1049 若导线连接器电阻不大于同长度导线电阻的 2 倍，说明此连接器是合格的。（×）

Jd5B2050 高压输电线路正常运行时靠近导线第一片绝缘子上的分布电压最高,因此该片绝缘子绝缘易出现劣化。（√）

Ld5B2051 架空线路的一般缺陷是指设备有明显损坏、变形，发展下去可能造成故障，但短时内不会影响安全运行的缺陷。（×）

Ld5B2052 检测工作是发现设备隐患、开展预知维修的重要手段。（√）

Jd5B2053 定期巡线一般每月巡线一次。（√）

Jd5B3054 线路发生故障重合成功，可不必组织巡视。（×）

Jd5B4055 设备完好率是指完好线路与线路总数比值的百分数。（√）

Je5B1056 杆塔各构件的组装应牢固，交叉处有空隙时应用螺栓紧固，直至无空隙。（×）

Je5B1057 当采用螺栓连接构件时，螺杆应与构件面垂直，栓头平面与构件间不应有空隙。（√）

Je5B1058 对立体结构的构架，螺栓穿入方向规定为：水平方向由内向外，垂直方向由上向下。（×）

Je5B1059 采用楔形线夹连接的拉线，线夹的舌板与拉线接触应紧密，受力后不应滑动。线夹的凸肚应在尾线侧。（√）

Je5B1060 同组及同基拉线的各个线夹，尾线端方向应上下交替。（×）

Je5B1061 杆塔基础坑深允许偏差为+100mm、–50mm，坑底应平整。（√）

Je5B1062 拉线基础坑坑深不允许有正偏差。（×）

Je5B1063 在相同标号、相同品牌水泥和相同水灰比的条件下，卵石混凝土强度比碎石混凝土强度高。（×）

Je5B1064 接地装置外露或腐蚀严重，要求被腐蚀后其导体截面不得低于原值的80%。（√）

Je5B1065 采用缠绕法对导线损伤进行处理时，缠绕铝单丝每圈都应压紧，缠绕方向与外层铝股绞制方向一致，最后线头插入导线线股内。（×）

Je5B1066 多雷区的线路应加强对防雷设施各部件连接状况、防雷设备和观测装置动作情况的检测，并做好雷电活动观测记录。（√）

Je5B1067 插接的钢丝绳绳套，其插接长度不得小于其外径的15倍，且不得小于300mm。新插接的钢丝绳绳套应做100%允许负荷的抽样试验。（×）

Je5B1068 双钩紧线器应经常润滑保养，紧线器受力后应至少保留1/6有效丝杆长度。（×）

Je5B1069 停电清扫绝缘子表面的污秽不受天气状况限制。（×）

Je5B2070 同一线路顺线路方向的横断面构件螺栓穿入方向应统一。（√）

Je5B2071 拉线紧固后，NUT线夹留有不大于1/2的螺杆螺纹长度。（×）

Je5B2072 拉线连接采用的楔形线夹尾线，宜露出线夹300～500mm。尾线与本线应采取有效方法扎牢或压牢。（√）

Je5B2073 当杆塔基础坑深与设计坑深偏差超过+300mm时，应回填土、砂或石进行夯实处理。（×）

Je5B2074 拉线盘的抗拔能力仅与拉线盘的埋深、土壤性质有关。（×）

Je5B2075 现场浇筑混凝土基础，浇制完成后 12h 内应开始浇水养护，当天气炎热、干燥有风时，应在 3h 内浇水养护。（√）

Je5B2076 混凝土浇制时采用有效振捣固方式能减小混凝土的水灰比，提高混凝土强度，因此混凝土捣固时间越长，对混凝土强度提高越有利。（×）

Je5B2077 冬季日平均气温低于 5℃进行混凝土浇制施工时，应自浇制完成后 12h 以后浇水养护。（×）

Je5B2078 混凝土的配合比是指组成混凝土的材料水、水泥、砂、石的质量比，并以水为基数 1。（×）

Je5B2079 基础拆模时，其混凝土强度应保证其表面及棱角不损坏。（√）

Je5B2080 顺绕钢丝绳表面光滑、磨损少，所以输电线路施工中采用的大多为顺绕钢丝绳。（×）

Je5B2081 麻绳浸油后其抗腐防潮能力增加，因此，其抗拉强度比不浸油麻绳高。（×）

Je5B2082 绝缘子瓷表面出现裂纹或损伤时应及时更换，以防引起良好绝缘子上电压升高。（√）

Je5B2083 绝缘子表面污秽物的等值盐密不得低于 $0.1mg/cm^2$。（×）

Je5B3084 上杆塔作业前，应先检查根部、基础和拉线是否牢固。（√）

Je5B3085 杆塔组立后，杆塔上、下两端 2m 范围以内的螺栓应尽可能使用防松螺栓。（×）

Je5B3086 杆塔多层拉线应在监视下逐层对称调紧，防止过紧或受力不均而使杆塔产生倾斜或局部弯曲。（√）

Je5B3087 钢丝绳弯曲严重极易疲劳破损，其极限弯曲次数与钢丝绳所受拉力及通过滑轮槽底直径大小有关。（√）

Je5B3088 线路清扫绝缘子表面污秽物可用汽油或肥皂水擦净，再用干净抹布将其表面擦干净便符合要求。（√）

Je5B4089 现浇杆塔基础立杆同组地脚螺栓中心对立柱中心偏移的允许值为 10cm。（×）

Je5B4090 新的瓷绝缘子安装前可不必进行绝缘测量。（√）

Je5B4091 安全工器具宜存放在温度−15～+35℃、相对湿度 30%以下、干燥通风的室内。（×）

Jf5B1092 锯条的正确安装方法是使锯条齿尖朝后，装入夹头销钉上。（×）

Jf5B1093 混凝土杆运输时应绑固可靠，在运输中车箱内应有专人看护。（×）

Jf5B1094 有缺陷的带电作业工具应及时修复，不合格的需修复后才可继续使用。（×）

Jf5B2095 在杆塔高空作业时，应使用有后备绳的双保险安全带，安全带和保险绳应挂在杆塔不同部位的牢固构件上。（√）

Jf5B2096 转角度数较大的杆塔在放线施工时，需打导线反向临时拉线，以防杆塔向外角侧倾斜或倒塌。（√）

Jf5B2097 绝缘手套属于一般安全用具。（×）

Jf5B3098 转角杆塔结构中心与线路中心桩在横线路方向的偏移值称为转角杆塔的位移。（√）

Jf5B3099 基本安全用具的绝缘强度高，能长时间承受电气设备工作电压的作用。（√）

Jf5B4100 成套接地线应用有透明护套的多股软铜线组成，其截面积不应小于 $25mm^2$，同时应满足装设地点短路电流的要求。（√）

La4B1101 同一电压等级架空线路杆型的外形尺寸是相同的。（×）

La4B1102 交流电流的最大值是指交流电流最大的瞬时

值。（√）

La4B2103 电压等级在 1000V 及以上者为高压电气设备。（√）

La4B2104 任意一个力只要不为零总可以分解出无穷个分力。（√）

La4B2105 选用绳索时，安全系数越大，绳索受力越小，说明使用时越安全合理。（×）

La4B3106 正弦交流量的有效值大小为相应正弦交流量最大值的 $\sqrt{2}$ 倍。（×）

La4B3107 绝缘电阻表的 L、G、E 端钮分别指"线"、"地"和"屏"端钮。（×）

La4B4108 导线与一般公路交叉时，最大弧垂应按导线温度+70℃计算。（×）

Lb4B1109 GJ–50 型镀锌钢绞线有 7 股和 19 股两种系列。（√）

Lb4B1110 各类作业人员有权拒绝违章指挥和强令冒险作业。（√）

Lb4B1111 过电压是指系统在运行中遭受雷击、系统内短路、操作等原因引起系统设备绝缘上电压的升高。（√）

Lb4B1112 隐蔽工程验收检查，应在隐蔽前进行。（√）

Lb4B1113 不同金属、不同规格和不同绞制方向的导线严禁在同一耐张段内连接。（√）

Lb4B1114 锚固工具分为地锚、桩锚、地钻和船锚四种。（√）

Lb4B2115 LGJ–95～150 型导线应选配 XGU–2 型的悬垂线夹。（×）

Lb4B2116 输电线路每相绝缘子片数应根据电压等级、海拔、系统接地方式及地区污秽情况进行选择。（√）

Lb4B2117 系统频率的稳定取决于系统内无功功率的平衡。（×）

Lb4B2118　电网处于低功率因数下运行会影响整个系统运行的经济性。（√）

Lb4B2119　进行杆塔底部和基础等地面检查、消缺工作应填写第一种工作票。（×）

Lb4B2120　在同一档距内，架空线最大应力出现在该档高悬点处。（√）

Lb4B2121　架空线的连接点应尽量靠近杆塔，以方便连接器的检测和更换。（×）

Lb4B2122　架空线弧垂的最低点是一个固定点。（×）

Lb4B2123　空载长线路末端电压比线路首端电压高。（√）

Lb4B2124　雷击中性点不接地系统的线路时，易引起单相接地闪络造成线路跳闸停电。（×）

Lb4B2125　夜间巡线可以发现在白天巡线中所不能发现的线路缺陷。（√）

Lb4B2126　在检修工作的安全技术措施中，挂接地线是检修前重要的安全措施之一。在挂接地线时，先接导体端，后接接地端；拆除顺序与此相反。（×）

Lb4B2127　ZC–8 型接地电阻测量仪，测量时"E"接被测接地体，P、C 分别接上电位和电流辅助探针。（√）

Lb4B3128　接地引下线尽量短而直。（√）

Lb4B3129　垂直档距是用来计算导线及架空地线传递给杆塔垂直荷载的档距。（√）

Lb4B3130　系统中性点采用直接接地方式有利于降低架空线路的造价，因此该接地方式广泛使用在输电、配电线路中。（×）

Lb4B3131　工作质量是产品质量的保证，而产品质量反映了工作质量的高低。（√）

Lb4B3132　张力放线不宜超过 10 个放线滑车。（×）

Lb4B3133　运行的普通钢筋混凝土杆及细长预制构件不得有纵向裂缝；横向裂缝宽度不应超过 0.2mm。（√）

Lb4B3134 为满足系统经济运行的要求，常将中小型火力发电厂用作调峰备用，以保证大型火电厂和各类水电厂有较稳定的出力。（×）

Lb4B4135 导线连接前应清除表面的氧化膜，并涂上一层导电脂，以减小导线的接触电阻。（√）

Lb4B4136 相分裂导线同相子导线的弧垂应力求一致，四分裂导线弧垂允许偏差为50mm。（√）

Lb4B4137 双钩紧线器是输电线路施工中唯一能进行收紧或放松的工具。（×）

Lc4B1138 杆塔的呼称高是指杆塔下横担下弦边线至杆塔施工基面间的高度。（√）

Lc4B1139 用水直接喷射燃烧物属于抑制法灭火。（×）

Lc4B2140 在工作中遇到创伤出血时，应先止血，后进行医治。（√）

Lc4B2141 预应力钢筋混凝土杆不得有纵向裂缝；横向裂缝宽度不应超过0.1mm。（×）

Lc4B2142 钢筋混凝土杆在装卸时起吊点应尽可能固定在杆身重心位置附近。（√）

Lc4B3143 电气元件着火时，不准使用泡沫灭火器和砂土灭火。（√）

Lc4B3144 为安全起见，在錾削时应戴手套，以增大手与锤柄以及手与錾子的摩擦力。（×）

Lc4B4145 力的大小、方向、作用点三者合称为力的三要素。（√）

Jd4B1146 完整的电力线路杆塔编号一般应包括电压等级、线路名称、设备编号、杆号和色标等。（√）

Jd4B1147 起重时，定滑车可以省力，而动滑车能改变力的作用方向。（×）

Jd4B2148 整体立杆选用吊点数的基本原则是保证杆身强度能够承受起吊过程中产生的最大弯矩。（√）

Jd4B2149 组织施工检修的人员应了解检修内容、停电范围、施工方法以及质量标准的要求。（√）

Jd4B2150 用油漆在杆塔上编号或挂牌，以离地面 2.5～3.0m 为宜，字体不宜过小，面向阳光照射时间较长的南侧。（×）

Jd4B2151 用人力绞磨起吊杆塔，钢丝绳的破断拉力为 26.5kN，则其最大允许拉力为 5.3kN。（√）

Jd4B2152 线路断路器动作后，若使用了自动重合闸装置的，无论重合成功与否皆称为线路事故。（×）

Jd4B3153 某 3—3 滑车组，牵引绳动滑车引出，若忽略摩擦，则牵引钢绳受力为被吊物重力的 $\frac{1}{6}$。（×）

Jd4B3154 人字抱杆每根抱杆的受力一般大于其总压力的一半。（√）

Jd4B4155 线路停电检修必须做好各项安全措施，安全措施分为组织措施和技术措施。其中，组织措施包括停电、验电、挂接地线及悬挂标示牌、设置护栏等内容。（×）

Je4B1156 紧急缺陷比重大缺陷更为严重，必须尽快处理。（√）

Je4B1157 不能使用白棕绳做固定杆塔的临时拉线。（√）

Je4B1158 现浇混凝土杆塔基础强度以现场试块强度为依据。（√）

Je4B1159 杆塔整体起立制动钢绳在起立瞬间受力最大。（×）

Je4B1160 线路终勘测量也称为定线测量。（√）

Je4B1161 各类绞磨和卷扬机，其牵引绳应从卷筒上方卷入。（×）

Je4B1162 钢芯铝绞线采用铝管对接压接时，压接顺序应从压接管中央部位开始分别向两端上下交替压接。（×）

Je4B2163 配置钢模板时应尽量错开模板间的接缝。（√）

Je4B2164 施工基面下降就是以现场塔位桩为基准，开挖

出满足施工需要工作面的下降高度。（√）

Je4B2165 2008型钢模板表示模板长2000mm，宽800mm。（×）

Je4B2166 用软轴插入式振动器振捣混凝土，要求插入两点距离应不小于振动棒作用半径的1.5倍。（×）

Je4B2167 杆塔基础地脚螺栓放入支立好模板内的下端弯钩是为了增大钢筋与混凝土的黏结力。（√）

Je4B2168 立杆开始瞬间牵引绳受力最大。（√）

Je4B2169 整体立杆人字抱杆的初始角越大越好。（×）

Je4B2170 铁塔组装采用单螺母时，要求螺母拧紧后螺杆露出长度不少于2个螺距。（√）

Je4B2171 采用铝合金线夹固定导线时可不缠绕铝包带，以防止产生电晕放电。（×）

Je4B2172 转角杆转角度数复测时偏差不得大于设计值的$1'30''$。（√）

Je4B2173 线路施工测量使用的经纬仪，其最小读数应不小于$1'$。（×）

Je4B2174 LGJ-240型导线叠压接模数为$2×14$个。（√）

Je4B2175 绝缘子污闪事故大多出现在大雾或毛毛雨天气。（√）

Je4B2176 对于重冰区的架空线路，应重点巡视架空线的弧垂及金具是否存在缺陷，以防覆冰事故发生。（√）

Je4B2177 在采用倒落式抱杆整体立塔时，抱杆选得过长，其纵向受压稳定条件限制，因此抱杆高度宜等于杆塔重心的0.8～1.0倍。（√）

Je4B2178 绝缘操作杆的试验周期为一年一次。（√）

Je4B3179 悬垂绝缘子串使用W弹簧销子时，绝缘子大口均朝线路前方。（×）

Je4B3180 对杆塔倾斜或弯曲进行调整时，应根据需要打临时拉线，杆塔上有人作业不得调整拉线。（√）

Je4B3181　和易性好的混凝土其坍落度小。（×）

Je4B3182　紧线时，弧垂观测档宜选在档距大、悬点高差较大的档内进行。（×）

Je4B3183　终勘测量时是根据初步设计批准的线路路径方案，在现场进行线路平断面及交叉跨越点的测量。（√）

Je4B3184　钳压管压口数及压后尺寸的数值必须符合要求，压后尺寸的允许偏差应为±0.5mm。（√）

Je4B3185　通过非预应力混凝土电杆的接地装置，在采用接地电阻仪测量时，应从杆顶将接地引下线脱离与地线的连接后再进行测量。（√）

Je4B3186　运行中钢筋混凝土杆的倾斜度不得超过 0.5%。（×）

Je4B3187　专职监护人在班组成员确无触电危险的条件下，可参加工作班工作。（×）

Je4B4188　对用绝缘材料制成的操作杆进行电气试验，应保证其工频耐压试验、机电联合试验的绝缘和机械强度符合要求。（√）

Je4B4189　布线应根据每盘线的长度或重量，合理分配在各耐张段，力求接头最少，并避开不允许出现接头的档距。（√）

Je4B4190　施工线路与被跨越物垂直相交时，越线架的宽度比施工线路的两边线各宽出 1.5m，越线架中心位于施工线路的中心上。（√）

Je4B4191　整体立杆时，牵引地锚距杆塔基础越远，牵引绳的受力越小。（√）

Jf4B1192　现场起重指挥人手拿红旗下指，表示放慢牵引速度。（×）

Jf4B1193　每片绝缘子的泄漏距离是指铁帽和钢脚之间的绝缘距离。（×）

Jf4B2194　不能用水扑灭电气火灾。（×）

Jf4B2195　单人巡线时，禁止攀登电杆或铁塔。（√）

Jf4B2196 对触电者进行抢救采用胸外按压要匀速，以每分钟按压 70 次为宜。（×）

Jf4B2197 对开放性骨折损伤者，急救时应边固定边止血。（×）

Jf4B3198 紧急救护的原则是在现场采取积极措施保护伤员的生命。（√）

Jf4B3199 机械装卸工作前必须知道吊件的重量，严禁超负荷起吊。（√）

Jf4B4200 在带电线路杆塔作业前应填写第二种工作票，为此，第一种工作票内的安全措施不适用于第二种工作票。（×）

La3B2201 架空线路导线与架空地线的换位可在同一换位杆上进行。（×）

La3B3202 架空线路的纵断面图反映沿线路中心线地形的起伏形状及被交叉跨越物的标高。（√）

La3B3203 构件的刚度是指构件受力后抵抗破坏的能力。（×）

La3B4204 土壤对基础侧壁的压力称为土的被动侧的压力。（√）

La3B5205 专责监护人在作业人员无触电危险的情况下，可参加班组其他工作。（×）

Lb3B2206 输电线路绝缘子承受的大气过电压分为直击雷过电压和感应雷过电压。（√）

Lb3B2207 线路绝缘污秽会降低绝缘子的绝缘性能，为防止污闪事故发生，线路防污工作必须在污闪事故季节来临前完成。（√）

Lb3B2208 架空线的最大使用应力大小为架空线的破坏应力与安全系数之比。（√）

Lb3B2209 带电作业用的绝缘操作杆，其吸水性越高越好。（×）

Lb3B3210 因隔离开关无专门的灭弧装置，因此不能通过

操作隔离开关来断开带负荷的线路。（√）

Lb3B3211 事故巡线在明知该线路已停电时,可将该线路视为不带电。（×）

Lb3B3212 在线路直线段上的杆塔中心桩,在横线路方向的偏差不得大于 50mm。（√）

Lb3B3213 跨越架的中心应在线路中心线上,宽度应超出新建线路两边线各 1.0m,且架顶两侧应设外伸羊角。（×）

Lb3B3214 地脚螺栓式铁塔基础的根开及对角线尺寸施工允许偏差为±2%。（×）

Lb3B3215 以抱箍连接的叉梁,其上端抱箍组装尺寸的允许偏差应为±50mm。（√）

Lb3B3216 铝、铝合金单股损伤深度小于直径的 1/2 时可用缠绕法处理。（×）

Lb3B4217 张力放线的多轮滑车,其轮槽宽应能顺利通过接续管及其护套。轮槽应采用挂胶或其他韧性材料。滑轮的摩阻系数不得大于 1.015。（√）

Lb3B4218 110kV 架空线相间弧垂允许偏差为 300mm。（×）

Lb3B4219 接地体水平敷设的平行距离不小于 5m,且敷设前应矫直。（√）

Lb3B4220 混凝土湿养与干养 14 天后的强度一致。（×）

Lb3B4221 钢筋混凝土杆的铁横担、地线支架、爬梯等铁附件与接地引下线应有可靠的电气连接。（√）

Lb3B5222 500kV 相分裂导线弧垂允许偏差为+80mm、−50mm。（×）

Lb3B5223 未受潮的绝缘工具,其 2cm 长的绝缘电阻能保持在 1000MΩ以上。（√）

Lc3B2224 链条葫芦有较好的承载能力,无需采取任何措施,可带负荷停留较长时间或过夜。（×）

Lc3B3225 当发现有人触电时,救护人必须分秒必争,及

78

时通知医务人员到现场救治。（×）

Lc3B3226 当地线保护角一定时，悬挂点越高，绕击率越大，悬挂点越低，绕击率越小。（√）

Lc3B4227 手拉葫芦只用于短距离内的起吊和移动重物。（√）

Jd3B2228 任何物体受力平衡时会处于静止状态。（×）

Jd3B3229 杆塔整体起立必须始终使牵引系统、杆塔中心轴线、制动绳中心、抱杆中心以及杆塔基础中心处于同一竖直平面内。（√）

Jd3B3230 对110kV架空线路进行杆塔检修，为确保检修人员安全，不允许带电进行作业。（×）

Jd3B4231 进行大跨越档的放线前必须进行现场勘查及施工设计。（√）

Jd3B4232 线路检修的组织措施一般包括人员配备及制定安全措施。（×）

Jd3B5233 设计气象条件的三要素是指风速、湿度及覆冰厚度。（×）

Je3B2234 某220kV线路在大雾时常出现跳闸，事故发生平均气温为8℃，此类故障多为架空线与邻近的建筑物或树木水平距离不够引起。（×）

Je3B2235 现场浇筑的混凝土基础，其保护层厚度的允许偏差为±5mm。（×）

Je3B2236 混凝土杆卡盘安装深度允许偏差不应超过 −50mm。（×）

Je3B2237 X型拉线的交叉点空隙越小，说明拉线安装质量越标准。（×）

Je3B3238 张力放线时，导线损伤后其强度损失超过保证计算拉断力的8.5%定为严重损伤。（√）

Je3B3239 张力放线时，通信联系必须畅通，重要的交叉跨越、转角塔的塔位应设专人监护。（√）

Je3B3240 在同一档内的各电压级线路，其架空线上只允许有一个接续管和三个补修管。（×）

Je3B3241 对特殊档耐张段长度在 300m 以内时，过牵引长度不宜超过 300mm。（×）

Je3B3242 悬垂线夹安装后，绝缘子串顺线路的偏斜角不得超过 5°。（√）

Je3B3243 抱杆做荷重试验时，加荷重为允许荷重的 200%，持续 10s，合格方可使用。（×）

Je3B3244 铝包带应缠绕紧密，其缠绕方向应与外层铝股的绞制方向一致。（√）

Je3B3245 紧线器各部件都用高强度钢制成。（×）

Je3B3246 制动绳在制动器上一般缠绕 3~5 圈。（√）

Je3B4247 跨越通航河流的大跨越档弧垂允许偏差不应大于 ±1%，其正偏差不应超过 1m。（√）

Je3B4248 接地体水平敷设时，两接地体间的水平距离不应小于 5m。（√）

Je3B4249 线路验收时，普通钢筋混凝土电杆不得有纵向裂缝，横向裂缝宽度不应超过 0.2mm。（×）

Je3B4250 土壤的许可耐压力是指单位面积土壤允许承受的压力。（√）

Je3B4251 绝缘子的合格试验项目有干闪、湿闪、耐压和耐温试验。（√）

Je3B4252 变压器 Yd11（Y/△-11）接线，表示一次侧线电压超前二次侧线电压 30°。（×）

Je3B4253 线路的初勘测量是根据地图初步选择的线路路径方案进行现场实地踏勘或局部测量。（√）

Je3B5254 转角杆中心桩位移值的大小只受横担两侧挂线点间距离大小的影响。（×）

Je3B5255 为保证导线连接良好，在 500kV 超高压线路中导线连接均采用爆炸压接。（×）

Jf3B2256　500kV 线路中的拉 V 直线塔常采用自由整体立塔。（√）

Jf3B3257　保护接地和保护接中线都是防止触电的基本措施。（√）

Jf3B3258　线路导线间的水平距离不仅与电压等级有关，还与档距大小有关。（√）

Jf3B4259　工作票必须由有经验的工作负责人签发。（×）

Jf3B5260　工作时不与带电体直接接触的安全用具都是辅助安全用具。（×）

La2B3261　杆件在外力偶矩作用下只发生扭转变形称为纯扭转。（√）

La2B4262　正常应力架设的导线，其悬点应力最大不得超过破坏应力的 44%。（√）

Lb2B2263　断路器是重要的开关设备，它能断开负荷电流和故障电流，在系统中起控制和保护作用。（√）

Lb2B3264　外过电压侵入架空线路后，通过架空地线的接地线向地中泄导。（×）

Lb2B3265　基础混凝土中严禁掺入氯盐。（√）

Lb2B4266　工程验收检查应按隐蔽工程验收检查、中间验收检查、竣工验收检查三个程序进行。（√）

Lb2B4267　工程竣工后，以额定电压对线路冲击合闸三次是为了测定线路绝缘电阻。（×）

Lb2B5268　机动绞磨以内燃机为动力，通过变速箱将动力传送到磨芯进行牵引的机械。（√）

Lc2B4269　在起重中，受力构件产生的变形可能存在拉伸压缩、剪切、弯曲和扭转中的部分变形。（√）

Jd2B3270　线路污闪事故大多发生在大雾、毛毛雨等潮湿天气。（√）

Jd2B4271　中性点直接接地的 220kV 系统，重合闸动作后重合不成功，此类故障一定是线路发生了永久性接地。（×）

Je2B2272 缠绕铝包带应露出线夹，但不超过 10mm，其端部应回缠绕于线夹内压住。（√）

Je2B3273 500kV 线路金具与 220kV 线路金具大部分结构与名称、受力都是相同的。（×）

Je2B3274 同一条线路不管档距大小，线间距离总是一样。（×）

Je2B4275 多分裂导线作地面临时锚固时应用锚线架。（√）

Je2B4276 张力放线滑车应采用滚动轴承滑轮，使用前应进行检查并确保转动灵活。（×）

Je2B4277 等电位操作人员在接触或脱离导线瞬间有电流通过人体内部，此电流大多为泄漏感性电流，对人体危害不大。（×）

Je2B5278 均压屏蔽服所用材料的穿透率越小，对作业人员的屏蔽效果越好。（√）

Jf2B3279 高压输电线路导线截面一般按经济电流密度方法选择，同时必须满足电晕条件要求。（√）

Jf2B4280 导线接续管在线路运行中是个薄弱部位，状态检测用红外线测温仪重点检测导线接续管的运行温度是否超过正常运行温度。（×）

La1B4281 三相四线制低压动力用电，相线与零线上分别安装熔断器对电气设备进行保护接零效果好。（×）

La1B5282 当引下线直接从架空地线引下时，引下线应绕紧杆身，以防晃动。（×）

Lb1B2283 紧线时转角杆必须打内角临时拉线，以防紧线时杆塔向外角侧倾斜或倒塌。（×）

Lb1B3284 架空线的比载大小与设计气象条件的三要素的每一要素有关。（×）

Lb1B4285 计算杆塔的垂直荷载取计算气象条件下的导线综合比载。（×）

Lb1B4286　某杆塔的水平档距与垂直档距相等时，垂直档距大小不随气象条件的变化而改变。（√）

Lb1B5287　耐张段代表档距很大，则该耐张段导线最大使用应力出现在最大比载气象条件下。（√）

Lb1B5288　架空线路耐雷水平取决于杆高、接地电阻及架空地线保护角的大小。（×）

Lc1B4289　因焊口不正造成整根电杆的弯曲度超过其对应长度的 2‰时，应割断重焊。（√）

Jd1B4290　高压输电线路因事故跳闸会引起系统频率及电压出现波动。（√）

Jd1B5291　线路的状态检测一般包括线路绝缘子的等值附盐密度、线路绝缘子的泄漏电流及线路金具的运行温度三项状态检测。（×）

Je1B2292　事故跳闸是指只要开关动作，无论重合成功与否，均视为跳闸。（√）

Je1B3293　某线路无时限电流速断保护动作，则线路故障一定出现在本级线路上，一般不会延伸到下一级线路。（√）

Je1B4294　在雷雨大风天气，线路发生永久性故障，可能是断线或倒杆之类的故障。（√）

Je1B4295　在严寒季节对线路特巡，重点巡查覆冰对线路引起的危害，包括架空线弧垂，杆塔的垂直荷载过大引起变形等现象。（×）

Je1B4296　对大跨越档架空线在最高气温气象条件下必须按导线温度为+70℃对交叉跨越点的距离进行校验。（√）

Je1B5297　耐张绝缘子串比悬垂绝缘子串易劣化，这是由绝缘子的质量问题引起的。（×）

Je1B5298　雷击跳闸率，指的是每年实际发生的雷击跳闸次数被该单位实际拥有的线路（百千米）数除，然后归算到 40 雷暴日所得到的数值。（√）

Jf1B4299　在中性点直接接地的电网中，长度超过 100km

的线路，均应换位，换位循环不宜大于 200km。（√）

Jf1B5300 接地沟的回填宜选取未掺有石块及其他的泥土并应夯实，回填后应筑有防沉层，工程移交时回填土不得低于地面 100～300mm。（×）

4.1.3　简答题

La5C1001　简述动力系统、电力系统、电力网、输电线路、配电线路的含义。（5分）

答：它们的含义分述如下。

（1）动力系统是由发电厂、电力网及用户所组成的整体。（1分）

（2）电力系统是由发电厂的电气部分、电力网及用户所组成的整体。（1分）

（3）电力网是由所有变电设备及各种不同电压等级线路组成的整体。（1分）

（4）输电线路是发电厂向电力负荷中心输送电能或电力负荷中心之间相互联络的长距离线路。（1分）。

（5）配电线路是由电力负荷中心向电力用户分配电能的线路。（1分）

La5C1002　简述电流强度、电压、电动势、电位、电阻的含义。（5分）

答：这些电气参数的含义分述如下。

（1）电流强度是指单位时间内通过导线横截面的电量。（1分）

（2）电压是指电场力将单位正电荷从一点移到另一点所做的功。（1分）

（3）电动势是指电源力将单位正电荷从电源负极移动到正极所做的功。（1分）

（4）电位是指电场力将单位正电荷从某点移到参考点所做的功。（1分）

（5）电阻是材料分子或原子对电荷移动呈现的阻力。（1分）

La5C1003 力的三要素内容是什么？物体保持静止的条件是什么？（5分）

答：按题意分述如下。

（1）力的三要素是指力的大小、方向和作用点。（3分）

（2）物体静止的条件是合力等于零，合力矩等于零。（2分）

La5C2004 简述什么叫输电线路的平断面图？（5分）

答：沿输电线路中心线按照一定比例尺绘制的地形纵断面图和线路中心两侧各20～50m范围内的地形平面图。（5分）

La5C2005 电阻串联电路的电流、电压、电阻、功率各量的总值与各串联电阻上对应的各量之间有何关系？串联电阻在电路中有何作用？（5分）

答：按题意分述如下。

（1）关系：① 电阻串联电路的总电流等于流经各串联电阻上的电流。（1分）② 电阻串联电路的总电阻等于各串联电阻的阻值之和。（1分）③ 电阻串联电路的端电压等于各串联电阻上的压降之和。（1分）④ 电阻串联电路的总功率等于各串联电阻所消耗的功率之和。（1分）

（2）作用：串联电阻在电路中具有分压作用。（1分）

La5C3006 说明平面力系、汇交力系、平行力系、合力、分力的概念。（5分）

答：它们的概念分述如下。

（1）平面力系是指所有力作用线位于同一平面内的力系。（1分）

（2）汇交力系是指所有力的作用线汇交于同一点的力系。（1分）

（3）平行力系是指所有力的作用线相互平行的力系。（1分）

（4）合力是指与某力系作用效应相同的某一力。（1分）

（5）分力是指与某力等效应的力系中的各力。（1分）

Lb5C1007　架空输电线路的结构组成元件有哪些？（5分）

　　答：架空输电线路的结构元件有导线、地线及接地装置、杆塔、绝缘子、拉线、金具及其他附件。（缺一元件扣1分，扣完为止）

Lb5C3008　什么叫杆塔的呼称高？呼称高有哪几部分组成？（5分）

　　答：输电线路杆塔下横担下弦边线至杆塔施工基面间的高度。（2分）呼称高有绝缘子串的长度、导线的最大弧垂、规程规定的最小安全距离及考虑测量、施工误差所留的裕度等组成。（3分）

Lb5C1009　常用的线路金具有哪几类？（5分）

　　答：常用的线路金具有以下几类。

　　（1）线夹类金具。

　　（2）连接金具。

　　（3）接续金具。

　　（4）保护金具。

　　（5）调节金具。

　　（每点各1分）

Lb5C1010　架空线路导线常见的排列方式有哪些类型？（5分）

　　答：架空线路导线常见的排列方式如下。

　　（1）单回路架空导线：水平排列、三角形排列。（2分）

　　（2）双回路架空导线：鼓形排列、伞形排列、倒伞形排列、垂直排列和双三角形排列。（3分）

Lb5C1011 架空线路施工有哪些工序？（5分）

答：架空线路施工工序如下。

（1）基础施工。（1分）

（2）材料运输。（1分）

（3）杆塔组立。（1分）

（4）架线。（1分）

（5）接地工程。（1分）

Lb5C1012 经纬仪使用时的基本操作环节有哪些？（5分）

答：其基本操作环节如下。

（1）对中。（1分）

（2）整平。（1分）

（3）对光。（1分）

（4）瞄准。（1分）

（5）精平和读数。（1分）

Lb5C1013 架空线路杆塔有何作用？（5分）

答：架空线路杆塔的作用是：

（1）用于支承导线、架空地线及其附件。（2分）

（2）使导线相间、导线与架空地线、导线与地面及各种被交叉跨越物之间保持足够的安全距离。（3分）

Lb5C2014 何为架空地线的防雷保护角？其大小对线路防雷效果有何影响？（5分）

答：按题意分述如下。

（1）架空地线的防雷保护角：是指架空地线悬挂点处，地线的铅垂线与地线和外侧导线连线间的夹角。（3分）。

（2）影响：防雷保护角越小，架空地线对导线的保护效果越好。（2分）

Lb5C1015　对验电和挂接地线的人员有何要求？（5 分）

答：要求如下。

（1）应戴绝缘手套。（1 分）

（2）持绝缘棒操作。（1 分）

（3）并设专人监护。（1 分）

（4）人体不得触及接地体。（2 分）

Lb5C1016　架空导线常用的接续方法有哪些？（5 分）

答：其常用的接续方法有以下几种。

（1）插接法。

（2）钳压法。

（3）液压法。

（4）爆压法。

（5）并沟线夹连接法。

（每点各 1 分）

Lb5C2017　保证作业安全的组织措施包括哪几项？（5 分）

答：包括以下几项。

（1）现场勘察制度。（0.5 分）

（2）工作票制度。（0.5 分）

（3）工作许可制度。（1 分）

（4）工作监护制度。（1 分）

（5）工作间断制度。（1 分）

（6）工作终结和恢复送电制度。（1 分）

Lb5C2018　导地线损伤在什么情况下允许缠绕修补？（5 分）

答：钢芯铝绞线或钢芯铝合金绞线，在同一截面处损伤超过修复标准，但强度损失不超过总拉断力的 5%，且截面积损

伤不超过总截面积的 7% 时；（3 分）镀锌钢绞线为 19 股者断 1 股的情况下。用缠绕补修办法处理。（2 分）

Lb5C2019　简述导线截面的基本选择和校验方法。（5 分）

答：其选择和校验方法如下。

（1）按经济电流密度选择导线截面。（1 分）

（2）按容许电压损耗选择导线截面。（1 分）

（3）按发热条件校验导线截面。（1 分）

（4）按机械强度校验导线截面。（1 分）

（5）按电晕条件校验导线截面。（1 分）

Lb5C2020　电力系统内常见的内过电压有哪些？（5 分）

答：其常见的内过电压有以下几种。

（1）切空载变压器过电压。（1 分）

（2）切、合空载线路过电压。（1 分）

（3）弧光接地过电压。（1 分）

（4）谐振过电压。（1 分）

（5）工频过电压。（1 分）

Lb5C2021　氧化锌避雷器有何特点？（5 分）

答：其特点如下。

（1）无间隙。（1 分）

（2）无续流。（1 分）

（3）残压低。（1 分）

（4）体积小，重量轻。（1 分）

（5）结构简单，通流能力强。（1 分）

Lb5C2022　简要解释档距、水平档距、垂直档距及代表档距的含义。（5 分）

答：它们的含义分述如下。

（1）档距是指相邻两杆塔中心点之间的水平距离。（1分）

（2）水平档距是指某杆塔两侧档距中点之间的水平距离。（1分）

（3）垂直档距是指某杆塔两侧导线最低点间的水平距离。（1分）

（4）把一个长短不等、连续多档的耐张段，用一个等效的孤立档来代替，达到简化设计计算的目的。这个能够表达整个耐张段导线受力变化规律的假想档距，称为代表档距。（2分）

Lb5C2023　锚固工具有何作用？有哪些基本类型？（5分）

答：其作用和类型如下。

（1）作用：锚固工具能通过绳索将受力物体平衡地固定在地面上，以保证物体转动、移动、直立的稳定性。（1分）

（2）类型：分为地锚、桩锚、地钻、船锚等。（每种1分，共4分）

Lb5C2024　简要说明三端钮接地电阻测量仪 E、P、C 和四端钮接地电阻测量仪 P2、C2、P1、C1 端钮在测量接地电阻时的用途。（5分）

答：它们的用途分述如下。

（1）三端钮接地电阻测量仪：① E 接被测接地体；② P 接电位辅助探针；③ C 接电流辅助探针。（每点1分，共3分）

（2）四端钮接地电阻测量仪：① P2、C2 短接与被测接地体相连；② P1、C1 与三端钮测量仪的 P、C 连接相同。（每点1分，共2分）

Lb5C2025　在什么样的施工条件下工作人员必须戴安全帽？（5分）

答：这些施工条件如下。

（1）深度超过 1.5m 的坑下作业。（1分）

（2）土石方爆破。（1分）

（3）坑下混凝土捣固。（1分）

（4）高空作业和进入高空作业区下面的工作。（1分）

（5）起重吊装和杆塔组立。（1分）

Lb5C3026　什么是混凝土的和易性？和易性对混凝土构件质量有何影响？（5分）

答：其和易性及对其构件质量的影响分述如下。

（1）混凝土的和易性是指混凝土经搅拌后，在施工过程中干稀均匀的合适程度。（2分）

（2）质量影响：① 和易性差的混凝土影响构件内部的密实性；（1分）② 和易性差的混凝土影响构件表面的质量；（1分）③ 和易性差的混凝土影响构件棱角的质量。（1分）

Lb5C3027　接地体采用搭接焊接时有何要求？（5分）

答：其要求如下。

（1）连接前应清除连接部位的氧化物。（1分）

（2）圆钢搭接长度应为其直径的6倍，并应双面施焊。（2分）

（3）扁钢搭接长度应为其宽度的2倍，并应四面施焊。（2分）

Lb5C2028　承力杆塔按用途可分为哪些类型？（5分）

答：可分为以下几种类型。

（1）耐张杆塔。

（2）转角杆塔。

（3）终端杆塔。

（4）分歧杆塔。

（5）耐张换位杆塔。

（每点各 1 分）

Lb5C4029 现行线路防污闪事故的措施有哪些？（5 分）

答：该措施有以下几项。

（1）定期清扫绝缘子。

（2）定期测试和更换不良绝缘子。

（3）采用防污型绝缘子。

（4）增加绝缘子串的片数，提高线路绝缘水平。

（5）采用憎水性涂料。

（每点各 1 分）

Lb5C4030 架空导线的线材应具备哪些特性？（5 分）

答：应具备以下特性。

（1）导电率高，以减少线路的电能损耗和电压降。（1 分）

（2）具有良好的耐振性能；耐热性能高，以提高输送容量。（1 分）

（3）机械强度高、弹性系数大、有一定柔软性、容易弯曲，以便于加工制造。（1 分）

（4）耐腐蚀性强，能够适应自然环境条件和一定的污秽环境，使用寿命长。（1 分）

（5）重量轻、性能稳定、耐磨、价格低廉。（1 分）

Lc5C1031 经常发生触电的形式有哪些？其中哪种对人体危害最大？（5 分）

答：触电形式及其危害分述如下。

（1）形式：① 单相触电；② 两相触电；③ 跨步电压触电；④ 接触电压触电。（每点 1 分，共 4 分）

（2）危害：两相触电对人体危害最大。（1 分）

Lc5C5032 架空线路的导线为什么要制成钢芯铝绞线？

（5分）

答：若架空线路的输送功率大，导线截面大，对导线的机械强度要求高，而多股单金属铝绞线的机械强度仍不能满足要求时，则把铝和钢两种材料结合起来制成钢芯铝绞线，其不仅有较好的机械强度，且有较高的电导率。（2分）不仅如此，而且由于交流电的趋肤效应，使铝线截面的载流作用得到充分的利用，而其所承受的机械荷载则由钢芯和铝线共同负担。这样，既发挥了两种材料的各自优点，又补偿了它们各自的缺点。因此，钢芯铝线被广泛地应用在35kV及以上的线路中。（3分）

Lc5C3033　雷电的参数包括哪几项？（5分）

答：雷电参数有如下几项。

（1）雷电波的速度。

（2）雷电流的幅值。

（3）雷电流的极性。

（4）雷电通道波阻抗。

（5）雷曝日及雷曝小时。

（每点各1分）

Lc5C2034　施行人工呼吸法之前应做好哪些准备工作？（5分）

答：应做好以下工作。

（1）检查口、鼻中有无妨碍呼吸的异物。（2分）

（2）解衣扣，松裤带，摘假牙。（3分）

Lc5C3035　钳工划线的常用量具有哪几种？（5分）

答：有以下几种。

（1）钢板尺。（1分）

（2）量高尺。（1分）

（3）游标卡尺。（1分）

（4）万能量角器。（1分）

（5）角度规。（1分）

Lc5C4036 杆塔构件的运输方式有哪几种？（5分）

答：有以下几种。

（1）汽车运输。

（2）拖拉机运输。

（3）马车运输。

（4）船只运输。

（5）人力或特殊运输。

（每点各1分）

Jd5C1037 消除导线上的覆冰的方法有哪几种？（5分）

答：有以下几种方法。

（1）电流溶解法：① 增大负荷电流；② 用特设变压器或发电机供给与系统断开的覆冰线路的短路电流。（2分）

（2）机械除冰法：① 用绝缘杆敲打脱冰；② 用木制套圈脱冰；③ 用滑车除冰器脱冰。（机械除冰必须停电。）（3分）

Jd5C1038 不同风力对架空线的运行有哪些影响？（5分）

答：其影响如下。

（1）风速为 0.5～8m/s 时，易引起架空线因振动而断股甚至断线。（2分）

（2）风速为 8～15m/s 时，易引起架空线因舞动而发生碰线故障。（2分）

（3）大风引起导线不同期摆动而发生相间闪络。（1分）

Jd5C1039 影响架空线振动的因素有哪几种？（5分）

答：有以下几种。

（1）风速、风向。

（2）导线直径及应力。

（3）档距。

（4）悬点高度。

（5）地形、地物。

（每点各 1 分）

Jd5C4040 在架空线路定期巡视中，架空导线、架空地线的巡视内容有哪些？（5 分）

答：其巡视内容如下。

（1）导线、地线锈蚀、断股、损伤或闪络烧伤。（0.5 分）

（2）导线、地线弧垂变化、相分裂导线间距变化。（0.5 分）

（3）导线、地线上扬，振动、舞动、脱冰跳跃，相分裂导线鞭击、扭绞、粘连。（1 分）

（4）导线、地线连续金具过热、变色、变形、滑移。（0.5 分）

（5）导线在线夹内滑动。（0.5 分）

（6）跳线断股，歪扭变形，跳线与杆塔空气间隙变化，跳线间扭绞，跳线舞动、摆动过大。（1 分）

（7）导线对地，对交叉跨越设施距离变化。（0.5 分）

（8）导线、地线上悬挂有异物。（0.5 分）

Jd5C2041 什么叫重大缺陷？其处理的要求是什么？（5 分）

答：其内容及处理要求分述如下。

（1）重大缺陷：是指缺陷情况对线路安全运行已构成严重威胁，短期内线路尚可维持安全运行。（3 分）

（2）处理要求：必须列入近期检修计划，应在短期内消除，消除前应加强监视。（2 分）

Jd5C2042 输电线路检修的目的是什么？（5 分）

答：其目的如下。

（1）消除线路巡视、检测与检查中发现的各种缺陷，以提高线路的完好水平。（3分）

（2）预防事故发生，确保线路安全供电。（2分）

Jd5C3043　挂、拆接地线的步骤是怎样的？（5分）

答：挂、拆接地线的步骤如下。

（1）挂接地线时，先接接地端，后接导线端。若同杆塔有多层电力线挂接地线时，应先挂低压、后挂高压，先挂下层、后挂上层，先挂近侧、后挂远侧。（3分）

（2）拆除接地线的顺序与挂接地线顺序相反。（2分）

Jd5C4044　夜间巡线的目的及主要检查项目是什么？（5分）

答：其目的及检查项目分述如下。

（1）目的：线路正常运行时通过夜间巡视可发现白天巡线不易发现的线路缺陷。（2分）

（2）检查项目：① 连接器过热现象；② 绝缘子污秽泄漏放电火花；③ 导线的电晕现象。（3分）

Je5C1045　采用螺栓连接构件时，有哪些技术规定？（5分）

答：其技术规定如下。

（1）螺杆应与构件面垂直，螺杆头平面与构件间不应有空隙。（1分）

（2）螺母拧紧后，螺杆露出的螺母长度：对单螺母，不应小于两个螺距；对双螺母，可与螺母相平。（2分）

（3）螺杆必须加垫者，每端不宜超过两个垫片。（1分）

（4）螺杆的防松、防卸应符合设计要求。（1分）

Je5C1046 杆塔上螺栓的穿向应符合哪些规定？（5分）

答：应符合如下规定。

（1）对立体结构：① 水平方向由内向外；② 垂直方向由下向上；③ 斜向者宜由斜下向斜上，不便时应在同一斜面内取统一方向。（2分）

（2）对平面结构：① 顺线路方向由送电侧穿入或按统一方向穿入；② 横线路方向两侧由内向外，中间由左向右（面向受电侧）或按统一方向；③ 垂直方向由下向上；④ 斜向者宜由斜下向斜上，不便时应在同一斜面内取统一方向。（3分）

Je5C1047 普通拉线由哪几部分构成？（5分）

答：由以下几部分构成。

（1）杆上固定的挂点。

（2）楔形线夹上把。

（3）钢绞线（中把）。

（4）NUT 线夹。

（5）拉线棒及拉线盘。

（每点各1分）

Je5C1048 人工掏挖基坑应注意的事项有哪些？（5分）

答：应注意以下事项。

（1）根据土质情况放坡。（1分）

（2）坑上、坑下人员应相互配合，以防石块回落伤人。（1分）

（3）随时鉴别不同深层的土质状况，防止上层土方塌坍造成事故。（1分）

（4）坑挖至一定深度要用梯子上下。（1分）

（5）严禁任何人在坑下休息。（1分）

Je5C1049 预制混凝土卡盘安装要求有哪些？（5分）

答：其安装要求如下。

（1）卡盘安装位置及方向应符合图纸规定，直线杆一般沿线路左右交叉埋设，承力杆埋于张力侧。（3分）

（2）卡盘安装前应将其下部回填土夯实，其深度允许偏差不应超过±50mm。（2分）

Je5C1050 杆塔钢筋混凝土基础"三盘"是指哪"三盘"？其加工尺寸长宽厚的允许误差是多少？（5分）

答：三盘及其加工尺寸分述如下。

（1）"三盘"是指底盘、卡盘和拉线盘。（3分）

（2）加工尺寸长宽厚的允许误差分别为：−10mm、−10mm、−5mm。（2分）

Je5C1051 什么是水泥的细度？细度高的水泥有何优点？（5分）

答：水泥细度及其优点分述如下。

（1）水泥的细度是指水泥颗粒的磨细程度。（2分）

（2）优点：水泥颗粒越细，其单位体积的面积越大，水化作用越快，早期强度越高。（3分）

Je5C1052 什么是混凝土的坍落度？坍落度是评价混凝土的什么指标？（5分）

答：坍落度及其评价分述如下。

（1）混凝土的坍落度是指将拌和好的混凝土按要求装入测试容器后，容器取出时混凝土自行坍落下的高度。（3分）

（2）坍落度是评价混凝土和易性及混凝十稀稠程度的指标。（2分）

Je5C1053 钢丝绳的编插工艺要求是什么？（5分）

答：其要求如下。

（1）破头长度为钢绳直径的 45～48 倍。（1 分）

（2）插接长度为钢绳直径的 20～24 倍。（1 分）

（3）每股穿插次数不少于 4 次。（1 分）

（4）使用前 125% 的超负荷试验合格。（1 分）

（5）各股穿插紧密、表面平整。（1 分）

Je5C2054 在连续倾斜档紧线时绝缘子串有何现象？原因是什么？（5 分）

答：其现象与原因如下。

（1）现象：在连续倾斜档紧线时绝缘子串会出现偏斜现象。（2 分）

（2）原因：由于各档导线最低点不处于同一水平线上，引起各档导线最低点水平张力不等，从而使绝缘子串出现向导线最低点高的一侧偏斜。（3 分）

Je5C3055 停电清扫不同污秽绝缘子的操作方法是怎样的？（5 分）

答：各种操作方法如下。

（1）一般污秽：用抹布擦净绝缘子表面。（1 分）

（2）含有机物的污秽：用浸有溶剂（汽油、酒精、煤油）的抹布擦净绝缘子表面，并用干净抹布最后将溶剂擦干净。（2 分）

（3）黏结牢固的污秽：用刷子刷去污秽层后抹布擦净绝缘子表面。（1 分）

（4）黏结层严重的污秽：绝缘子可更换新绝缘子。（1 分）

Je5C1056 何为低值或零值绝缘子？对正常运行中绝缘子的绝缘电阻有何要求？（5 分）

答：按题意分述如下。

（1）低值或零值绝缘子是指在运行中绝缘子两端的电位分

布接近于零或等于零的绝缘子。（2分）

（2）运行中盘形绝缘子的绝缘电阻用5000V的绝缘电阻表测试时不得小于300MΩ，500kV线路盘形绝缘子的绝缘电阻不得小于500MΩ。（3分）

Je5C3057 采用楔形线夹连接拉线，安装时有何规定？（5分）

答：按题意回答如下。

（1）线夹的舌板与拉线应紧密接触，受力后不应滑动；线夹的凸肚在尾线侧，安装时不应使线股受损。（2分）

（2）拉线弯曲部分不应有明显的松股，尾线宜露出线夹300～500mm，尾线与本线应扎牢。（2分）

（3）同组拉线使用两个线夹时其尾端方向应统一。（1分）

Je5C2058 对用抱箍连接的门杆叉梁有何要求？（5分）

答：对其要求如下。

（1）叉梁上端抱箍的组装尺寸允许偏差为±50mm。（1分）

（2）分股组合叉梁组装后应正直，不应有明显鼓肚、弯曲。（3分）

（3）横隔梁的组装尺寸允许偏差为±50mm。（1分）

Je5C2059 混凝土中水泥的用量是否越多越好？（5分）

答：按题意回答如下。

（1）混凝土水泥用量不能过量，应符合配合比设计要求。（2分）

（2）混凝土中水泥用量过多会使混凝十在硬化过程中因水分蒸发引起水泥体积过量收缩，造成混凝土开裂、露筋等缺陷，从而影响混凝土的强度。（3分）

Je5C2060 拌制混凝土时为何尽可能选用较粗的砂？（5

分）

答： 其原因如下。

（1）较粗的砂粒，其单位体积的表面积小，易与水泥浆完全胶合。（2分）

（2）砂粒表面胶合的水泥浆充分，有利于提高混凝土强度。（1分）

（3）有利于降低水泥的用量，减小水灰比。（2分）

Je5C2061 简述钳形电流表的作用及使用方法。（5分）

答： 按题意分述如下。

（1）作用：用于电路正常工作情况下测量通电导线中的电流。（1分）

（2）使用方法：① 手握扳手，电流互感器的铁芯张开，将被测电流的导线卡入钳口中；② 放松扳手，使铁芯钳口闭合，从电流表的指示中读出被测电流大小。测量前，注意钳形电流表量程的选择。（每小点2分，共4分）

Je5C3062 停电作业对接地有何要求？（5分）

答： 其要求如下。

（1）应挂在作业范围的两端。（1分）

（2）挂接地线时先接接地端，后接导线端，不准缠绕，同时使三相短路。（2分）

（3）接地线规格不小于 $25mm^2$，材料应用多丝软铜线，可利用铁钎子（截面不得小于 $190mm^2$）或杆塔接地装置，接地体埋深不小于 0.6m。（2分）

Je5C2063 万用表使用时应注意哪些事项？（5分）

答： 应注意的事项如下。

（1）接线正确。（1分）

（2）测量档位正确。（1分）

（3）使用之前要调零。（1分）

（4）严禁测量带电电阻的阻值。（1分）

（5）使用完毕，应把转换开关旋至交流电压的最高档。（1分）

Je5C2064　钢丝绳有哪两大类？按钢丝和股的绕捻方向分为几种？（5分）

答：按题意分述如下。

（1）钢丝绳分为普通钢绳和复合钢绳两种。（2分）

（2）按钢丝和股的绕捻方向分为顺绕、交绕和混绕三种。（3分）

Je5C2065　起重滑车按用途分为几种？何种滑车能改变力的作用方向？（5分）

答：按题意分述如下。

（1）按用途分为定滑车、动滑车、滑车组和平衡滑车。（4分）

（2）定滑车能改变力的作用方向。（1分）

Je5C2066　起重抱杆有哪几种？何种抱杆做成法兰式连接？（5分）

答：按题意分述如下。

（1）起重抱杆分为圆木抱杆、角钢抱杆、钢管抱杆和铝合金抱杆四种。（4分）

（2）钢管抱杆做成法兰连接。（1分）

Je5C2067　起重葫芦是一种怎样的工具？可分为哪几种？（5分）

答：按题意分述如下。

（1）起重葫芦是一种有制动装置的手动省力起重工具。（2

分）

（2）起重葫芦包括手拉葫芦、手摇葫芦和手扳葫芦三种。
（3分）

Je5C3068 影响混凝土强度的因素有哪些？（5分）

答：有以下几种因素。

（1）水泥标号。

（2）水灰比。

（3）骨料强度。

（4）养护条件。

（5）捣固方式。

（每点各1分）

Je5C3069 冬季混凝土施工增强混凝土早期强度的方法
有哪些？（5分）

答：有以下几种方法。

（1）使用早强水泥。（1分）

（2）减少水灰比，加强捣固。（1分）

（3）增加混凝土搅拌时间。（1分）

（4）用热材料拌制混凝土。（1分）

（5）使用早强剂。（1分）

Je5C3070 跳线安装有何要求？（5分）

答：有以下要求。

（1）悬链线状自然下垂，不得扭曲，空气隙符合设计要求。
（2分）

（2）铝制引流连板及线夹的连接面应平整、光洁。（2分）

（3）螺栓按规程规定要求拧紧。（1分）

Je5C3071 塔身的组成材料有哪几种？（5分）

答：有以下几种。

（1）主材。

（2）斜材。

（3）水平材。

（4）横隔材。

（5）辅助材。

（每点各1分）

Je5C4072 采用倒落式人字抱杆整体起立分段混凝土杆排杆方法是怎样的？（5分）

答：其排杆方法如下。

（1）排杆场地应先平整，并在每段杆下垫上道木。（1分）

（2）杆根距杆坑中心0.5m，杆身沿线路方向，转角杆杆身应与内侧角二分线成垂直排列。（1分）

（3）杆段钢圈对口间隙随钢圈厚度而变，一般为几毫米。（1分）

（4）整基杆塔焊接前各段应平直，并处于同一直线上。（1分）

（5）被排用的杆塔不得有明显不合要求的缺陷存在。（1分）

Je5C4073 钢筋混凝土杆地面组装工艺包括哪些方面？（5分）

答：包括以下内容。

（1）组装横担：可将横担两端稍微翘起10～20mm，以便悬挂后保持水平。（1分）

（2）组装叉梁：先安装四个叉梁抱箍，将叉梁交叉点垫高，其中心与叉梁抱箍保持水平，再装上、下叉梁。（1分）

（3）部分螺栓连接构件不宜过紧，以防起吊时损坏构件。（1分）

（4）绝缘子组装后在杆顶离地时再挂在横担上，以防绝缘子碰伤。（1分）

（5）金具、拉线、爬梯等尽量地面组装，减少高空作业；安装完毕后，进行各部分全面检查。（1分）

Jf5C2074 **《电力安全工作规程》（电力线路部分）对单人夜间、事故情况下的巡线工作有何规定？（5分）**

答：其规定如下。

（1）单人巡线时，禁止攀登电杆或铁塔。（1分）

（2）夜间巡线时应沿线路外侧进行。（1分）

（3）事故巡线时应始终认为线路带电，即使明知该线路已停电，亦应认为线路随时有恢复送电的可能。（1分）

（4）当发现导线断线落地或悬在空中，应设法防止行人靠近断线地点 8m 以内，以免造成跨步电压伤人的事故，并迅速报告调度和上级，等候处理。（2分）

Jf5C1075 **《电力安全工作规程》（电力线路部分）规定电力线路工作人员必须具备哪些条件？（5分）**

答：应具备如下条件。

（1）经医生鉴定，无妨碍工作的病症。（1分）

（2）具备必要的电气知识和业务技能。（1分）

（3）熟悉《电力安全工作规程》（电力线路部分），并经考试合格。（1分）

（4）具备必要的安全生产知识，学会紧急救护方法，特别要学会触电急救。（2分）

Jf5C1076 **何为基本安全用具？基本安全用具一般包括哪几种？（5分）**

答：按题意分述如下。

（1）基本安全用具：是指绝缘强度高、能长期承受工作电

压作用的安全用具。（2分）

（2）基本安全用具一般包括：① 绝缘操作棒；② 绝缘夹钳；③ 验电器。（3分）

Jf5C3077 为什么多股绞线相邻层间的捻层方向不同？（5分）

答：多股绞线相邻层间的捻回方向如果相同，就难以绞成圆形截面，且放松后导线会卷缩打结，增加施工困难。（2分）另一方面，如果绞向相同，会使导线的接近效应增加，降低导线性能。所以多股线必须采取反向绞制，使每层导线之间的距离加大，相当于增大了导线的直径，在输电线路上有利于减少电晕损耗。（3分）

Jf5C2078 液压补修管怎样安装？液压顺序如何？（5分）

答：（1）液压补修管安装时抽出套管小片，把大片补修管套在导线上，小片沿大片补修管的斜口插入，断股处放在补修管开口侧的背面。（3分）

（2）液压顺序是由管的中心分别向两侧进行。（2分）

Jf5C3079 简要说明安全帽能对头部起保护作用的原因。（5分）

答：其原因如下。

（1）外界冲击荷载由帽传递，并分布在头盖骨的整个面积上，避免了集中打击一点。（3分）

（2）头顶与帽之间的空间能吸收能量，起到缓冲作用。（2分）

Jf5C4080 检修杆塔时有哪些安全规定？（5分）

答：其安全规定如下。

（1）不得随意拆除受力构件，如需要拆除，应事先做好补

强措施。（2分）

（2）调整杆塔倾斜、弯曲、拉线受力不均或迈步、转向时，应根据需要设置临时拉线及其调节范围，并应有专人统一指挥。（2分）

（3）杆塔上有人时，不准调整或拆除拉线。（1分）

La4C1081 简述中性点、零点、中性线、零线的含义？（5分）

答：他们的含义分述如下。

（1）中性点是指发电机或变压器的三相绕组连成星形时三相绕组的公共点。（2分）

（2）零点是指接地的中性点。（1分）

（3）中性线是指从中性点引出的导线。（1分）

（4）零线是指从零点引出的导线。（1分）

La4C2082 正弦交流电三要素的内容是什么？各表示的含义是什么？（5分）

答：按题意分述如下。

（1）最大值：是指正弦交流量最大的瞬时值。（1分）

（2）角频率：是指正弦交流量每秒钟变化的电角度。（1分）

（3）初相角：正弦量在计时起点 $t=0$ 时的相位，要求其绝对值小于180°（3分）

La4C3083 简述绳索一般应力、最大使用应力及最大允许应力的区别与联系？（5分）

答：按题意分述如下。

（1）区别：① 一般应力是指绳索受力时单位横截面的内力；（1分）② 最大使用应力是指绳索在工作过程中出现的最大应力值；（1分）③ 最大允许应力是指绳索按机械强度要求允许达到的最大应力值。（1分）

（2）联系：① 最大使用应力是应力在某一种特殊情况下的值；（1分）② 一般应力受最大允许应力的限制。（1分）

Lb4C2084 什么是相电压、线电压？它们之间有何数量关系？（5分）

答：相电压是指电机绕组首尾两端之间的电压。又因为三角形接线的绕组，它们之间首尾相接，因此这种接法，相电压等于线电压，即 $U_{线}=U_{相}$；在星形接线中，相电压就是中性点与任一相线首端之间的电压，而线电压是指三个首端中任意两个首端之间的电压，线电压是相电压的 $\sqrt{3}$ 倍，即 $U_{线}=\sqrt{3}U_{相}$。

Lb4C1085 线路检修的组织措施包括哪些？（5分）

答：包括如下内容。

（1）根据现场施工的具体情况进行人员分工，指明专责人员。（1分）

（2）组织施工人员了解检修内容、停电范围、施工方法和质量标准要求。（2分）

（3）制定安全措施，明确作业人员及监护人。（2分）

Lb4C1086 架空线路金具有什么用处？（5分）

答：其作用如下。

（1）杆塔、导线、架空地线的接续、固定及保护。（2分）

（2）绝缘子的组装、固定及保护。（2分）

（3）拉线的组装及调整。（1分）

Lb4C2087 工程中所称导线的弧垂是什么意思？其大小受哪些因素的影响？（5分）

答：按题意分述如下。

（1）工程中所称导线的弧垂：是指档距中央，导线悬点连线与导线间的铅直距离。（2分）

（2）影响因素：① 架空线的档距；② 架空线的应力；③ 架空线所处的环境气象条件。（每点各 1 分）

Lb4C2088　架空线路杆塔荷载分为几类？直线杆正常情况下主要承受何种荷载？（5 分）

答：按题意分述如下。

（1）荷载类型：① 水平荷载；② 垂直荷载；③ 纵向荷载。（3 分）

（2）直线杆正常运行时承受的荷载：① 水平荷载；② 垂直荷载。（2 分）

Lb4C4089　什么叫防雷保护角？在确定地线悬挂点位置时应满足哪些要求？（5 分）

答：按题意分述如下。

（1）架空地线的防雷保护角是指架空地线悬挂点处，地线的铅垂线与地线和外侧导线连线间的夹角。（2 分）。

（2）确定地线悬挂点位置时应满足的要求：① 防雷保护角的要求，单地线一般为 25° 左右，220kV 线路双地线为 20° 左右；② 双地线在杆塔顶的水平距离 $d \leqslant 5\Delta h$；③ 在外过电压无风气象条件下，档距中央导线与地线之间的距离 $S \geqslant 0.012l + 1m$。（3 分）

Lb4C1090　杆塔基础的作用是什么？（5 分）

答：杆塔基础的作用如下。

（1）将杆塔固定在地面。（1 分）

（2）保证杆塔在运行中不出现倾斜、下沉、上拔及倒塌。（4 分）

Lb4C2091　架空线路耐张段内交叉跨越档邻档断线对被交叉跨越物有何影响？（5 分）

答：其影响如下。

（1）交叉跨越档邻档断线时，交叉跨越档的导线应力衰减，弧垂增大。（2分）

（2）交叉跨越档因弧垂增大，使导线对被交叉跨越物距离减小，影响被交叉跨越物及线路安全。（2分）

（3）对重点交叉跨越物必须进行邻档断线交叉跨越距离校验。（1分）

Lb4C3092　架空线路的垂直档距大小受哪些因素的影响？其大小影响杆塔的哪种荷载？（5分）

答：按题意分述如下。

（1）影响因素：① 杆塔两侧档距大小；② 气象条件；③ 导线应力；④ 悬点高差。（每点1分，共4分）

（2）垂直档距大小影响杆塔的垂直荷载。（1分）

Lb4C1093　电流通过人体内部，对人体伤害的严重程度与哪些因素有关？（5分）

答：电流通过人体，其伤害程度与通过人体电流的大小、电流通过人体的持续时间、电流通过人体的途径、电流的种类以及人体的状态等因素有关。

Lb4C3094　何为接地装置的接地电阻？其大小由哪些部分组成？（5分）

答：按题意分述如下。

（1）接地装置的接地电阻：是指加在接地装置上的电压与流入接地装置的电流之比。（1分）

（2）接地电阻的构成：① 接地线电阻；② 接地体电阻；③ 接地体与土壤的接触电阻；④ 地电阻。（每小点1分，共4分）

Lb4C4095 架空线弧垂观测档选择的原则是什么？（5分）

答：其选择原则如下。

（1）紧线段在5档及以下时靠近中间选择一档。（1分）

（2）紧线段在6～12档时靠近两端各选择一档。（1分）

（3）紧线段在12档以上时靠近两端及中间各选择一档。（1分）

（4）观测档宜选择档距较大、悬点高差较小及接近代表档距的线档。（1分）

（5）含有耐张串的两档不宜选为观测档。（1分）

Lc4C1096 火灾按国标标准可分为几类？（5分）

答：可分为如下几类。

（1）一类：普通可燃固体火灾。（1分）

（2）二类：易燃液体和液化固体。（2分）

（3）三类：气体。（1分）

（4）四类：可燃金属。（1分）

Lc4C2097 什么叫线路状态检测？常见的状态检测内容有哪些？（5分）

答：按题意分述如下。

（1）线路状态检测是指线路运行维护人员对线路设备、通道状况用仪器测量方法按预先确定的采样周期进行的状态量采样过程。（2.5分）

（2）常见的线路状态检测有瓷质绝缘子零值测试、接地电阻测量、导地线弧垂测量、交叉跨越垂距测量、导线连接设备温度测量以及绝缘子附盐密度测量等。（2.5分）

Lc4C3098 如何正确使用高压验电器进行验电？（5分）

答：其正确使用方法如下。

（1）验电器的作用是验证电气设备或线路等是否有电压。（1分）

（2）验电器的额定电压必须与被验设备的电压等级相适应。（1分）

（3）验电器使用前必须在带电设备上试验，以检查验电器是否完好。（1分）

（4）对必须接地的指示验电器在末端接地。（1分）

（5）进行验电时必须带绝缘手套，并设立监护人。（1分）

Jd4C2099　保证检修安全的技术措施内容有哪些？（5分）

答：其内容有如下几项。

（1）停电。

（2）验电。

（3）装设接地线。

（4）使用个人保安线。

（5）悬挂标示牌和设置护栏。

（每点各1分）

Jd4C2100　高压辅助绝缘安全用具主要包括哪些？（5分）

答：主要包括以下几种。

（1）绝缘手套。

（2）绝缘靴。

（3）绝缘垫。

（4）绝缘鞋。

（5）绝缘台。

（每点各1分）

Jd4C2101　维修线路工作的内容包括哪些？（5分）

答：包括以下内容：更换或补装杆塔物件；杆塔铁件防腐；杆塔倾斜扶正；金属基础、拉线防腐；调整、更换新拉线及金具；混凝土杆及构件修补；更换绝缘子；更换导地线及导地线损伤补修；调整导地线弧垂；处理不合格交叉跨越；并沟线夹、跳线连板紧固；间隔棒更换检修；接地装置和防雷设施维修；补齐各种杆塔标志牌、警告牌、防护标志及色标等。

Jd4C3102　架空线路的平断面图包括哪些内容？（5 分）

答：包括如下内容。

（1）沿线路中心线的纵断面各点标高及塔位标高。（1 分）

（2）沿线路走廊的平面情况。（0.5 分）

（3）平面上交叉跨越点及交叉角。（1 分）

（4）线路转角方向和转角度数。（0.5 分）

（5）线路里程。（0.5 分）

（6）杆塔型式及档距、代表档距等。（1 分）

（7）平断面图的纵、横比例。（0.5 分）

Je4C1103　在紧线施工中，对工作人员的要求有哪些？（5 分）

答：对其要求如下。

（1）不得在悬空的架空线下方停留或穿行，不准抓线。（1 分）

（2）不得跨越正在牵引的架空线。（1 分）

（3）展放余线时护线人员不得站在线圈内或线弯内侧；（2 分）

（4）在未取得指挥人员同意，不得离开岗位。（1 分）

Je4C1104　杆塔整体组立时，人字抱杆的初始角设置多少为好？为什么？（5 分）

答：按题意分述如下。

（1）人字抱杆的初始角设置为 60°～65° 最佳。（1 分）

（2）原因：① 初始角设置过大，抱杆受力虽可减小，但此时抱杆失效过早，对立杆不利；（2 分）② 初始角设置过小，抱杆受力增大，且杆塔起立到足够角度不易脱帽，同样对立杆不利。（2 分）

Je4C1105　现浇基础施工时，如遇特殊情况中途中断混凝土浇灌，应如何处理？（5 分）

答：按题意回答如下。

（1）现浇每个基础的混凝土应一次连续浇成，不得中断。（1 分）

（2）在浇制同一基础混凝土时遇特殊情况中断超过 2h，不得继续浇灌。（1 分）

（3）继续浇灌必须待混凝土的强度达到 1.18MPa 后，将连接面打毛，并用水清洗，然后浇一层厚为 10～15mm 与原混凝土同样成分的水泥砂浆，再继续浇灌。（3 分）

Je4C2106　使用倒落式抱杆整体组立杆塔，如何控制反面临时拉线？（5 分）

答：按题意回答如下。

（1）随着杆塔起立角度的增大，抱杆受力渐渐减小。（1 分）

（2）在抱杆失效前，必须带上反面临时拉线。（1 分）

（3）反面临时拉线随杆塔起立角度增加进行长度控制。（1 分）

（4）当杆塔起立到 70° 时，应放慢牵引速度，注意各侧拉线。（1 分）

（5）当杆塔起立到 80° 时，停止牵引，用临时拉线调直杆身。（1 分）

Je4C2107　导、地线线轴布置的原则是什么？（5 分）

答：其布置原则如下。

（1）尽量将长度或重量相同的线轴集中放在各段耐张杆

处。(1分)

（2）架空线的接头尽量靠近导线最低点。(1分)

（3）导线接头避免在不允许有导线接头的档距内出现。(1分)

（4）尽量考虑减少放线后的余线。(1分)

（5）考虑施工方便，为运输、放线、连接及紧线创造有利条件。(1分)

Je4C2108　从哪些方面检查现浇混凝土的质量？(5分)

答： 从以下几方面进行检查。

（1）坍落度不得大于配合比设计的规定值。(1分)

（2）配比材料误差应控制在施工措施规定范围内，并严格控制水灰比。(2分)

（3）混凝土强度检查以现场试块为依据。(2分)

Je4C2109　使用飞车应注意哪些事项？(5分)

答： 应注意以下事项。

（1）使用前应对飞车进行全面检查，以保证使用安全。(2分)

（2）使用中行驶速度不宜过快，以免刹车困难。(2分)

（3）使用后平时注意保养。(1分)

Je4C2110　紧线时，耐张（转角）塔均需打临时拉线，临时拉线的作用及要求各是什么？(5分)

答： 其作用及要求分述如下。

（1）作用：平衡单边挂线后架空线的张力。(1分)

（2）要求：① 对地夹角为 30°～45°；② 每根架空线必须在沿线路紧线的反方向打一根临时拉线;③ 转角杆在内侧多增设一根临时拉线；④ 临时拉线上端在不影响挂线的情况下，固定位置离挂线点越近越好。(每小点1分，共4分)

Je4C2111 制动钢绳受力情况是怎样的？如何有效防止制动钢绳受力过大？（5分）

答：按题意回答如下。

（1）制动钢绳在杆塔起立开始时受力收紧。（1分）

（2）随着杆塔起立角度增加，抱杆的支撑力逐渐减小，制动绳索的受力逐渐增大。（1分）

（3）当抱杆失效时，抱杆的支撑力消失，制动绳的受力最大。（1分）

（4）为防止制动钢绳受力过大，在抱杆失效前，应调整制动绳长度，使杆底坐入底盘。（2分）

Je4C3112 架空线连接前后应做哪些检查？（5分）

答：应做如下检查。

（1）被连接的架空线绞向是否一致。（1分）

（2）连接部位有无线股绞制不良、断股和缺股现象。（2分）

（3）切割铝股时严禁伤及钢芯。（1分）

（4）连接后管口附近不得有明显松股现象。（1分）

Je4C3113 导电脂与凡士林相比有何特点？（5分）

答：按题意回答如下。

（1）导电脂本身是导电体，能降低连接面的接触电阻。（2分）

（2）导电脂温度达到150℃以上才开始流动。（1分）

（3）导电脂的黏滞性较凡士林好，不会过多降低接头摩擦力。（2分）

Je4C3114 现浇铁塔基础尺寸的允许偏差符合哪些规定？（5分）

答：应符合以下规定。

（1）保护厚度允许偏差：-5mm。（1分）

（2）立柱及各底座断面尺寸允许偏差：−1%。（1分）

（3）同组地脚螺栓中心对立柱中心偏移：10mm。（1分）

（4）地脚螺栓露出混凝土面高度：+10mm，−5mm。（2分）

Je4C3115 基础分坑前杆塔中心桩位置在复测中出现哪些情况应予以纠正？（5分）

答：按题意回答如下。

（1）横线路方向偏差大于50mm。（1分）

（2）顺线路方向偏差大于设计档距的1%。（1分）

（3）转角杆的角度偏差超过 1′30″。（1分）

（4）标高与设计值相比偏差超过0.5m。（2分）

Je4C4116 现场浇筑基础混凝土的养护应符合哪些规定？（5分）

答：应符合以下规定。

（1）浇筑后应在12h内开始浇水养护，当天气炎热、干燥有风时，应在3h内浇水养护；浇水次数以保持混凝土表面始终湿润为准。（1分）

（2）混凝土养护日期不少于7昼夜。（1分）

（3）基础拆模经表面检查合格后应立即回填土，并继续浇水养护。（1分）

（4）采用养护剂养护时，应在拆模并经表面检查合格后涂刷；涂刷后不再浇水。（1分）

（5）日平均气温低于5℃时不得浇水养护。（1分）

Jf4C4117 架空输电线路状态测温的对象有哪些？（5分）

答：线路状态测温的对象包括以下5项。

（1）导线接续管。

（2）耐张液压管。

（3）导线并沟线夹。

（4）跳线引流板、T形引流板（器）。

（5）导线不同金属接续金具。

（每点各1分）

Jf4C2118　防止火灾的基本方法有哪些？（5分）

答：基本方法有以下几种。

（1）控制可燃物。

（2）隔绝空气。

（3）消除着火源。

（4）阻止火势蔓延。

（5）阻止爆炸波的蔓延。

（每点各1分）

Jf4C2119　事故处理中四不放过原则的内容是什么？（5分）

答：其内容如下。

（1）事故原因不清楚不放过。（1分）

（2）事故责任者和应受教育者没有受到教育不放过。（2分）

（3）没有采取防范措施不放过。（1分）

（4）事故责任者没有受到处罚不放过。（1分）

Jf4C2120　整体起立杆塔有何优、缺点？（5分）

答：其优、缺点分述如下。

（1）优点：① 高空作业量小，减轻劳动强度；② 施工比较方便，提高组装质量；③ 适合流水作业。（3分）

（2）缺点：① 整体份量重，工器具需相应配备；② 施工占地面积大。（2分）

La3C3121　架空输电线路三相导线为什么要换位？（5分）

答：其原因如下。

（1）架空线路三相导线在空间排列往往是不对称的，由此引起三相系统电磁特性不对称。（2分）

（2）三相导线电磁特性不对称引起各相电抗不平衡，从而影响三相系统的对称运行。（2分）

（3）为保证三相系统能始终保持对称运行，三相导线必须进行换位。（1分）

La3C4122　何为剪应力？连接件不被剪断的条件是什么？许用剪应力与许用正应力的关系怎样？（5分）

答：按题意分述如下。

（1）剪应力是剪力与剪切面之比。（2分）

（2）连接件不被剪断的条件是剪应力不大于许用剪应力。（2分）

（3）材料的许用剪应力小于其许用正应力。（1分）

Lb3C2123　架空线的振动是怎样形成的？（5分）

答：其形成原因如下。

（1）架空线受到均匀的微风作用时，会在架空线背后形成一个以一定频率变化的风力涡流。（2分）

（2）当风力涡流对架空线冲击力的频率与架空线固有的自振频率相等或接近时，会使架空线在竖直平面内因共振而引起振动加剧，架空线的振动随之出现。（3分）

Lb3C3124　在超高压输电线路上为什么要使用分裂导线？（5分）

答：其目的如下。

（1）为减少电晕以减少电能损耗及减少对无线电、电视、通信等方面的干扰。（2分）

（2）为减小线路阻抗，提高线路输送电能容量。故高压、超高压线路上广泛使用分裂导线。（3分）

Lb3C3125 接地引下线如何安装？（5分）

答：其安装方法如下。

（1）接地引下线截面不小于 $25mm^2$ 钢绞线，上端用并沟线夹与架空地线连接，下端与接地体相连。（2分）

（2）接地引下线沿杆身引下时，应尽可能使之短而直，以减少其冲击阻抗，沿杆身每 1~1.5m 用镀锌铁丝加以固定。（2分）

（3）接地引下线，除与接地体连接外，不得有接头。（1分）

Lb3C3126 接地装置包括哪几部分？作用是什么？（5分）

答：按题意分述如下。

（1）接地装置包括接地体和接地引下线。（1分）

（2）接地体又叫接地极，由几根金属导体按要求埋入土壤中，用以向大地泄放电流。（2分）

（3）接地引下线是用以连接地线和接地体的导体，用于传递地线上的雷电流，通过接地体流入大地。（2分）

Lb3C4127 架空输电线路防雷措施有哪些？（5分）

答：有以下防雷措施。

（1）装设架空地线及降低杆塔接地电阻。（1分）

（2）系统中性点采用经消弧线圈接地。（1分）

（3）增加耦合地线。（1分）

（4）加强绝缘。（1分）

（5）装设线路自动重合闸装置。（1分）

Lb3C5128 巡视人员在巡线过程中应注意哪些事项？（5分）

答：应注意以下事项。

（1）在巡视线路时，无人监护一律不准登杆巡视。（0.5分）

（2）在巡视过程中，应始终认为线路是带电运行的，即使知道该线路已停电，巡线员也应认为线路随时有送电的可能。（0.5分）

（3）夜间巡视时应有照明工具，巡线员应在线路两侧行走，以防止触及断落的导线。（0.5分）

（4）巡线中遇有大风时，巡线员应在上风侧沿线行走，不得在线路的下风侧行走，以防断线倒杆危及巡线员的安全。（0.5分）

（5）巡线时必须全面巡视，不得遗漏。（0.5分）

（6）在故障巡视中，无论是否发现故障点，都必须将所分担的线段和任务巡视完毕，并随时与指挥人联系；如已发现故障点，应设法保护现场，以便分析故障原因。（0.5分）

（7）发现导线或架空地线掉落地面时，应设法防止居民、行人靠近断线场所。（0.5分）

（8）在巡视中如发现线路附近修建有危及线路安全的工程设施时应立即制止。（0.5分）

（9）发现危急缺陷应向本单位及时报告，以便迅速处理。（0.5分）

（10）巡线时遇有雷电或远方雷声时，应远离线路或停止巡视，以保证巡线员的人身安全。（0.5分）

Lc3C4129　架空地线的作用是什么？（5分）

答：其作用如下。

（1）减少雷电直接击于导线的机会。（1分）

（2）架空地线一般直接接地，它依靠低的接地电阻泄导雷电流，以降低雷击过电压。（1分）

（3）架空地线对导线的屏蔽及导线、架空地线间的耦合作用，降低雷击过电压。（1分）

（4）在导线断线情况下，架空地线对杆塔起一定的支持作用。（1分）

（5）绝缘架空地线有些还用于通信，有时也用于融冰。（1分）

Jd3C3130 简述振捣对现浇混凝土的作用。过长时间对现浇混凝土进行机械振捣有何危害？（5分）

答：按题意分述如下。

（1）对现浇混凝土进行振捣的作用在于增强混凝土的密实性、减小水灰比，以提高混凝土的强度。（3分）

（2）若过长时间进行振捣，易使混凝土内部出现分层的离析现象，反而影响混凝土的强度。（2分）

Jd3C4131 带电作业的要求有哪些？（5分）

答：有以下要求。

（1）必须使用合格的屏蔽服，屏蔽服衣裤任意两端点之间的电阻值均不得大于20Ω。（1分）

（2）作业前必须确定零值绝缘子的片数，要保证绝缘子串有足够数量的良好绝缘子。（1分）

（3）采用屏蔽服逐步短接绝缘子应保持足够的有效空气间隙和组合安全距离。（1分）

（4）作业时不得同时接触不同相别的两相，并避免大动作而影响空气间隙。（1分）

（5）在带电自由作业时，必须停用自动重合闸装置，严禁使用电雷管及用易燃物擦拭带电体及绝缘部分，以防起火。（1分）

Je3C2132 什么叫线路状态检修？状态检修的基本原则是什么？（5分）

答：按题意分述如下。

线路状态检修是指对巡视、检测发现的状态量超过状态控制值的部位或区段检修维护或修理的过程，可根据实际情况采

取带电或停电方式进行。线路状态检修可结合线路的大修、技术改造和日常维修进行。（3分）

状态检修的基本原则是指经状态巡视、状态检测和在线监测等发现的异常状态（隐患）应按"应修必修，修必修好"的原则，及时安排线路设备带电处理或停电检修。（2分）

Je3C3133 杆塔调整垂直后，在符合哪些条件后方可拆除临时拉线？（5分）

答：按题意分述如下。

（1）铁塔的底脚螺栓已紧固。（1分）

（2）永久拉线已紧好。（1分）

（3）无拉线电杆已回填土夯实。（1分）

（4）安装完新架空线。（1分）

（5）其他有特殊规定者，依照规定办理。（1分）

Je3C3134 何为线路绝缘的泄漏比距（按 GB/T 16434—1996 解释）？影响泄漏比距大小的因素有哪些？（5分）

答：按题意分述如下。

（1）电力设备外绝缘的爬电距离对最高工作电压有效值之比。（3分）

（2）影响泄漏比距大小的因素有地区污秽等级及系统中性点的接地方式。（2分）

Je3C3135 何谓输电线路的耐雷水平？线路耐雷水平与哪些因素有关？（5分）

答：按题意分述如下。

（1）线路耐雷水平是指雷击线路时绝缘子不发生闪络的最大雷电流幅值。（2分）

（2）影响因素：① 绝缘子串50%的冲击放电电压；② 耦合系数；③ 接地电阻大小；④ 架空地线的分流系数；⑤ 杆塔

高度；⑥ 导线平均悬挂高度。（每 2 点 1 分，共 3 分）

Je3C4136　杆塔及拉线中间验收检查项目包括哪些？（5 分）

答：包括以下项目。

（1）混凝土电杆焊接后焊接弯曲及焊口焊接质量。（0.5 分）

（2）混凝土电杆的根开偏差、迈步及整基对中心桩的位移。（0.5 分）

（3）结构倾斜。（0.5 分）

（4）双立柱杆塔横担与主柱连接处的高差及立柱弯曲。（0.5 分）

（5）各部件规格及组装质量。（0.5 分）

（6）螺栓紧固程度、穿入方向及打冲等。（0.5 分）

（7）拉线方位、安装质量及初应力情况。（0.5 分）

（8）NUT 线夹螺栓、花篮螺栓的可调范围。（0.5 分）

（9）保护帽浇筑情况。（0.5 分）

（10）回填土情况。（0.5 分）

Je3C4137　钢丝绳在什么情况下应报废或截除？（5 分）

答：钢丝绳有下列情况之一者应报废或截除。

（1）在一个节距内（每股钢丝绳绕捻一周的长度）断丝根数超过有关规定的。

（2）钢丝绳有断股的。

（3）钢丝绳磨损或腐蚀深度达到原直径的 40% 以上者或本身受过严重的烧伤或局部电弧烧伤者。

（4）压扁变形或表面毛刺者。

（5）断丝数量虽不多，但断丝增加很快者。

（每点各 1 分）

Je3C5138　使用绝缘电阻表时应注意哪些事项？（5 分）

答：应注意以下事项。

（1）必须正确选用绝缘电阻表。（0.5 分）

（2）每次使用前均需检查绝缘电阻表是否完好。（0.5 分）

（3）只有在设备完全不带电的情况下才能用绝缘电阻表测量绝缘电阻。（1 分）

（4）连接导线必须用单线，且在测量时相互分开。（1 分）

（5）测量时，绝缘电阻表手柄转速应逐渐加快至额定转速，且只有在指针稳定不再摇摆后约 1min 读数。（1 分）

（6）测量结束，只有在 L 端纽（线路端纽）与被测对象断开后，才能停止转动绝缘电阻表手柄。（1 分）

Jf3C3139 在什么情况下易发生中暑？如何急救？（5 分）

答：按题意分述如下。

（1）在以下三种情况下易发生中暑：

1）长时间处于高温环境中工作，身体散热困难引起人体体温调节发生困难。（1 分）

2）出汗过多，使肌肉因失盐过多而酸痛甚至发生痉挛。（1 分）

3）阳光直接照射头部引起头痛、头晕、耳鸣、眼花，严重时可能昏迷、抽风。（1 分）

（2）急救法：

1）尽快让中暑者在阴凉地方休息，如有发烧现象，应服一些仁丹、十滴水或喝一些含盐的茶水。（1 分）

2）中暑情况严重者应尽快送医院抢救。（1 分）

Jf3C4140 线路放线后不能腾空过夜时应采取哪些措施？（5 分）

答：应采取以下措施。

（1）未搭设越线架的与道路交叉的架空线应挖沟埋入地面下。（1 分）

（2）河道处应将架空线沉入河底。（1分）

（3）交叉跨越公路、铁路、电力线路、通信线路的架空线应保持通车、通电、通信的足够安全距离。（2分）

（4）对实在无法保证重要通车、通信、通电的地段，应与有关部门取得联系，采取不破坏新线的相应措施。（1分）

La2C4141 何谓架空线的应力？其值过大或过小对架空线路有何影响？（5分）

答：按题意分述如下。

（1）架空线的应力是指架空线受力时其单位横截面上的内力。（1分）

（2）影响：① 架空线应力过大，易在最大应力气象条件下超过架空线的强度而发生断线事故，难以保证线路安全运行；（2分）② 架空线应力过小，会使架空线弧垂过大，要保证架空导线对地具备足够的安全距离，必然因增高杆塔而增大投资，造成不必要的浪费。（2分）

Lb2C3142 对架空线应力有直接影响的设计气象条件的三要素是什么？设计中应考虑的组合气象条件有哪些？（5分）

答：按题意分述如下。

（1）设计气象条件三要素：风速、覆冰厚度和气温。（0.5分）

（2）组合气象条件：① 最高气温；② 最低气温；③ 年平均气温；④ 最大风速；⑤ 最大覆冰；⑥ 外过电压；⑦ 内过电压；⑧ 事故断线；⑨ 施工安装。（每小点0.5分，共4.5分）

Lb2C4143 确定杆塔外形尺寸的基本要求有哪些？（5分）

答：有以下基本要求。

（1）杆塔高度的确定应满足导线对地或对被交叉跨越物之

间的安全距离要求。（1分）

（2）架空线之间的水平和垂直距离应满足档距中央接近距离的要求。（1分）

（3）导线与杆塔的空气间隙应满足内过电压、外过电压和运行电压情况下电气绝缘的要求。（1分）

（4）导线与杆塔的空气间隙应满足带电作业安全距离的要求。（1分）

（5）架空地线对导线的保护角应满足防雷保护的要求。（1分）

Lc2C4144　简述扁钢、圆管、槽钢、薄板、深缝的锯割方法。（5分）

答：按题意分述如下。

（1）扁钢：从扁钢较宽的面下锯，这样可使锯缝的深度较浅而整齐，锯条不致卡住。（1分）

（2）圆管：直径较大的圆管，不可一次从上到下锯断，应在管壁被锯透时，将圆管向推锯方向转动，边锯边转，直至锯断。（1分）

（3）槽钢：槽钢与扁钢、角钢的锯割方法相同。（1分）

（4）薄板：锯割 3mm 以下的薄板时，薄板两侧应用木板夹住锯割，以防卡住锯齿，损坏锯条。（1分）

（5）深缝：锯割深缝时，应将锯条在锯弓上转动 90° 角，操作时使锯弓放平，平握锯柄，进行推锯。（1分）

Jd2C4145　某 220kV 线路,无时限电流速断保护动作使 C 相断路器跳闸,试分析在雷雨大风和冬季覆冰各可能存在什么故障？并简述其故障范围。（5分）

答：按题意分述如下。

（1）220kV 线路，其系统中性点采用直接接地，只有当 C 相发生永久性接地故障时，保护才使 C 相跳闸，由于是无时限

电流速断动作，所以故障点可能出现在距电源点 80%长的线路范围内。（2分）

（2）在雷雨大风天气出现 C 相跳闸，由于是永久性单相接地故障，因此故障点很可能为断线或绝缘子存在零值情况造成整串绝缘子击穿。（2分）

（3）在冬季覆冰天气出现 C 相跳闸，线路可能因覆冰使导线弧垂增大造成导线对被交叉跨越物放电产生的永久性单相接地故障或断线接地故障。（1分）

Je2C3146 在线路运行管理工作中，防雷的主要内容包括哪些？（5分）

答：包括以下主要内容。

（1）落实防雷保护措施。（1分）

（2）测量接地电阻，对不合格者进行处理。（1分）

（3）降低杆塔接地电阻，提高耐雷水平。（1分）

（4）完成雷电流观测的准备工作，如更换测雷参数的装置。（1分）

（5）增设测雷电装置，提出明年防雷措施工作计划。（1分）

Je2C4147 如何确定某连续档耐张段观测档弧垂大小？（5分）

答：按如下方法确定。

（1）从线路平断面图中查出紧线耐张段的代表档距 l_0 或根据耐张段各档档距，由 $l_0 = \sqrt{\dfrac{\Sigma l_i^3}{\Sigma l_i}}$ 计算代表档距。（2分）

（2）根据紧线耐张段代表档距大小，从安装曲线查出紧线环境温度对应的弧垂 f_0（若新架线路应考虑导线初伸长补偿）。（2分）

（3）根据观测档档距 l_g、l_0 和 f_0，由 $f_g = f_0 \left(\dfrac{l_g}{l_0} \right)^2$ 计算出观测档弧垂。（1分）

Je2C4148　导线的初伸长是如何产生的？对线路有什么影响？常用的处理方法有哪几种？（5分）

答：按题意分述如下。

（1）产生的原因：① 塑性伸长：是材料本身的特点，在长期承受外力情况下，将产生永久变形；② 蠕变伸长：导线受拉后股与股间靠得更紧，虽各股线长未变，但整根导线却伸长了。（2分）

（2）对线路的影响：初伸长引起应力减小，弧垂增大，使导线对地或被跨越物安全距离不够。（1分）

（3）常用的处理方法：① 预拉法——消除初伸长；② 减弧垂法——补偿初伸长；③ 恒定降温法。（2分）

Je2C5149　跨越架的搭设方法及要求如何？（5分）

答：其使用要求如下。

跨越架主柱间距离一般为 1.5m 左右，横杆上下距离一般为 1.0m 左右，以便于上下攀登，主柱支撑杆应埋入土内不少于 0.5m，跨越架搭设的宽度应比施工线路的两边线各宽出 1.5m，并对称于线路的中心线，用铁丝绑扎牢固，高大的跨越架还需增加斜叉木杆，防止侧向倾斜，增设撑杆和拉线、保证跨越架的稳固，带电跨越还需要增加封顶杆。

Jf2C3150　试述导线机械物理特性各量对导线运行时的影响？（5分）

答：按题意要求分述如下。

（1）导线的瞬时破坏应力：其大小决定了导线本身的强

度，瞬时破坏应力大的导线适用在大跨越、重冰区的架空线路；在运行中能较好防止出现断线事故。（1.5分）

（2）导线的弹性系数：导线在张力作用下将产生弹性伸长，导线的弹性伸长引起线长增加、弧垂增大，影响导线对地的安全距离，弹性系数越大的导线在相同受力时其相对弹性伸长量越小。（1.5分）

（3）导线的温度膨胀系数：随着线路运行温度变化，其线长随之变化，从而影响线路运行应力及弧垂。（1分）

（4）导线的质量：导线单位长度质量的变化使导线的垂直荷载发生变化，从而直接影响导线的应力及弧垂。（1分）

La1C4151　线路正常运行时，简要说明直线杆和耐张杆承受荷载的类型及其构成。（5分）

答：按题意分述如下。

（1）直线杆：在正常运行时主要承受水平荷载和垂直荷载。其中，水平荷载主要由导线和地线的风压荷载、杆身的风压荷载、绝缘子及金具风压荷载构成；而垂直荷载主要由导线、地线、金具、绝缘子的自重及拉线的垂直分力引起的荷载。（3分）

（2）耐张杆：在正常运行时主要承受水平荷载、垂直荷载和纵向荷载。其中，纵向荷载主要由顺线路方向不平衡张力构成，水平荷载和垂直荷载与直线杆构成相似。（2分）

Lb1C4152　简要说明导线机械特性曲线计算绘制步骤。（5分）

答：机械特性曲线计算绘制步骤如下。

（1）根据导线型号查出机械物理特性参数，确定最大使用应力，结合防振要求确定年平均运行应力。（1分）

（2）根据导线型号及线路所在气象区，查出所需比载及各气象条件的设计气象条件二要素。（1分）

（3）计算临界档距并进行有效临界档距的判定。（1分）

（4）根据有效临界档距，利用状态方程式分别计算各气象条件在不同代表档距时的应力和部分气象条件的弧垂。（1分）

（5）根据计算结果，逐一描点绘制每种气象条件的应力随代表档距变化的曲线和部分气象条件的弧垂曲线。（1分）

Lb1C5153 试推导弧垂观测中采用平视法时弧垂观察板固定点与导线悬点之间的竖直距离 a 和 b。（5分）

答：（1）平视法多用于悬点不等高档内进行弧垂观测，若悬点等高，则 $a = b = f$。（1分）

（2）在悬点不等高档中，导线最低点偏移档距中点的水平距离

$$m = \frac{\sigma_0 \Delta h}{gl}$$ （1分）

式中 σ_0——导线最低点应力，MPa；

Δh——悬点高差，m；

g——导线比载，N/m·mm^2；

l——档距，m。

高悬点对应的等效档距

$$l_A = 2\left(\frac{l}{2} + m\right) = l + \frac{2\sigma_0 \Delta h}{gl}$$ （0.5分）

低悬点对应的等效档距

$$l_B = 2\left(\frac{l}{2} - m\right) = l - \frac{2\sigma_0 \Delta h}{gl}$$ （0.5分）

（3）a、b 值。

高悬点

$$a = f_A = \frac{gl_A^2}{8\sigma_0} = \frac{g}{8\sigma_0}\left(l + \frac{2\sigma_0 \Delta h}{gl}\right)^2 = f\left(1 + \frac{\Delta h}{4f}\right)^2 \text{（m）}$$

（1分）

低悬点

$$b = f_B = \frac{gl_B^2}{8\sigma_0} = \frac{g}{8\sigma_0}\left(l - \frac{2\sigma_0 \Delta h}{gl}\right)^2 = f\left(1 - \frac{\Delta h}{4f}\right)^2 \ (\text{m})$$

（1分）

式中　f——档距为 l 的观测档，其观测弧垂，m。

Lc1C4154　简要说明 1121 灭火器的灭火原理、特点及适用火灾情况。（5分）

答：按题意分述如下。

（1）原理：1121 是一种液化气体灭火剂，化学名称是二氟一氯一溴甲烷，它能抑制燃烧的连锁反应而中止燃烧。当灭火剂接触火焰时，受热产生的溴离子与燃烧产生的氢基化合物发生化学反应，使燃烧连锁反应停止，同时还兼有冷却窒息作用。（2分）

（2）特点：1121 灭火剂具有灭火后不留痕迹、不污染灭火对象、无腐蚀作用、毒性低、绝缘性能好和久存不变质的特点。（2分）

（3）适用火灾场合：可用于扑灭油类、易燃液体、气体、大型电力变压器及电子设备的火灾。（1分）

Jd1C4155　试简要叙述切空载线路过电压按最大值逐增过程。（5分）

答：按题意分述如下。

（1）空载线路，容抗大于感抗，电容电流近似超前电压 90°，在电流第一次过零时，断路器断口电弧暂时熄灭，线路各相电压达到幅值 $+U_{ph}$（相电压）并维持在幅值处。（1分）

（2）随着系统侧电压变化，断路器断口电压逐渐回升，当升至 $2U_{ph}$ 时，断路器断口因绝缘未恢复将引起电弧重燃，相当于合空载线路一次，此时线路上电压的初始值为 $+U_{ph}$，稳态值

为$-U_{ph}$，过电压等于 2 倍稳态值减初始值，即为$-3U_{ph}$。（1 分）

（3）当系统电压达到$-U_{ph}$幅值处，断路器断口电弧电流第二次过零，电弧熄灭，此时线路各相相电压达到$-3U_{ph}$并维持该过电压。（1 分）

（4）随着系统侧电压继续变化，断路器断口电压升为$4U_{ph}$，断口电弧重燃，相当于合空载线路，此时过电压达到$+5U_{ph}$。（1 分）

（5）按上述反复，只要电弧重燃一次，过电压幅值就会按$-3U_{ph}$、$+5U_{ph}$、$-7U_{ph}$、$+9U_{ph}$…的规律增长，以致达到很高数值。（1 分）

Je1C3156　什么是零值绝缘子？简要说明产生零值绝缘子的原因。（5 分）

答：按题意分述如下。

（1）零值绝缘子是指在运行中绝缘子两端电位分布为零的绝缘子。（2.5 分）。

（2）产生原因：① 制造质量不良；② 运输安装不当产生裂纹；③ 气象条件变化，冷热交替作用；④ 空气中水份和污秽气体的作用；⑤ 长期承受较大张力，年久老化而劣化。（每小点 0.5 分，共 2.5 分）

Je1C4157　巡线检查交叉跨越时，着重注意哪几方面情况？（5 分）

答：应注意以下情况。

（1）运行中的线路，导线弧垂大小决定于气温、导线温升和导线的荷重。当导线温度最高或导线覆冰时都能使弧垂变大，因此在检查交叉跨越距离是否合格时，应分别以导线覆冰或导线最高允许温度来验算。（2 分）

（2）档距中导线弧垂的变化是不一样的，靠近档距中央变化大，靠近导线悬挂点变化小。因此，在检查交叉跨越时，一

定要注意交叉点与杆塔的距离。（1.5 分）

（3）检查交叉跨越时，应记录当时的气温，并换算到最高气温，以计算最小的交叉距离。（1.5 分）

Je1C5158　简要说明系统中性点接地方式的使用。（5 分）

答：按题意分述如下。

（1）中性点直接接地方式使用在电压等级在 110kV 及以上电压的系统和 380V/220V 的低压配电系统中。（2 分）

（2）中性点不接地方式使用在单相接地电容电流分别不超过 30A 的 10kV 系统和不超过 10A 的 35kV 系统中。（1 分）

（3）中性点经消弧线圈接地方式使用在单相接地电容电流分别超过 30A 的 10kV 系统和超过 10A 的 35kV 系统中，也可用于雷电活动强、供电可靠性要求高的 110kV 系统中。（2 分）

Jf1C4159　在正常运行时，引起线路耐张段中直线杆承受不平衡张力的原因主要有哪些？（5 分）

答：有以下原因。

（1）耐张段中各档距长度相差悬殊，当气象条件变化后，引起各档张力不等。（1 分）

（2）耐张段中各档不均匀覆冰或不同时脱冰时，引起各档张力不等。（1 分）

（3）线路检修时，先松下某悬点导线或后挂上某悬点导线将引起相邻各档张力不等。（1 分）

（4）耐张段中在某档飞车作业，绝缘梯作业等悬挂集中荷载时引起不平衡张力。（1 分）

（5）山区连续倾斜档的张力不等。（1 分）

Jf1C5160　孤立档在运行中有何优点？施工中有何缺点？（5 分）

答：按题意分述如下。

（1）运行优点：

1）可以隔离本档以外的断线事故。（1分）

2）导线两端悬点不能移动，垂直排列档距中央线间距离在不同时脱冰时能得到保障，故可使用在较大档距。（1分）

3）杆塔微小的挠度，可使导线、架空地线大大松弛，因此杆塔很少破坏。（1分）

（2）施工中的缺点：

1）为保证弧垂能满足要求，安装时要根据杆塔或构架能承受的强度进行过牵引。（1分）

2）孤立档档距较小时，绝缘子串下垂将占全部弧垂一半甚至更多，施工安装难度大。（1分）

4.1.4 计算题

La5D1001 某一正弦交流电流的表达式为 $i=311\sin(314t+30°)$A，试写出其最大值、有效值、角频率和初相角各是多少？（5分）

解： 已知 $i=311\sin(314t+30°)$

电流最大值 $I_m=311$A   （1分）

电流有效值 $I=\dfrac{311}{\sqrt{2}}=219.91$（A）   （2分）

电流角频率 $\omega=314$rad/s   （1分）

电流初相角 $\varphi=30°$ （1分）

答： 最大值为 311A，有效值、角频率分别为 219.91A、314rad/s，初相角为 30°。

La5D2002 如图 D-1 所示电路中，已知电阻 $R_1=1\Omega$，$R_2=R_5=4\Omega$，$R_3=1.6\Omega$，$R_4=6\Omega$，$R_6=0.4\Omega$，电压 $U=4$V。试求电路中各支路通过的分支电流 I_1、I_2、I_3、I_4 各是多少？（5分）

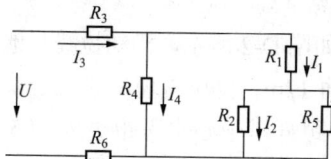

图 D-1

解： 已知 $R_1=1\Omega$，$R_2=R_5=4\Omega$，$R_3=1.6\Omega$，$R_4=6\Omega$，$R_6=0.4\Omega$，则

$$R_{125}=R_1+\dfrac{R_2R_5}{R_2+R_5}=1+2=3（\Omega）\qquad（0.5分）$$

$$R_{1245}=\dfrac{R_4R_{125}}{R_4+R_{125}}=2\Omega\qquad（0.5分）$$

$$R_\Sigma=R_3+R_6+R_{1245}=4\Omega\qquad（0.5分）$$

$$I_\Sigma=I_3=\dfrac{U}{R_\Sigma}=\dfrac{4}{4}=1（A）\qquad（0.5分）$$

$$U_{R4}=U-I_3(R_3+R_6)=4-2=2 \text{（V）}$$

$$I_4 = \frac{U_{R4}}{R_4} = \frac{2}{6} = 0.33 \text{（A）} \qquad \text{（1分）}$$

$$I_1=I_3-I_4=1-0.33=0.67 \text{（A）} \qquad \text{（1分）}$$

$$I_2 = \frac{I_1}{2} = 0.335\text{A} \qquad \text{（1分）}$$

答：$I_1=0.67\text{A}$，$I_2=0.335\text{A}$，$I_3=1\text{A}$，$I_4=0.33\text{A}$。

Lb5D1003 某施工现场，需用撬杠把重物移动，已知撬杠支点到重物距离 $L_1=0.2\text{m}$，撬杠支点到施力距离 $L_2=1.8\text{m}$。试问人对撬杠施加多大的力 F 时，才能把 $G=200\text{kg}$ 的重物撬起来？（5分）

解：根据力矩平衡原理

$$GL_1 = FL_2 \qquad \text{（2分）}$$

$$F = \frac{GL_1}{L_2} = \frac{200\times9.8\times0.2}{1.8}$$
$$= 217.8 \text{（N）} \qquad \text{（3分）}$$

答：至少需要 217.8N 的力才能把 200kg 的重物撬起来。

Lb5D1004 如图 D-2 所示，已知拉线与地面的夹角为 60°，拉线挂线点距地面 12m，拉线盘埋深为 2.2m。试计算拉线长度 L_{AB} 及拉线坑中心距杆塔中心水平距离 L。（5分）

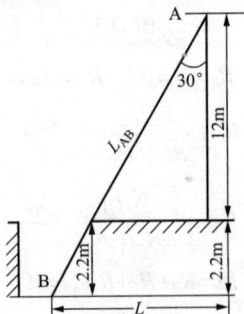

图 D-2

解：按题意计算如下。

（1）拉线坑中心距杆塔中心水平距离：由图 D-2 知

$$L=(12+2.2)\tan 30°$$
$$=14.2×0.577=8.2 （m）\qquad（2 分）$$

（2）拉线长度：由图 D-2 得

$$L_{AB}=\frac{14.2}{\cos 30°}=\frac{14.2}{0.866}=16.4 （m）\qquad（3 分）$$

答：拉线长度 L_{AB} 及拉线坑中心距杆塔中心水平距离 L 分别为 16.4m、8.2m。

Lb5D2005　白棕绳的最小破断拉力 T_p 为 31200N，其安全系数 K 为 3.12。试求白棕绳的允许使用拉力 T 为多少？（5 分）

解：白棕绳的允许使用拉力

$$T=\frac{T_p}{K}=\frac{31200}{3.12}=10000 （N）\qquad（5 分）$$

答：白棕绳的允许使用拉力为 10000N。

Lb5D2006　更换某耐张绝缘子串，导线为 LGJ-150/25 型。已知导线的计算截面 $S=173.11mm^2$，应力 $\sigma=98MPa$，试估算一下收紧导线时工具需承受多大的拉力。（5 分）

解：$T=\sigma S=98×173.11=16964.8 （N）\qquad（5 分）$

答：收紧导线时工具需承受的拉力为 16964.8N。

Lb5D3007　计算 M16 螺栓允许剪切力 τ。（5 分）

（1）丝扣进剪切面。

（2）丝扣未进剪切面。

提示 M16 螺栓的毛面积 $S_1=2cm^2$，净面积 $S_2=1.47cm^2$，允许剪应力 $[\sigma]=10000N/cm^2$。

解：按题意求解如下。

（1）丝扣进剪切面允许剪切力

$$\tau_1 = [\sigma]S_2 = 10000 \times 1.47 = 14700 \text{（N）} \quad \text{（2.5 分）}$$

（2）丝扣未进剪切面允许剪切力

$$\tau_2 = [\sigma]S_1 = 10000 \times 2 = 20000 \text{（N）} \quad \text{（2.5 分）}$$

答：丝扣进剪切面允许剪切力为 14700N，丝扣未进剪切面允许剪切力为 20000N。

Lb5D4008 如图 D-3 所示，人字抱杆的长度 L=15m，抱杆的根开 A=8m，立塔受力时，抱杆腿下陷 Δh=0.2m，起吊时整副抱杆与地面夹角 α=60°。试计算抱杆顶端到地面的垂直有效高度 h。（5 分）

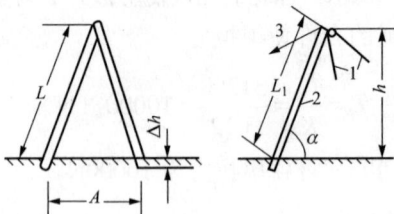

图 D-3

解：$L_1 = \sqrt{L^2 - \left(\dfrac{A}{2}\right)^2} = \sqrt{15^2 - \left(\dfrac{8}{2}\right)^2} = \sqrt{209} \text{（m）} \quad \text{（2 分）}$

抱杆有效高度 $\quad h = L_1 \sin 60° - \Delta h = \sqrt{209} \sin 60° - 0.2$

$$= 12.32 \text{（m）} \quad \text{（3 分）}$$

答：抱杆顶端到地面的垂直有效高度为 12.32m。

Lc5D2009 用四桩柱接地电阻测量仪，测量土壤电阻率，四个电极布置在一条直线上，极间距离 a 为 10m，测得接地电阻 R 为 10Ω。问土壤电阻率 ρ 是多大？（5 分）

解：$\quad\quad\quad \rho = 2\pi a R$

$$= 2 \times 3.14 \times 10 \times 10 = 628 \text{（Ω·m）} \quad \text{（5 分）}$$

答：土壤电阻率为 628Ω·m。

Ld5D1010 某耐张段如图 D-4 所示，若档距 l_1=250m，l_2=260m，l_3=240m。试求 2 号杆的水平档距 l_h。（5 分）

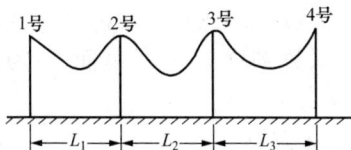

图 D-4

解：因为某杆水平档距 $l_h = \dfrac{l_1 + l_2}{2}$ （2 分）

式中 l_1、l_2——2 号杆塔两侧档距，m。

所以 2 号杆的水平档距为

$$l_h = \frac{l_1 + l_2}{2} = \frac{250 + 260}{2} = 255（\text{m}）$$ （3 分）

答：2 号杆水平档距为 255m。

Je5D3011 220kV 线路某孤立档距 l 为 400m，采用 LGJ-400/35 型导线，温度在 0℃时的弧垂 f 为 9.1m，求孤立档中导线的长度 L（5 分）。

解：按题意求解，得

$$L = l + \frac{8f^2}{3l}$$ （3 分）

$$= 400 + \frac{8 \times 9.1^2}{3 \times 400} = 400.552（\text{m}）$$ （2 分）

答：孤立档中导线的长度为 400.552m。

Le5D1012 用经纬仪测视距，已知上丝读数 a=2.78m，下丝读数 b=1.66m。望远镜视线水平，且视距常数 K=100。求经纬仪测站至测点间的水平距离 D。（5 分）

解: $\quad\quad D = K(a-b)$ （2分）

$\quad\quad\quad\quad = 100 \times (2.78 - 1.66) = 112$ （m） （3分）

答: 水平距离为 112m。

Je5D1013 某线路采用 LGJ-70/10 型导线，其瞬时拉断力 $T_p = 23390N$，安全系数 $K = 2.5$，计算截面 $S = 79.39mm^2$。求导线的最大使用应力 σ_m。（5分）

解: 导线的破坏应力

$$\sigma_p = \frac{T_p}{S} = \frac{23390}{79.39} = 294.62 \text{（MPa）} \quad\quad \text{（2.5分）}$$

导线最大使用应力

$$\sigma_m = \frac{\sigma_p}{K} = \frac{294.62}{2.5} = 117.85 \text{（MPa）} \quad\quad \text{（2.5分）}$$

答: 导线的最大使用应力为 117.85MPa。

Je5D1014 某 1-2 滑轮组起吊 2000kg 的重物 Q，牵引绳由定滑轮引出，由人力绞磨牵引。已知单滑轮工作效率为 95%，滑轮组的综合效率 $\eta = 90\%$，求提升该重物所需拉力 P。（5分）

解: 已知滑轮数 $n = 3$，且钢丝绳由定滑轮引出，所以采用公式为

$$P = \frac{Q \times 9.8}{n\eta} \quad\quad\quad\quad \text{（3分）}$$

$$= \frac{2000 \times 9.8}{3 \times 0.9} = 7259.26 \text{（N）} \quad\quad \text{（2分）}$$

答: 提升该重物所需拉力为 7259.26N。

Je5D2015 某一线路耐张段，有四个档距，分别为 $l_1 = 190m$、$l_2 = 200m$、$l_3 = 210m$、$l_4 = 220m$（不考虑悬挂点高差的影响）。求此耐张段代表档距 l_o。（5分）

解: 此耐张段代表档距为

$$l_o = \sqrt{\frac{\Sigma l_i^3}{\Sigma l_i}} = \sqrt{\frac{l_1^3 + l_2^3 + l_3^3 + l_4^3}{l_1 + l_2 + l_3 + l_4}} \qquad (2.5 \text{ 分})$$

$$= \sqrt{\frac{190^3 + 200^3 + 210^3 + 220^3}{190 + 200 + 210 + 220}} = 205.9 \text{ (m)} \quad (2.5 \text{ 分})$$

答：此耐张段代表档距为 205.9m。

Je5D2016 某基础现场浇制所用水、砂、石、水泥的重量分别为 35、120、215kg 和 50kg。试计算该基础的配合比。

解：由题意可得

$$\frac{35}{50} : \frac{120}{50} : \frac{215}{50} = 0.7:2.4:4.3 \qquad (4 \text{ 分})$$

答：该基础的配合比为 1:0.7:2.4:4.3。 (1 分)

Je5D2017 某 U_N 为 220kV 输电线路，位于 0 级污秽区，要求其泄漏比距 S_o 为 1.6cm/kV。每片 XP–60 型绝缘子的泄漏距离 λ 为 290mm。试确定悬式绝缘子串的绝缘子片数 n。（5 分）

解：由于 $$S_o \leqslant \frac{n\lambda}{U_N} \qquad (2 \text{ 分})$$

所以 $$n \geqslant \frac{S_o U_N}{\lambda} = \frac{1.6 \times 220}{29.0} = 12.14 \text{ (片)} \qquad (2 \text{ 分})$$

实际取 13 片 (1 分)

答：悬式绝缘子串的绝缘子片数为 13 片。

Je5D3018 如图 D-5 所示某线路两杆塔之间有高差，当采用仪器进行视距测量时，塔尺读数上丝 M 为 4.4m，下丝 N 为 1.1m，仰角 $\alpha=30°$，视距常数 $K=100$。试计算此线路该档档距 l 为多少米？（5 分）

解：上下丝读数差 $R=M-N=4.4-1.1=3.3$（m） (1 分)

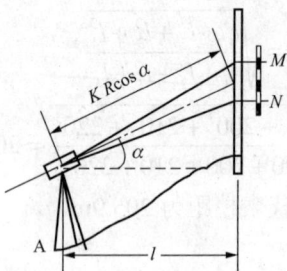

图 D-5

档距 $\quad l = KR\cos^2\alpha$ （2分）

$$= 100 \times 3.3 \times \left(\frac{\sqrt{3}}{2}\right)^2 = 247.5 \text{（m）} \quad \text{（2分）}$$

答：此线路该档档距为 247.5m。

Jf5D2019 有一幅值 U_0 为 500kV 的无穷长直角波，沿一波阻抗 Z_1 为 300Ω的架空地线袭来，经冲击接地电阻 Z_2 为 10Ω的接地装置入地。问接地装置上的电压 U_2 和通过接地装置的电流 I_2 各为多少？（5分）

解：折射电压

$$U_2 = \frac{2U_0 Z_2}{Z_1 + Z_2} = \frac{2 \times 500 \times 10}{300 + 10} = 32.26 \text{（kV）} \quad \text{（2.5分）}$$

折射电流

$$I_2 = \frac{U_2}{Z_2} = \frac{32.26}{10} = 3.226 \text{（kA）} \quad \text{（2.5分）}$$

答：接地装置上的电压为 32.26kV，电流为 3.23kA。

Jf5D5020 如图 D-6 所示，某 110kV 线路的直线杆，架空地线的风荷载 P_1=2000N，重量 G_1=1000N，导线的风荷载 P_2=3000N，重量 G_2=4000N，试求主杆在地面 A 处的弯矩 M_A。（5分）

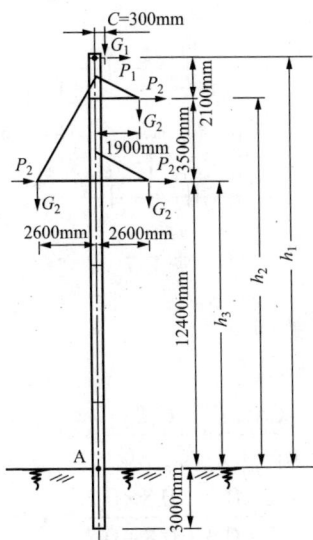

图 D-6

解： 架空地线的风荷载及自重对电杆 A 处产生的弯矩为

$M_1 = P_1 h_1 + G_1 c$

　　$= 2000 \times 18 + 1000 \times 0.3 = 36300$（N·m）　　　（1.5 分）

导线风荷载及自重对电杆 A 处产生的弯矩为

$M_2 = P_2 h_2 + G_2 a + 2P_2 h_3$

　　$= 3000 \times 15.9 + 4000 \times 1.9 + 2 \times 3000 \times 12.4$

　　$= 129700$（N·m）　　　　　　　　　　　　　　（1.5 分）

所以电杆 A 处的总弯矩为

$M_A = M_1 + M_2 = 36300 + 129700$

　　$= 166000$（N·m）$= 166$（kN·m）　　　　（2 分）

答： 主杆在地面 A 处的弯曲力矩为 166kN·m。

La4D1021　图 D-7 所示电路中，$C_1 = 0.2\mu F$，$C_2 = 0.3\mu F$，$C_3 = 0.8\mu F$，$C_4 = 0.2\mu F$。求开关 S 断开与闭合时，A、B 两点间的等效电容 C_{AB}。（5 分）

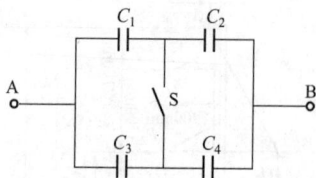

图 D-7

解：按题意求解如下。

（1）开关断开时

$$C_{AB} = \frac{C_1 C_2}{C_1 + C_2} + \frac{C_3 C_4}{C_3 + C_4} \qquad (1 分)$$

$$= \frac{0.2 \times 0.3}{0.2 + 0.3} + \frac{0.8 \times 0.2}{0.8 + 0.2} = 0.28 （\mu F） \quad (1.5 分)$$

（2）开关闭合时

$$C_{AB} = \frac{(C_1 + C_3)(C_2 + C_4)}{(C_1 + C_3) + (C_2 + C_4)} \qquad (1 分)$$

$$= \frac{(0.2 + 0.8)(0.3 + 0.2)}{(0.2 + 0.8) + (0.3 + 0.2)} = 0.33 （\mu F） \quad (1.5 分)$$

答：开关断开时电容为 0.28μF，开关闭合时电容为 0.33μF。

La4D1022 图 D-8 所示电路中，$R_1 = 900\Omega$，$R_2 = 300\Omega$，$R_3 = 300\Omega$，$R_4 = 150\Omega$，$R_5 = 600\Omega$。求开关 S 打开和闭合时等效电阻 R_{ab}。（5 分）

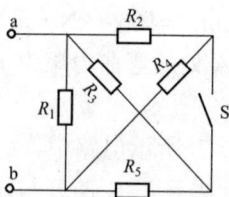

图 D-8

解： 按题意求解如下。

（1）开关打开

$$R_{ab} = \cfrac{1}{\cfrac{1}{R_1} + \cfrac{1}{R_2 + R_4} + \cfrac{1}{R_3 + R_5}}$$

$$= \cfrac{1}{\cfrac{1}{900} + \cfrac{1}{300 + 150} + \cfrac{1}{300 + 600}} = 225 \ (\Omega) \quad （2\,分）$$

（2）当 S 闭合时，R_2、R_3 的并联值为

$$R_{23} = \cfrac{1}{\cfrac{1}{R_2} + \cfrac{1}{R_3}} = \cfrac{1}{\cfrac{1}{300} + \cfrac{1}{300}} = 150 \ (\Omega) \qquad （1\,分）$$

R_4、R_5 的并联值为

$$R_{45} = \cfrac{1}{\cfrac{1}{R_4} + \cfrac{1}{R_5}} = \cfrac{1}{\cfrac{1}{150} + \cfrac{1}{600}} = 120 \ (\Omega) \qquad （1\,分）$$

总等效电阻

$$R_{ab} = \cfrac{1}{\cfrac{1}{R_1} + \cfrac{1}{R_{23} + R_{45}}} = \cfrac{1}{\cfrac{1}{900} + \cfrac{1}{150 + 120}} \approx 207.69（\Omega）\quad （1\,分）$$

答： 开关打开时等效电阻为 225Ω，开关闭合时等效电阻为 207.69Ω。

La4D3023 图 D-9 所示交流电路中，已知 $Z_1 = 2 + j\dfrac{10}{7}\,\Omega$，$Z_2 = 3 + j4\,\Omega$，$Z_3 = 4 - j4\,\Omega$，求等效阻抗 Z_{ab}，并指出其电抗部分是容抗还是感抗？（5 分）

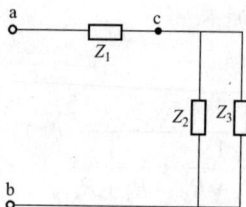

图 D-9

解：cb 端阻抗为

$$Z_{cb} = \frac{Z_2 Z_3}{Z_2 + Z_3} \tag{1 分}$$

$$= \frac{(3+j4)(4-j4)}{(3+j4)+(4-j4)} = 4 + j\frac{4}{7} \ （\Omega） \tag{1.5 分}$$

则等效阻抗

$$Z_{ab} = Z_1 + Z_{cb} \tag{1 分}$$

$$= 2 + j\frac{10}{7} + 4 + j\frac{4}{7} = 6 + j2 \ （\Omega） \tag{1.5 分}$$

答：等效阻抗 $Z_{ab}=6+j2\Omega$，电抗部分是感抗。

Lb4D1024 有一横担拉杆结构如图 D-10 所示，边导线、绝缘子串、金具总重量 G=500kg，横拉杆和斜拉杆重量不计。试说明 AC、BC 受何种力？大小如何？（5 分）

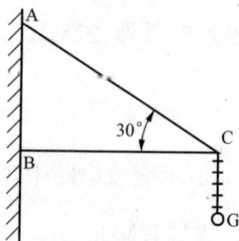

图 D-10

解：AC（斜拉杆）受拉力

$$F_{AC} = \frac{G}{\sin 30^\circ}$$ （1分）

$$= \frac{500}{0.5} = 1000 \text{（kg）} = 9800 \text{（N）}$$ （1.5分）

BC（横担）受压力

$$F_{BC} = \frac{G}{\tan 30^\circ}$$ （1分）

$$= \frac{500}{0.57735} = 866.03 \text{（kg）} = 8487.05 \text{（N）}$$ （1.5分）

答：斜拉杆受拉力，横拉杆受压力，其受力大小分别为 9800N、8487.05N。

Lb4D2025 平面汇交力系如图 D-11（a）所示，已知 P_1=300N，P_2=400N，P_3=200N，P_4=100N。求它们的合力。（5分）

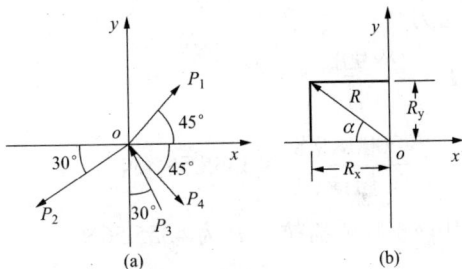

图 D-11

解：图 D-11（a）的合力如图 D-11（b）所示，可得

$$R_x = \sum x$$

$$= P_{1x} - P_{2x} - P_{3x} + P_{4x}$$

$$= 300\cos 45^\circ - 400\cos 30^\circ - 200\cos 60^\circ + 100\cos 45^\circ$$

$$\approx -163.57 \text{（N）}$$ （1.5分）

$$R_y = \sum y$$

$$= P_{1y} - P_{2y} + P_{3y} - P_{4y}$$

$$=300\sin45° -400\sin30° +200\sin60° -100\sin45°$$

$$\approx 114.63 \text{ (N)} \tag{1.5 分}$$

$$R = \sqrt{(\sum x)^2 + (\sum y)^2}$$

$$= \sqrt{(-163.57)^2 + (114.63)^2} \approx 199.74 \text{ (N)} \tag{1 分}$$

$$\tan\alpha = \left|\frac{\sum y}{\sum x}\right| = \frac{114.63}{163.57} = 0.701 \tag{0.5 分}$$

$$\alpha \approx 35.023° \approx 35°\,1'22'' \tag{0.5 分}$$

答：该平面汇交力系的合力为 199.74N，方向与 x 负半轴成 35° 1′22″ 的夹角。

Lb4D2026 某 2–2 滑轮组起吊 2000kg 的重物 Q，牵引绳由动滑轮引出，由人力绞磨牵引。已知单滑轮工作效率为 95%，滑轮组的综合效率 η=90%，求提升该重物所需拉力 P。（5 分）

解：已知滑轮数 n=4，且牵引绳由动滑轮引出，所以提升该重物所需拉力

$$P = \frac{Q \times 9.8}{(n+1)\eta} \tag{2 分}$$

$$= \frac{2000 \times 9.8}{(4+1) \times 0.9} \approx 4355.56 \text{ (N)} \tag{3 分}$$

答：提升该重物所需拉力 P 为 4355.56N。

Lb4D2027 电磁波沿架空输电线的传播速度为光速，已知光波速度 $v = C = 30 \times 10^4$ km/s，求工频电流的波长 λ？（5 分）

解：周期 $\quad T = \dfrac{1}{f} = \dfrac{1}{50} = 0.02$ （s） $\tag{2 分}$

则波长 $\quad \lambda = vT$ （1 分）

$$= 30 \times 10^4 \times 0.02 = 6000 \text{ (km)} \tag{2 分}$$

答：工频电流的波长为 6000km。

Lb4D2028　已知某电杆长 L=15m，梢径 d=190mm，根径 D=390mm，壁厚 t=50mm。求电杆的重心距杆根的距离 H。（5分）

解：按题意可求得

$$H = \frac{L}{3} \times \frac{D + 2d - 3t}{D + d - 2t} \qquad （2分）$$

$$= \frac{15}{3} \times \frac{0.39 + 2 \times 0.19 - 3 \times 0.05}{0.39 + 0.19 - 2 \times 0.05} \approx 6.46 （m） \qquad （3分）$$

答：电杆的重心距杆根的距离 H 为 6.46m。

Lb4D2029　在电力系统计算时，考虑集肤效应及扭绞因数，20℃时铝的电阻率采用 ρ=31.5Ω·mm^2/km。铝的电阻温度系数为 α=0.00356 1/℃，试计算 50℃时 L=1km 长的 LGJ-240/30 型导线的电阻值。（5分）

解：按题意可求得

$$R = \rho \frac{L}{S} [1 + \alpha(50 - 20)] \qquad （2分）$$

$$= 31.5 \times \frac{1}{240} \times [1 + 0.00356 \times (50 - 20)] = 0.145 （Ω） （3分）$$

答：1km 长的 LGJ-240/30 型导线 50℃时电阻值为 0.145Ω。

Lb4D2030　已知 LGJ-185/30 型导线的瞬时拉断力 T_p=64.32kN，计算截面 S=210.93mm^2，导线的安全系数 K=2.5。试求导线的允许应力[σ]。（5分）

解：按题意可求得

$$[\sigma] = \frac{T_p}{KS} \qquad （2分）$$

$$= \frac{64.32 \times 10^3}{2.5 \times 210.93} \approx 122 （MPa） \qquad （3分）$$

答：导线的允许应力为 122MPa。

Lb4D3031 某 110kV 线路跨 10kV 线路，在距交叉跨越点 L=20m 位置安放经纬仪，测量 10kV 线路仰角 θ_1 为 28°、110kV 线路仰角 θ_2 为 34°，请判断交叉跨越符不符合要求？（5分）

解：按题意交叉跨越垂直距离

$$h=L(\tan\theta_2-\tan\theta_1) \qquad (2分)$$
$$=(\tan34°-\tan28°)\times20=2.86（m）<3m \qquad (3分)$$

答：交叉跨越垂直距离小于 3m，不符合要求。

Lb4D3032 已知一钢芯铝绞线钢芯有 7 股，每股直径 1.85mm，铝芯有 26 股，每股直径为 2.38mm。试确定导线标称截面及其型号。（5分）

解：按题意求解如下。

（1）钢芯的实际截面

$$S_g = 7\pi\left(\frac{1.85}{2}\right)^2 = 18.82（mm^2） \qquad (2分)$$

（2）铝芯的实际截面

$$S_l = 26\pi\left(\frac{2.38}{2}\right)^2 = 115.67（mm^2） \qquad (2分)$$

因为铝芯截面略小于 120mm²，所以其标称截面为 120mm²。 （1分）

答：导线标称截面为 120mm²，型号为 LGJ-120/20 的钢芯铝绞线。

Lb4D4033 用某公司生产的白棕绳作牵引用，白棕绳直径 d_1=25mm，瞬时拉断力 T_b=23.52kN，使用的滑轮直径 d_2=180mm，安全系数 K=5.5。求白棕绳的最大使用拉力 T。（5分）

解：因为 $$\frac{d_2}{d_1} = \frac{180}{25} = 7.2 < 10 \qquad (1分)$$

所以　白棕绳的使用拉力降低 25%，即 （1分）

$$T \leqslant \frac{T_{\mathrm{p}}}{K} \times 75\%$$ （1分）

$$= \frac{23.52}{5.5} \times 75\% \approx 3.21\ (\mathrm{kN})$$ （2分）

答：白棕绳的最大使用拉力为 3.21kN。

Lc4D2034　已知某线路耐张段的代表档距为 185m，观测档距 l_{c} 为 245m，观测弧垂时的温度为 20℃，由安装曲线查得代表档距 $l_0 = 185$m、20℃时的弧垂为 $f_0 = 2.7$m，求观测档的观测弧垂 f_{c}。（5分）

解：观测档的观测弧垂

$$f_{\mathrm{c}} = f_0 \left(\frac{l_{\mathrm{c}}}{l_0} \right)^2$$ （2分）

$$= 2.7 \times \left(\frac{245}{185} \right)^2 = 4.735\ (\mathrm{m})$$ （3分）

答：温度为 20℃，观测档的观测弧垂 4.735m。

Jd4D1035　已知某输电线路的代表档距为 250m，最大振动半波长 $\dfrac{\lambda_{\max}}{2} = 13.55$m，最小振动半波长 $\dfrac{\lambda_{\min}}{2} = 1.21$m，决定安装一个防振锤。试确定防振锤安装距离 S。（5分）

解：安装距离

$$S = \frac{\dfrac{\lambda_{\max}}{2} \times \dfrac{\lambda_{\min}}{2}}{\dfrac{\lambda_{\max}}{2} + \dfrac{\lambda_{\min}}{2}}$$ （2分）

$$= \frac{13.55 \times 1.21}{13.55 + 1.21} = 1.11\ (\mathrm{m})$$ （3分）

答：第一个防振锤安装距离为 1.11m。

Jd4D2036 已知某线路弧垂观测档一端视点 A_0 与导线悬挂点距离 a 为 1.5m，另一视点 B_0 与悬挂点距离 b 为 5m。试求该观测档弧垂 f 值。（5 分）

解：按题意求解

$$f = \frac{1}{4}\left(\sqrt{a} + \sqrt{b}\right)^2 \qquad （2 分）$$

$$= \frac{1}{4} \times \left(\sqrt{1.5} + \sqrt{5}\right)^2 = 2.99 \quad （m） \qquad （3 分）$$

答：该观测档弧垂 f 值为 2.99m。

Jd4D3037 某基础配合比为 0.66:1:2.17:4.14，测得砂含水率为 3%、石含水率为 1%。试计算一次投料一袋水泥（50kg）时的水、砂、石用量各为多少？（5 分）

解：投一袋水泥 50kg，由题设条件：

砂含水量　　$50 \times 2.17 \times 3\% \approx 3.3$（kg）　　　　（0.5 分）

砂用量　　　$50 \times 2.17 + 3.3 = 111.8$（kg）　　　（1.5 分）

石含水量　　$50 \times 4.14 \times 1\% \approx 2$（kg）　　　　（0.5 分）

石用量　　　$50 \times 4.14 + 2 = 209$（kg）　　　　（1.5 分）

水用量　　　$50 \times 0.66 - 3.3 - 2 = 27.7$（kg）　　　（1 分）

答：一次投料袋 50kg 水泥需用水、砂、石分别为 27.7kg、111.8kg 和 209kg。

Je4D1038 某 220kV 线路，门形杆杆高 h 为 23m，单位长度电感 L_0 为 0.42μH/m，导线平均高度 h_d 为 12m，双架空地线考虑电晕后的耦合系数 K 为 0.2，若杆塔接地装置的冲击接地电阻 R_{ch} 为 6.5Ω，绝缘子串的 50%冲击闪络电压 U_1 为 1198.5kV。不考虑架空地线的分流作用，雷电波波前时间 τ 为 2.6μs，求该线路的耐雷水平 I。

解：按题意求解

$$I = \cfrac{U_1}{\left(R_{ch} + \cfrac{L_0 h}{\tau} + \cfrac{h_d}{\tau}\right)(1-K)} \qquad (1\ \text{分})$$

$$= \cfrac{1198.5}{\left(6.5 + \cfrac{0.42 \times 23}{2.6} + \cfrac{12}{2.6}\right)(1-0.2)} \approx 101\ (\text{kA}) \qquad (4\ \text{分})$$

答：该线路的耐雷水平为 101kA。

Je4D1039 某 35kV 线路采用镀锌螺栓连接横担与连板，已知导线最大拉力 T=43000N，镀锌螺栓的剪切强度极限 τ_b=560N/cm^2，安全系数为 2.5。试计算采用 M16×40 的螺栓能否满足要求？（5 分）

解： 拉断螺栓即发生剪切破坏，剪切面积即为螺栓的截面积

$$S = \pi\left(\frac{d}{2}\right)^2 = \pi\left(\frac{16}{2}\right)^2 \approx 201\ (\text{mm}^2) = 2.01\ (\text{cm}^2) \qquad (2\ \text{分})$$

$$K = \frac{S\tau_b}{T} = \frac{201 \times 560}{43000} = 2.6 > 2.5 \qquad (3\ \text{分})$$

答：采用 M16×40 的螺栓能满足要求。

Je4D2040 已知杆长 L=18m 的等径单杆如图 D-12 所示，横担重 66kg，绝缘子串（包括金具）重 3×34=102kg，杆外径 D=300mm，内径 d=200mm，壁厚 δ=50mm，每米杆重 q=102kg/m。求整杆重心 H_0。

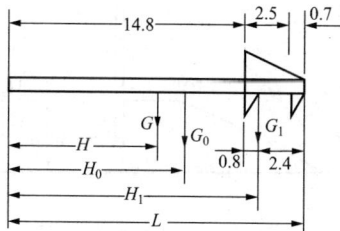

图 D-12

解：按题意求解如下。

（1）横担及绝缘子串重量

$$G_1=66+102=168（kg）\qquad\text{（1分）}$$

G_1 作用点位置取横担高度的 $\dfrac{1}{3}$，即 $\dfrac{1}{3}\times2.5\approx0.8$（m）

则 $\qquad\qquad H_1=14.8+0.8=15.6$（m）$\qquad\text{（1分）}$

（2）杆段自重 $G=18\times102=1836$（kg）

$$H=\frac{18}{2}=9（m）\qquad\text{（1分）}$$

（3）计算整杆重心 H_0

$$H_0=\frac{GH+G_1H_1}{G+G_1}\qquad\text{（1分）}$$

$$=\frac{1836\times9+168\times15.6}{1836+168}\approx9.55（m）\qquad\text{（1分）}$$

答：整基杆塔重心距杆底 9.55m。

Je4D2041 图 D-13 为 12m 终端杆，横担距杆顶 0.6m，电杆埋深 2m，拉线抱箍与横担平齐，拉线与电杆夹角为 45°，拉线棒露出地面 1m，电杆埋设面与拉线埋设面高差为 3m，拉线尾端露线夹各为 0.5m。试求拉线长度 L。（5分）

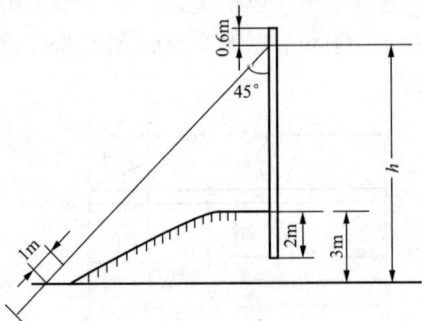

图 D-13

解： 按题意求解

$$h=(12-0.6-2)+3=12.4 \text{（m）} \tag{1分}$$

$$L=\frac{h}{\cos 45°}-1+2\times0.5 \tag{2分}$$

$$=\frac{12.4}{\cos 45°}-1+2\times0.5\approx17.54 \text{（m）} \tag{2分}$$

答： 所需拉线长度为 17.54m。

Je4D2042 如图 D-14（a）所示，某 10kV 线路采用 LGJ-120/20 型导线，其瞬时拉断力 T_{dp}=41kN，导线的安全系数 K 为 2.5，GJ-70 型钢绞线的瞬时拉断力 T_{gp}=88.396kN，拉线的安全系数 K 为 2.0。试检验当导线的悬垂角为 10°，拉线与电杆夹角为 45° 时，终端杆采用 GJ-70 型拉线是否满足要求？（5分）

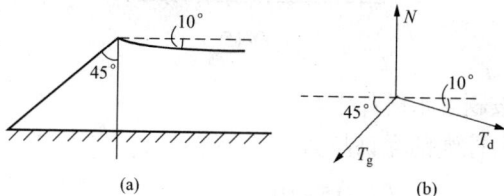

图 D-14

解： 画电杆受力分析图如图 D-14（b）所示。

根据题意可知

$$T_d=\frac{3T_{dp}}{K}=\frac{3\times41}{2.5}=49.2 \text{（kN）} \tag{1分}$$

根据受力分析图可得

$$T_g\cos45°=T_d\cos10°，\text{ 则}$$

$$T_g=\frac{49.2\times\cos10°}{\cos45°}=68.522 \text{（kN）} \tag{2分}$$

所以

$$K=\frac{T_{gp}}{T_g}=\frac{88.396}{68.522}=1.29<2.0 \tag{2分}$$

答：采用 GJ-70 型拉线不能满足要求。

Je4D2043 如图 D-15 所示用白棕绳起吊及牵引重物。安全系数 K 取 5.5，动荷系数 K_1 取 1.2，1–1 滑轮组动滑车重量取被起吊重量的 0.05 倍，效率 $\eta=0.9$，白棕绳的瞬时拉断力 T_p 为 15kN。试求最大允许起吊重量$[Q]$。（5 分）

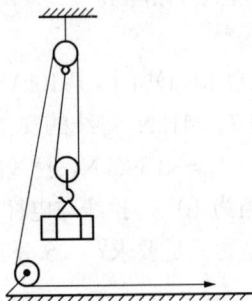

图 D-15

解：按题意求解如下。

（1）白棕绳的允许拉力

$$[T] = \frac{T_p}{K} = \frac{15 \times 10^3}{5.5} \approx 2727.273 \text{（N）} \qquad (1.5 \text{ 分})$$

（2）最大允许起吊重

$$[T] = \frac{K_1 Q}{n\eta} = \frac{1.2 \times 1.05[Q]}{n\eta} \qquad (1.5 \text{ 分})$$

$$[Q] \leqslant \frac{[T]n\eta}{1.2 \times 1.05} \qquad (1 \text{ 分})$$

$$= \frac{2727.73 \times 2 \times 0.9}{1.2 \times 1.05} = 3896.11 \text{（N）}$$

$$= 397.56 \text{（kg）} \qquad (0.5 \text{ 分})$$

答：最大允许起吊重量为 397.56kg。

Je4D3044　用经纬仪测量时，望远镜中上线对应的读数 a=2.261m，下线对应的读数 b=1.741m，测量仰角 α=30°，中丝切尺 c=2m，仪高 d=1.5m，已知视距常数 K=100。求测站与测点接尺之间的水平距离 D 及高差 h？（5 分）

解：按题意求解，得

$$D = K(a-b)\cos^2\alpha \qquad （1.5 分）$$

$$=100\times(2.261-1.741)\cos^2 30° = 39 （m） \qquad （1 分）$$

$$h = D\tan\alpha - c + d \qquad （1.5 分）$$

$$= 39\tan30° -2+1.5 = 22.02（m） \qquad （1 分）$$

答：水平距离为 39m，高差 22.02m。

Je4D3045　现有一根 19 股、S = 70mm^2 的镀锌钢绞线，用作线路架空地线，为保证安全，请验算该镀锌钢绞线的拉断力 T_p 和最大允许拉力 T_{max} 各是多少？（提示：19 股钢绞线扭绞系数 f=0.9，用于架空地线时其安全系数 K 不应低于 2.5，极限抗拉强度 σ=1370N/mm^2）

解：按题意求解如下。

（1）该钢绞线的拉断力为

$$T_p=S\sigma f \qquad （1 分）$$

$$=70\times1.370\times0.9=86.31（kN） \qquad （1.5 分）$$

（2）最大允许拉力为

$$T_{max}=\frac{T_p}{K} \qquad （1 分）$$

$$=\frac{86.31}{2.5}=34.52（kN） \qquad （1.5 分）$$

答：该镀锌钢绞线的拉断力为 86.31kN，最大允许拉力为 34.52kN。

Je4D3046　如图 D-16 所示，该线路为小转角，转角度 θ=20°，已知横担宽 c=500mm，长 u=1200mm。求分坑前中心桩位移值

S。（5分）

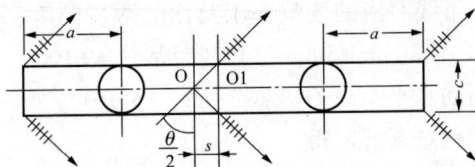

图 D-16

解：按题意求解，得

$$S = \frac{c}{2}\tan\frac{\theta}{2} \qquad (2 \text{分})$$

$$= \frac{500}{2}\tan\frac{20°}{2} = 44.1 \text{（mm）} \qquad (3 \text{分})$$

答：分坑前中心桩位移值为 44.1mm。

Je4D3047 某 500kV 输电线路，直线杆绝缘子串共 28 片 XP-160 型绝缘子。设最高运行电压为额定电压的 1.1 倍，28 片 XP-160 型绝缘子的工频湿闪电压（有效值）为 1025kV，27 片 XP-160 型绝缘子的工频湿闪电压（有效值）为 988.4kV。内过电压倍数为 2.75，试按内过压要求验算其绝缘水平。（5分）

解：按题意求解如下。

（1）27 片绝缘子湿闪电压 U_{27}（峰值）为

$$U_{27} = 988.4 \times \sqrt{2} = 1397.8 \text{（kV）} \qquad (2 \text{分})$$

（2）内过电压 U 数值（峰值）为

$$U = 2.75 \times 1.1 \times \frac{\sqrt{2} \times 500}{\sqrt{3}} = 1235.0 \text{（kV）} \qquad (2 \text{分})$$

$$1235.0\text{kV} < 1397.8\text{kV} \qquad (1 \text{分})$$

答：其绝缘水平符合要求。

Je4D2048 有一零件如图 D-17 所示，求两孔中心的直线距离是多少？（5分）

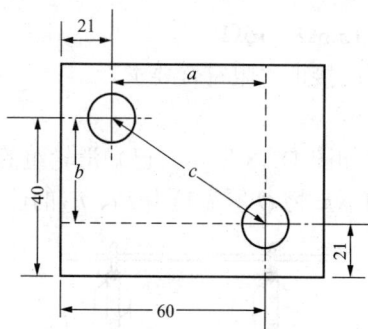

图 D-17

解：由题图可知：

两孔间的横向距离

$$a=60-21=39（mm）\qquad（1.5 分）$$

两孔间的纵向距离

$$b=40-21=19（mm）\qquad（1.5 分）$$

两孔中心的直线距离

$$c=\sqrt{a^2+b^2}\qquad（1 分）$$

$$=\sqrt{39^2+19^2}=43.38（mm）\qquad（1 分）$$

答：两孔中心的直线距离为 43.38mm。

Jf4D2049 某杆塔的接地装置采用水平接地网，圆钢接地体总长 L 为 20m，直径 $d=10$mm，土壤电阻率 $\rho=150\Omega\cdot$m。试计算该接地装置的工频接地电阻 R（忽略形状系数），并判断是否符合要求？（计算时，埋深取 $h=0.6$m 及以上时，且接地电阻不大于 15Ω，视为符合要求，否则扣分。）

解：按题意求解，得

$$R=\frac{\rho}{2\pi L}\ln\frac{L^2}{hd}\qquad（3 分）$$

$$=\frac{150}{2\pi\times 20}\ln\frac{20^2}{0.6\times 0.01}=13.3（\Omega）\qquad（1 分）$$

$$13.3\Omega < 15\Omega \tag{1 分}$$

答：该装置的接地电阻符合要求。

Jf4D2050 如图 D-18 所示，已知滑轮组的综合效率 η_{Σ}，分别写出提升如下重物 Q 所需拉力 F_1、F_2 的计算公式。（5 分）

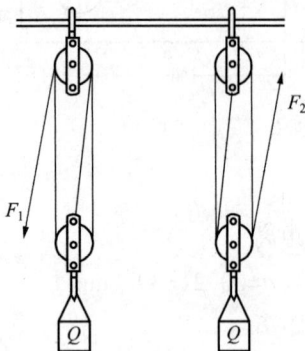

图 D-18

解：按题意求解。

（1）因为 F_1 的牵引绳由定滑车引出，滑轮绳数 $n=3$

所以
$$F_1 = \frac{Q}{n\eta_{\Sigma}} = \frac{Q}{3\eta_{\Sigma}} \tag{2.5 分}$$

（2）因为 F_2 的牵引绳由动滑车引出，滑轮绳数 $n=3$

所以
$$F_2 = \frac{Q}{(n+1)\eta_{\Sigma}} = \frac{Q}{4\eta_{\Sigma}} \tag{2.5 分}$$

答：所需计算公式分别为 $F_1 = \dfrac{Q}{n\eta_{\Sigma}} = \dfrac{Q}{3\eta_{\Sigma}}$ 和 $F_2 = \dfrac{Q}{(n+1)\eta_{\Sigma}}$ $= \dfrac{Q}{4\eta_{\Sigma}}$。

La3D2051 一个电路如图 D-19 所示，求它的等值电阻 R_{ab}。（5 分）

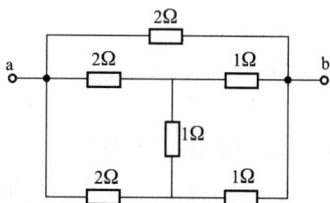

图 D-19

解：从图中可以看到其中有一个电桥存在，由于电桥的对角电阻乘积相等，所以这个电桥是平衡的，R_{ab} 等效电阻为（2分）

$$R_{ab} = \frac{\dfrac{2+1}{2} \times 2}{\dfrac{2+1}{2} + 2} = \frac{6}{7} \approx 0.857（\Omega）\qquad（3分）$$

答：它的等值电阻为 0.857Ω。

La3D3052 如图 D-20（a）所示电路中，已知 $R=16\text{k}\Omega$，$C=0.01\mu\text{F}$，问输入电压 $\dot{U}_1$ 的频率 f 为多少时，才能使输出电压 $\dot{U}_2$ 的相位刚好比输入电压超前 45°？（5分）

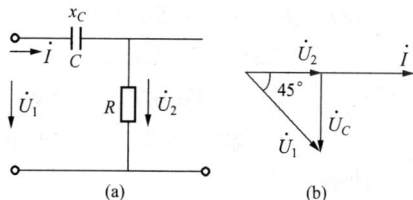

图 D-20

解：相量图如图 D-20（b）所示，当电路阻抗角为 45° 时，则 $\dot{U}_2$ 的相位刚好超前 $\dot{U}_1$ 45°，即

$$\tan 45° = \frac{U_C}{U_2} = \frac{IX_C}{IR} = \frac{X_C}{R} = 1 \qquad（1分）$$

即

$$\frac{1}{2\pi f C R} = 1 \qquad（1分）$$

$$f = \frac{1}{2\pi CR} \qquad (2 \text{分})$$

$$= \frac{1}{2\pi \times 16 \times 0.01 \times 10^{-6}} \approx 994.72 \text{（Hz）} \quad (1 \text{分})$$

答：$\dot{U}_1$ 的频率为 994.72Hz 时，才能使输电压出 $\dot{U}_2$ 的相位刚好比输入电压超前 45°。

Lb3D2053 某 10kV 线路输送的有功功率 $P = 2.5$MW，功率因数为 0.7，现把功率因数提高到 0.9。试问线路上需并联电容器的容量 Q_c 是多少？线路可少送多少视在功率 S_Δ？（5 分）

解：按题意求解，得

$$\cos\varphi_1 = 0.7 \quad \varphi_1 = 45.57° \qquad (0.5 \text{分})$$

$$\cos\varphi_2 = 0.9 \quad \varphi_2 = 25.84° \qquad (0.5 \text{分})$$

$$S_1 = \frac{P}{\cos\varphi_1} = \frac{2.5}{0.7} = 3.57 \text{（MVA）} \qquad (1 \text{分})$$

$$S_2 = \frac{P}{\cos\varphi_2} = \frac{2.5}{0.9} = 2.78 \text{（MVA）} \qquad (1 \text{分})$$

$$Q_c = Q_1 - Q_2 = S_1\sin\varphi_1 - S_2\sin\varphi_2$$

$$= 2.55 - 1.21 = 1.34 \text{（Mvar）} \qquad (1 \text{分})$$

$$S_\Delta = S_1 - S_2 = 3.57 - 2.78 = 0.79 \text{（MVA）} \qquad (1 \text{分})$$

答：线路上需并联电容器的容量为 1.34Mvar，线路可少送 0.79MVA 的视在功率。

Lb3D3054 已知 1 台变压器额定容量 $S_N = 100$kVA，空载损耗为 $P_0 = 0.6$kW，短路损耗 $P_{kN} = 2.4$kW，求满载并且 $\cos\varphi = 0.8$ 时的效率 η。（5 分）

解：按题意求解，得

$$\eta = \frac{\beta S_N \cos\varphi}{\beta S_N \cos\varphi + P_0 + \beta^2 P_{kN}} \times 100\% \qquad (2 \text{分})$$

$$= \frac{1 \times 100 \times 0.8}{1 \times 100 \times 0.8 + 0.6 + 1^2 \times 2.4} \times 100\% = 96.4\% \quad （3 分）$$

答：此时效率为 96.4%。

Lb3D3055 一般钢筋混凝土电杆的容重 $\gamma=2650kg/m^3$。试求杆长 $L=12m$，壁厚 $t=50mm$，根径 $D=350mm$ 的拔梢杆的重量。（5 分）

解：按题意求解，得

$$d=D-\lambda L \quad （1 分）$$

$$=350-\frac{1}{75} \times 12000 =190 （mm） \quad （0.5 分）$$

$$V=\pi\left(\frac{D+d}{2}-t\right)tL \quad （1 分）$$

$$=\pi\left(\frac{0.35+0.19}{2}-0.05\right) \times 0.05 \times 12$$

$$=0.414 （m^3） \quad （0.5 分）$$

$$G =V\gamma =0.414 \times 2650=1098 （kg） \quad （1.5 分）$$

答：电杆重为 1098kg。

Lb3D3056 有一 35kV 线路，采用 LGJ-70/10 型导线，其截面积 $S=79.39mm^2$，瞬时拉断力 $T_p=19417N$，导线的安全系数 $K=2.5$，导线自重比载 $g_1=33.94 \times 10^{-3} N/m \cdot mm^2$，风压比载 $g_4=71.3 \times 10^{-3} N/m \cdot mm^2$，断线张力衰减系数 $\eta=0.3$。该线路某直线杆的水平档距 $l_h=150m$，垂直档距 $l_v=250m$，试计算该直线杆的垂直、水平荷载和断线时的断线张力？（5 分）

解：垂直荷载为

$$G= g_1Sl_v =33.94 \times 10^{-3} \times 79.39 \times 250=673.6 （N） \quad （1.5 分）$$

水平荷载为

$$P= g_4Sl_h =71.3 \times 10^{-3} \times 79.39 \times 150=849 （N） \quad （1.5 分）$$

导线的断线张力

$$T_D = \eta \frac{T_p}{K} = 0.3 \times \frac{19417}{2.5} = 2330 \text{（N）} \qquad \text{（2 分）}$$

答：该直线杆的垂直荷载为 673.6N、水平荷载为 849N、断线张力为 2330N。

Lb3D3057 如图 D-21 所示，已知一根 15m 电杆的杆坑为底宽 $a=0.8m$，底长 $b=1.2m$，坑口宽 $a'=1.0m$，坑口长 $b'=1.4m$，深 $h=2.5m$ 的梯形坑（如图所示）。求杆坑体积为多少？（5 分）

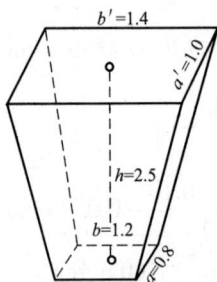

图 D-21

解：按题意求解，得

$$V = \frac{h}{3}\left(S_1 + S_2 + \sqrt{S_1 S_2}\right) \qquad \text{（2 分）}$$

$$= \frac{h}{3}\left(ab + a'b' + \sqrt{aba'b'}\right) \qquad \text{（2 分）}$$

$$= \frac{2.5}{3}\left(0.8 \times 1.2 + 1 \times 1.4 + \sqrt{0.8 \times 1.2 \times 1 \times 1.4}\right) \qquad \text{（1 分）}$$

$$= 2.93 \text{（m}^3\text{）}$$

答：杆坑体积为 2.93m³。

Lb3D5058 扳手旋紧螺母时，受力情况如图 D-22 所示，已知 $L=130mm$、$L_1=96mm$、$b=5.2mm$、$H=17mm$，$P=300N$。试求扳手离受力端为 L_1 处截面上最大弯曲应力是多少？（5 分）

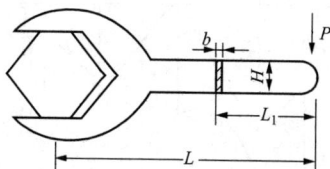

图 D-22

解：按题意求解，得

$$M_{L1}=PL_1=300×96=28800（N \cdot mm）\qquad（2分）$$

截面矩
$$W=\frac{bH^2}{6}$$

则
$$Q_{max}=\frac{M_{L1}}{W}=\frac{6M_{L1}}{bH^2}\qquad（2分）$$

$$=\frac{6×28800}{5.2×17^2}≈115（MPa）\qquad（1分）$$

答：最大弯曲应力是 115MPa。

Lc3D3059 在施工现场，有单滑轮直径 D 为 150mm，因其名牌已模糊不清楚，试估算其允许使用荷重为多少？（5分）

解：按题意求解，由经验公式得

$$P=\frac{nD^2}{1.6}\qquad（n 为滑轮片数）\qquad（2分）$$

$$=\frac{1×150^2}{1.6}=14062.5（N）=14.062（kN）\qquad（3分）$$

答：其允许使用荷重为 14.062kN。

Jd3D3060 如图 D-23 所示，已知 $l_1=297m$，$l_2=238m$，$\Delta h_1=12m$，$\Delta h_2=8.5m$，垂直比载 $g_1=25.074×10^{-3}$ N/m $\cdot$ mm²，应力 $\sigma_0=48.714MPa$。试计算 2 号杆的垂直档距。（5分）

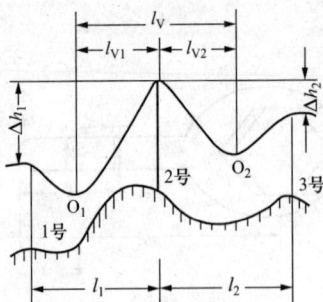

图 D-23

解： 按题意求解，得

$$l_V = \frac{l_1 + l_2}{2} + \frac{\sigma_o}{g_1}\left(\frac{\pm\Delta h_1}{l_1} + \frac{\pm\Delta h_2}{l_2}\right) \quad （2分）$$

$$= \frac{297 + 238}{2} + \frac{48.714}{25.074\times10^{-3}}\times\left(\frac{12}{297} + \frac{8.5}{238}\right) \quad （2分）$$

$$= 415.38 （m） \quad （1分）$$

答： 2号杆的垂直档距为 415.38m。

Jd3D4061 如图 D-24 所示为某耐张杆拉线盘，其宽度 b_0 为 0.7m，长度 l 为 1.4m，埋深 h 为 2.4m，拉线盘为斜放。如图所示，拉线受力方向与水平方向的夹角 $\beta =60°$，土壤的计算上拔角 $\alpha =30°$，单位容重 $\gamma =18kN/m^3$。试计算拉线上拔时抵抗上拔的土重。（5分）

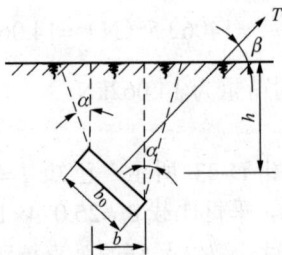

图 D-24

解：已知拉线盘斜放，则其短边的有效宽度为

$$b = b_0 \sin\beta = 0.7\sin 60° = 0.606 \ （\text{m}） \quad （1分）$$

抵抗上拔时的土重为

$$G_0 = h\left[bl + (b+l)h\tan\alpha + \frac{4}{3}h^2\tan^2\alpha\right]\gamma \quad （2分）$$

$$= 2.4 \times \left[0.606 \times 1.4 + (0.606+1.4) \times 2.4 \times \tan 30° \right.$$

$$\left. + \frac{4}{3} \times 2.4^2 \times \tan^2 30°\right] \times 18$$

$$= 262 \ （\text{kN}） \quad （2分）$$

答：拉线上拔时抵抗上拔的土重为262kN。

Je3D2062 某一线路施工，采用异长法观测弧垂，已知导线的弧垂 f 为 6.25m，在 A 杆上绑弧垂板距悬挂点距离 a =4m。试求在 B 杆上应挂弧垂板多少米？（5分）

解：按题意求解，得

$$\sqrt{b} = 2\sqrt{f} - \sqrt{a} \quad （3分）$$

$$b = \left(2\sqrt{f} - \sqrt{a}\right)^2 \quad （1分）$$

$$= \left(2\sqrt{6.25} - \sqrt{4}\right)^2 = 9 \ （\text{m}） \quad （1分）$$

答：在 B 杆上应挂弧垂板9m。

Ld3D2063 某 110kV 线路的电杆为普通钢筋混凝土杆，单位长度电感 L_0 为 $8.4\times10^{-1}\mu H/m$，冲击接地电阻 R_{ch} 为7Ω，电杆全高 h 为 19.5m。现有一幅值 I 为 26kA、波前时间 τ 为 2.6μs（微秒）的雷电流直击杆顶后流经杆身，求杆顶电位。（5分）

解：因为 $U_{td} = IR_{ch} + L_0 h\dfrac{di}{dt} = IR_{ch} + L_0 h\dfrac{I}{\tau_1}$ （3分）

式中 U_{td}——杆顶电位（kV）；

I——雷电流幅值（kA）；

L_0——杆塔单位长电感（μH/m）；

h——杆高（m）；

τ_1——雷电波波前时间（μs）。

所以 $U_{td} = 26 \times 7 + 0.84 \times 19.5 \times \dfrac{26}{2.6} = 345.8$（kV） （2分）

答：杆顶电位为345.8kV。

Je3D3064 已知 LGJ-185/30 型导线计算重量 G 为 732.6kg/km，导线计算截面积 $S=210.93mm^2$，导线在最大风速时的风压比载 $g_4 = 40.734 \times 10^{-3} N/m \cdot mm^2$，计算直径 $d=18.88mm$。试求在最大风速 $v=30m/s$ 的气象条件下，导线的综合比载。（5分）

解：按题意求解如下。

（1）导线自重比载

$$g_1 = \frac{9.8G}{S} \times 10^{-3} = \frac{9.8 \times 732.6}{210.93} \times 10^{-3}$$

$$= 34.037 \times 10^{-3} \ （N/m \cdot mm^2） \qquad （2分）$$

（2）导线的综合比载

$$g_6 = \sqrt{g_1^2 + g_4^2} = \sqrt{(34.037 \times 10^{-3})^2 + (40.734 \times 10^{-3})^2}$$

$$= 53.083 \times 10^{-3} \ （N/m \cdot mm^2） \qquad （3分）$$

答：导线的综合比载为 $53.083 \times 10^{-3} N/m \cdot mm^2$。

Je3D3065 某 110kV 线路的导线为 LGJ-95/20 型，档距 l 为 250m，两杆塔悬点均为 10.5m，气温 20℃时测得的距杆塔 $x = 50m$ 处的导线对地距离为 7.5m。已知 20℃时该档距的设计弧垂 f 应为 4.3m，试检查此点的弧垂是否符合要求（假设地面为水平）。（5分）

解：测点的设计弧垂为

$$f_x = 4f \frac{x}{l}\left(1 - \frac{x}{l}\right)$$

$$= 4 \times 4.3 \times \frac{50}{250}\left(1 - \frac{50}{250}\right) = 2.75 \text{ （m）} \quad \text{（2 分）}$$

现场实测弧垂为　10.5–7.5=3.0（m）　　　　　（1 分）

弧垂误差值为　3.0–2.75=0.25（m）　　　　　（1 分）

说明该处对地距离偏小 0.25m　　　　　　　　（1 分）

答：测点实际弧垂比设计要求大 0.25m，不合要求。

Je3D3066　如图 D-25 所示，该线路转角 θ 为 80°，已知横担宽 c 为 0.8m，长横担侧 a 为 3.1m，短横担侧 b 为 1.7m。求杆塔中心桩位移值，并标出位移方向。（5 分）

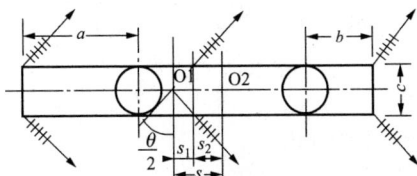

图 D-25

解：按题意求解，得

$$S_1 = \frac{c}{2}\tan\frac{\theta}{2} = \frac{800}{2}\tan\frac{80°}{2} = 335.6 \text{ （mm）} \quad \text{（1.5 分）}$$

$$S_2 = \frac{a-b}{2} = \frac{3100-1700}{2} = 700 \text{ （mm）} \quad \text{（1.5 分）}$$

$$S = S_1 + S_2 = 335.6 + 700 = 1035.6 \approx 1036 \text{ （mm）} \quad \text{（2 分）}$$

答：向内角侧位移 1036mm。

Je3D3067　某一 220kV 线路，已知实测档距 l =400m，耐张段的代表档距 l_0=390m，导线的线膨胀系数 α =19×10^{-6} 1/℃，实测弧垂 f =7m，测量时气温 t =20℃。求当气温为 40℃时的最大弧垂 f_{max} 值。（5 分）

解：按题意求解，得

$$f_{max} = \sqrt{f^2 + \frac{3l^4}{8l_0^2}(t_{max}-t)\alpha}$$ （2分）

$$= \sqrt{7^2 + \frac{3\times400^4}{8\times390^2}\times(40-20)\times19\times10^{-6}} = 8.54 \text{（m）（3分）}$$

答：当气温为 40℃时的最大弧垂为 8.54m。

Je3D3068　220kV 绝缘操作杆工频耐压试验电压是多少？
（5分）

解：根据绝缘工具的工频试验加压公式

$$U_s = K_1 K_2 U_\varphi$$ （2分）

$$= 3\times1.15\times\frac{220}{\sqrt{3}} = 438 \text{（kV）}$$ （2分）

取　440kV。 （1分）

答：试验电压为 440kV。

Jf3D4069　三角架如图 D-26（a）所示，支架顶点 B 挂一重物 G=100kN，绳与支架的夹角均为 30°，支架的三条腿等长，且与地面的夹角均为 60°，试求每条腿所受的力。（5分）

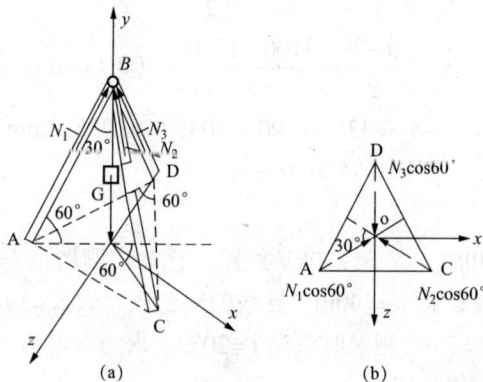

图 D-26

解：取 B 点为研究对象，其受力分析如图 D-26（b）所示，绳的拉力为 T，则 $T=G$，支架三条腿所受的力 N_1、N_2、N_3，在 XOZ 平面上的投影，根据公式：

由 $\sum X=0$ 得，$N_1\cos60°\cos30°-N_2\cos60°\cos30°=0$

（1分）

由 $\sum Y=0$ 得，$N_1\cos30°+N_2\cos30°+N_3\cos30°-T=0$（1分）

由 $\sum Z=0$ 得，$N_3\cos60°-N_1\cos60°\sin30°-N_2\cos60°\sin30°=0$

（1分）

联立以上方程解得

$$N_1=N_2=N_3=\frac{T}{3\cos30°} \qquad（1分）$$

$$=\frac{100}{3\times0.866}=38.5（kN） \qquad（1分）$$

答：每条腿所受的力为 38.5kN。

Jf3D4070 如图 D-27（a）所示，采用独脚抱杆起吊电杆，取不平衡系数 $K_1=1.0$，动荷系数 $K_2=1.2$，1-1 滑轮组的重量为 $0.05Q_o$，滑轮组效率 $\eta=0.9$，电杆重量 $Q_o=1500kg$，拉线与水平面夹角 $\beta=30°$，抱杆与铅垂面夹角 $\alpha=5°$，求拉绳受力 T。（5分）

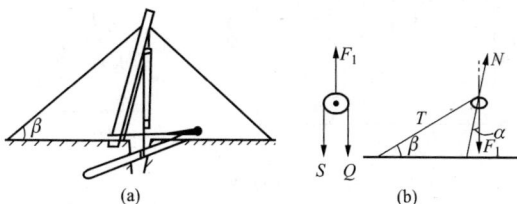

图 D-27

解：定滑轮受力分析如图 D-27（b）解得

$$Q=K_2(Q_o+0.05Q_o)\times9.8=1.2Q_o(1+0.05)\times9.8$$

$$=1.2\times1500\times1.05\times9.8=18522（N） \qquad（1分）$$

$$S = \frac{Q}{n\eta} = \frac{18522}{2 \times 0.9} = 10290 \,(\text{N})$$

$$F_1 = S + Q = 10290 + 18522 = 28812 \,(\text{N})$$

$$= 28.812 \,(\text{kN})$$

抱杆受力分析如图 D-27（b），可得

$$\begin{cases} T\cos\beta = N\sin\alpha \\ T\sin\beta + F_1 = N\cos\alpha \end{cases} \qquad (1\ \text{分})$$

解得 $$T = \frac{F_1 \sin\alpha}{\cos(\alpha+\beta)} = \frac{28.812 \times \sin 5°}{\cos 35°} \qquad (1\ \text{分})$$

$$= 3.066 \,(\text{N}) \qquad (1\ \text{分})$$

答：拉线受力 T 为 3.066N。

La2D3071   如图 D-28（a）所示电路，一电阻 R 和一电容 C、电感 L 并联，现已知电阻支路的电流 I_R=3A，电感支路的电流 I_L=10A，电容支路的电流 I_C=14A。试用相量图求出总电流 I_Σ 是多少安？功率因数是多少？电路是感性电路还是容性电路？（5 分）

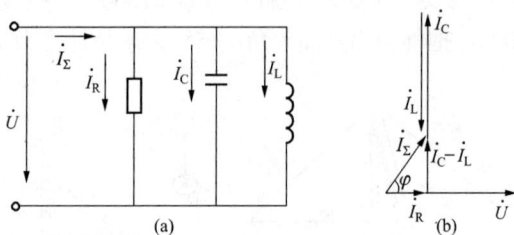

图 D-28

解：相量图如图 D-28（b）所示。

已知：I_R=3A，I_C=14A，I_L=10A，则

$$I_\Sigma = \sqrt{I_R^2 + (I_L - I_C)^2} \qquad (2\ \text{分})$$

$$= \sqrt{3^2 + (10-14)^2} = 5 \,(\text{A}) \qquad (1\ \text{分})$$

174

$$\cos\varphi = \frac{I_R}{I_\Sigma} = \frac{3}{5} = 0.6 \qquad (1分)$$

因为　总电流超前总电压 $\qquad\qquad$ （1分）

所以　电路呈容性

答：总电流 I_Σ 是 5A；功率因数是 0.6；电路是容性电路。

La2D4072　一简易起重如图 D-29（a）所示，横担长 L_{AB}=6m，其重 G=2000N。A 端用铰链固定，B 端用钢绳拉住，若吊车连同重物共重 P=10000N，在图示位置 a 处 l_1=2m 时，试求钢绳的拉力及支座 A 的反力。（5分）

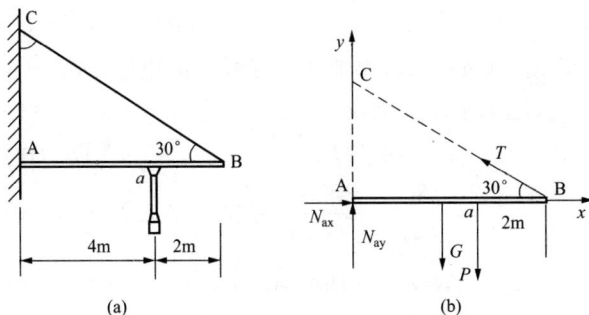

图 D-29

解：以梁为研究对象，作受力图，如图 D-29（b）所示，此力系为平面一般力系。列平衡方程，由 $\Sigma M_A=0$，得

$$T\sin 30° L_{AB} - G\frac{L_{AB}}{2} - P(L_{AB}-l_1) = 0 \qquad (1分)$$

$$T\times 0.5\times 6 - 2000\times\frac{6}{2} - 10000\times 4 = 0 \qquad (1分)$$

所以　$T = 15333$（N）

由 $\Sigma X = 0$，得

$$N_{ax} - T\cos 30° = 0 \qquad (0.5分)$$

所以 $\qquad N_{ax} = 13278$（N） （0.5 分）

由 $\sum Y = 0$，有

$$N_{ay} + T\sin30° - G - P = 0 \qquad （0.5 分）$$

$$N_{ay} + 15333 \times 0.5 - 2000 - 10000 = 0 \qquad （0.5 分）$$

$$N_{ay} = 4334（N）$$

$$N_a = \sqrt{N_{ax}^2 + N_{ay}^2}$$

$$= \sqrt{13278^2 + 4334^2} = 13967.4 （N） \qquad （1 分）$$

答：钢绳的拉力为 15333N，支座 A 的反力为 13967.4N。

Lb2D2073 某 10kV 专线线路长 5km，最大负荷为 3000kVA，最大负荷利用小时数 $T_{max} = 4400$，导线单位长度的电阻为 $r_o = 0.16\Omega/km$。求每年消耗在导线上的电能 ΔW？（5 分）

解：按题意求解如下。

因为 $\qquad S = \sqrt{3} UI$ （0.5 分）

所以 $\qquad I = \dfrac{S}{\sqrt{3}U} = \dfrac{3000}{\sqrt{3} \times 10} = 173.2（A）$ （0.5 分）

$$R = r_o L = 0.16 \times 5 = 0.80（\Omega） \qquad （1 分）$$

$$\Delta W = 3I^2 RT \times 10^{-3} \qquad （2 分）$$

$$\begin{aligned}
&= 3 \times 173.2^2 \times 0.8 \times 4400 \times 10^{-3} \\
&= 316781(kWh)
\end{aligned} \qquad （1 分）$$

答：一年消耗在导线上的电能为 316781kWh。

Lb2D2074 某 110kV 线路所采用的 XP-70 型绝缘子悬垂串用 8 片，每片绝缘子的泄漏距离 λ 不小于 295mm。求其最大泄漏比距 S 是多少？（5 分）

解：按题意求解，得

$$S = \frac{n\lambda}{U_N} \qquad （2 分）$$

$$= \frac{8 \times 295}{110} = 21.5 \ (\text{mm/kV})$$ （3分）

$$= 2.15 \text{cm/kV}$$

答：最大泄漏比距为 2.15cm/kV。

Lb2D3075 有两等截面积的木梁，一个为正方形，一个为圆形。请判断哪一个的抗弯性能好些，为多少倍？（5分）

解：设正方形边长为 a，圆形直径为 d，其截面积相等且均为 S。

由材料力学知识得

正方形截面矩 $\quad W_1 = \dfrac{a^3}{6} = \dfrac{\sqrt{S^3}}{6}$ （1.5分）

圆形截面矩 $\quad W_2 = \dfrac{\pi d^3}{32} = \dfrac{\sqrt{S^3}}{4\sqrt{\pi}} = \dfrac{\sqrt{S^3}}{7.09}$ （2分）

$$\frac{W_1}{W_2} = \frac{7.09}{6} = 1.18$$ （1.5分）

答：正方形木梁抗弯性能好些，为圆木的 1.18 倍。

Lb2D4076 某变电站至 10kV 开关站采用 LGJ-240/30 型架空线路输送电能，架空线长度 $L=3$km，单位长度电阻为 $r_0=0.15\Omega/$km，单位长度电抗 $x_0=0.34\Omega/$km，变电站母线电压为 10.5kV，要求开关站母线电压不低于 10kV。试求 $\cos\varphi=0.95$ 时，该开关站最大能送出多少容量的负荷？（LGJ-240/30 型导线在 40℃室外温度时载流量为 494A）

解：按题意求解如下。

（1）$\Delta U=10.5-10=0.5$（kV） （0.5分）

（2）设最大容量为 S，又因为 $\cos\varphi=0.95$ 时，$\sin\varphi=0.31$，则

$\quad P=S\cos\varphi=0.95S, \quad Q=S\sin\varphi=0.31S$ （0.5分）

（3）$\quad R=r_0L=0.15\times3=0.45$（Ω） （0.5分）

$\quad X=x_0I=0.34\times3=1.02$（Ω） （0.5分）

（4）因为 $\quad \Delta U=\dfrac{PR+QX}{U}\leqslant 0.5\text{kV}$ （0.5 分）

所以 $\quad \dfrac{0.95S\times 0.45+0.31S\times 1.02}{10}\leqslant 0.5\text{kV}$ （0.5 分）

所以 $\quad S\leqslant 6.723\ (\text{MVA})$（0.5 分）

（5）校验载流量

因为 $\qquad\qquad S=\sqrt{3}UI$ （1 分）

所以 $\qquad\qquad I=\dfrac{S}{\sqrt{3}U}$ （0.5 分）

$$=\dfrac{6.723}{\sqrt{3}\times 10}=388.2\ (\text{A}) \quad（0.5 分）$$

答：LGJ-240/30 型导线在 40℃室外温度时载流量为 494A＞388.2A，所以能送出最大容量为 6.723MVA。

Lb2D3077 已知一施工线路两边线的距离 $D=5\text{m}$，与被跨越铁路的交叉角 $\theta=30°$，电力机车轨顶距搭设跨越架施工基面的高度 $h_1=5\text{m}$。试求出跨越架的高度及搭设宽度？（5 分）

解：已知 $D=5\text{m}$，$\theta=30°$。根据安全规程要求，安全距离 $h=6.5\text{m}$，且要求跨越架应比施工两边线路各伸出 1.5m，则（1 分）

$$L=\dfrac{D+2\times 1.5}{\sin\theta}=\dfrac{5+2\times 1.5}{\sin 30°}=16\ (\text{m}) \quad（3 分）$$

$$H=h+h_1=6.5+5=11.5\ (\text{m}) \quad（1 分）$$

答：跨越架的高度为 11.5m，搭设宽度为 16m。

Lb2D5078 有一单架空地线的 110kV 线路，导线呈上字形排列，其架空地线悬挂高度 h 为 20m，上导线横担长 1.8m，导线距架空地线悬挂点的垂直距离 h_a 为 4.1m。试计算上导线是否在架空地线的保护范围内？并验算其保护角是否满足要求。（5 分）

解：因为 $h \leqslant 30m$，$h_x = 20-4.1 = 15.9$，$h_a = 4.1m$，则（0.5 分）

所以　　$r_x = \dfrac{0.8}{1 + \dfrac{h_x}{h}} h_a$　　　　　　　　　（1.5 分）

$$= \dfrac{0.8}{1 + \dfrac{15.9}{20}} \times 4.1 = 1.83 \text{（m）} > 1.8m \qquad \text{（1 分）}$$

$$\tan\alpha = \dfrac{1.8}{4.1} = 0.439 \qquad \text{（1 分）}$$

$$\alpha = 23.7° < 25° \qquad \text{（1 分）}$$

答：因 1.83m＞1.8m，导线在保护范围内；23.7°＜25°，故保护角满足要求。

Lc2D3079　某地区中性点非直接接地 35kV 线路，长 18km，其中有架空地线的线路长 10km。如果等电位作业时将一相接地，估算流过人体的电容电流 I 是多少？（设人体电阻 $R_1 = 1500\Omega$，屏蔽服电阻 $R_2 = 10\Omega$；35kV 单相电容电流，无地线 0.1A/km，有地线 0.13A/km）

解：按题意求解，得

$$I_C = 8 \times 0.1 + 10 \times 0.13 = 2.1 \text{（A）} \qquad \text{（2 分）}$$

$$I = \dfrac{R_2}{R_1} \times I_C = \dfrac{10}{1500} \times 2.1 = 0.014 \text{（A）} \qquad \text{（3 分）}$$

答：流过人体的电容电流是 0.014A。

Jd2D3080　某耐张段总长 $\sum l_i$ 为 5698.5m，代表档距 l_0 为 258m，检查某档档距 l_g 为 250m，实测弧垂 f_{g0} 为 5.84m，依照当时气温的设计弧垂值 f_g 为 3.98m。试求该耐张段的线长调整量 ΔL。（5 分）

解：根据连续档的线长调整公式得

$$\Delta L = \dfrac{8 l_0^2 \sum l_i}{3 l_g^4} (f_{g0}^2 - f_g^2) \qquad \text{（2 分）}$$

$$= \frac{8 \times 258^2 \times 5698.5}{3 \times 250^4} \times (5.84^2 - 3.98^2) = 4.73 \text{（m）} \text{（2.5分）}$$

答：即应收紧4.73m。（0.5分）

Jd2D4081 如图D-30（a）所示，采用人字抱杆起吊电杆，取动荷系数 K_1=1.2，1–1滑轮组的重量为 $0.05Q_o$，滑轮组的效率 η =0.9，电杆重量 Q_o=2000kg。求每根抱杆的轴向受力 N_1 为多少？（抱杆的均衡系数 K_2 取1.2）

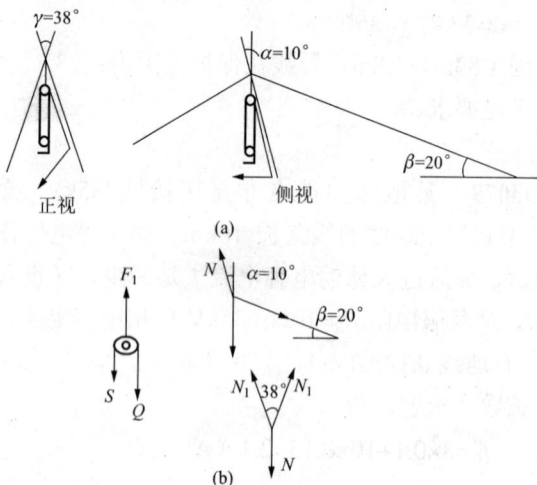

正视　侧视

(a)

(b)

图 D-30

解：受力分析如图D-30（b）所示。

（1）定滑轮受力分析

$$Q = K_1(Q_o + 0.05Q_o) \times 9.8 = 1.26Q_o \times 9.8 \text{（N）} \qquad \text{（0.5分）}$$

$$S = \frac{Q}{n\eta} \qquad \text{（0.5分）}$$

$$= \frac{1.26Q_o \times 9.8}{2 \times 0.9} = \frac{1.26 \times 2000 \times 9.8}{2 \times 0.9} = 13720 \text{（N）} \quad \text{（0.5分）}$$

$$F_1 = S + Q = 13720 + 1.26 \times 2000 \times 9.8 = 38416 \text{（N）} \quad \text{（0.5分）}$$

（2）人字抱杆交叉处受力分析

得　　　$T\cos\beta=N\sin\alpha$

　　　　$T\sin\beta+F_1=N\cos\alpha$　　　　　　　　　（1分）

解得　　$N=\dfrac{F_1\cos\beta}{\cos(\alpha+\beta)}$

　　　　$=\dfrac{38416\times\cos20°}{\cos(10°+20°)}=41684$　（N）　　（0.5分）

（3）两抱杆受力分析

有　　　　　　$2N_1\cos\dfrac{\gamma}{2}=K_2N$　　　　　（0.5分）

　　　　　　　$N_1=\dfrac{K_2N}{2\cos\dfrac{\gamma}{2}}$　　　　　（0.5分）

　　　　　$N_1=\dfrac{1.2\times41684}{2\cos19°}=26452$　（N）　　（0.5分）

答：每根抱杆的轴向受力为26452N。

Je2D2082　如图 D-31 所示，一门形电杆，杆高 18m，架空地线横担重 2000N，导线横担重 5600N，叉梁重 1000N/根，电杆每米重量 1150N/m。试计算电杆重心高度 H_o。（5分）

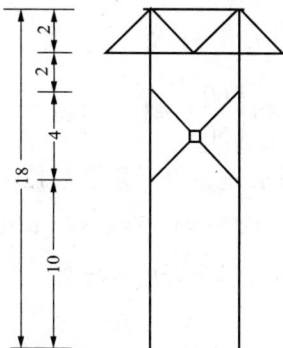

图 D-31

解：因门形杆的两根电杆对称，在计算时可按一半考虑，电杆重量集中在杆段中部，则每根电杆上所有荷重对其根部的力矩和为

$$\sum M = 1000 \times 18 + 2800 \times 16 + 1000 \times 14$$
$$+ 1000 \times 10 + (1150 \times 18) \times 9$$
$$= 18000 + 44800 + 14000 + 10000 + 186300$$
$$= 273100 \ (\text{N} \cdot \text{m}) \tag{2分}$$

每根电杆上总的荷重为

$$\sum g_o = 1000 + 2800 + 1000 \times 2 + 20700 = 26500 \ (\text{N}) \tag{1分}$$

电杆重心高度为

$$H_o = \frac{\sum M}{\sum g_o} = \frac{273100}{26500} = 10.3 \ (\text{m}) \tag{2分}$$

答：电杆重心高度为 10.3m。

Je2D3083　已知某悬挂点等高耐张段的导线型号为 LGJ-185/30，代表档距 l_o 为 50m，计算弧垂 f_o 为 0.8m，采用减少弧垂法减少 12% 补偿导线的初伸长。现在档距 l_c 为 60m 的距离内进行弧垂观测。求弧垂 f 为多少应停止紧线？（5分）

解：按题意求解，得

$$f_1 = f_o \left(\frac{l_c}{l_o} \right)^2 \tag{2分}$$

$$= 0.8 \times \left(\frac{60}{50} \right)^2 = 1.15 \ (\text{m}) \tag{1分}$$

因为钢芯铝绞线弧垂减少百分数为 12%，所以　（1分）

所以　$f = f_1(1 - 12\%) = 1.15 \times 0.88 = 1.01 \ (\text{m})$　（1分）

答：弧垂为 1.01m 时应停止紧线。

Je2D5084　图 D-32 为某 220kV 输电线路中的一个耐张段，导线型号为 LGJ-300/25，计算重量 G_o 为 1058kg/km，计算截面

积 S 为 333.31mm^2，计算直径 d 为 23.76mm。试计算该耐张段中 3 号直线杆塔在更换悬垂线夹作业时，不考虑作业人员及工具附件的重量，提线工具所承受的荷载 G。（作业时无风、无冰，导线水平应力为 90MPa）

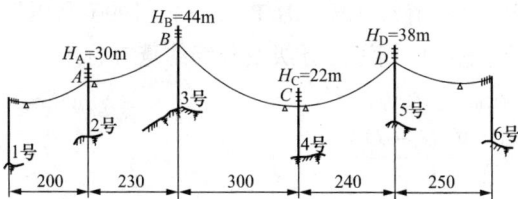

图 D-32

解：按题意求解如下。

（1）导线的自重比载

$$g_1 = \frac{9.8G_o}{S} \times 10^{-3}$$

$$= \frac{9.8 \times 1058}{333.31} \times 10^{-3}$$

$$= 31.107 \times 10^{-3} \quad (\text{N/m} \cdot \text{mm}^2) \qquad (1.5 \text{ 分})$$

（2）3 号杆塔的垂直档距

$$l_v = \frac{l_1 + l_2}{2} + \frac{\sigma_o}{g} \left(\frac{\pm \Delta h_1}{l_1} + \frac{\pm \Delta h_2}{l_2} \right)$$

$$= \frac{230 + 300}{2} + \frac{90}{31.107 \times 10^{-3}} \times \left(\frac{44 - 30}{230} + \frac{44 - 22}{300} \right)$$

$$= 653.3 \text{ (m)} \qquad (2 \text{ 分})$$

（3）作业时提线工具所承受的荷载即为 3 号杆塔的垂直荷载

$$G = 9.8G_o \times 10^{-3} l_v$$

$$= 9.8 \times 1058 \times 10^{-3} \times 653.3$$

$$= 6773.6 \text{ (N)} \qquad (1.5 \text{ 分})$$

答：3 号直线杆塔作业时，提线工具所承受的荷载为 6773.6N。

Je2D2085 采用盐密仪测试 XP-70 型绝缘子盐密,用蒸馏水 V=130cm³清洗绝缘子表面。清洗前,测出 20℃时蒸馏水的含盐浓度为 0.000723g/100ml;清洗后,测出 20℃时污秽液中含盐浓度为 0.0136g/100ml。已知绝缘子表面积 S=645cm²。求绝缘子表面盐密值?(按 GB/T 16434—1996 高压架空线路和发电厂、变电站环境污区分级及外绝缘选择标准)

解:按题意求解,有

$$d = \frac{10 \times V(D_2 - D_1)}{S} \quad\quad (3 \text{分})$$

$$= \frac{10 \times 130 \times (0.0136 - 0.000723)}{645} = 0.026 \,(\text{mg/cm}^2)\,(2 \text{分})$$

答:绝缘子表面盐密值为 0.026mg/cm²。

Je2D4086 某线路导线型号为 LGJ-120/20,计算重量 G_o=466.8kg/km,计算截面积 S=134.49mm²,计算直径 d=15.07mm。试计算导线在第Ⅳ气象区的覆冰条件下的综合比载。(覆冰厚度 b=5mm,相应风速为 10m/s,冰的比重 γ=为 0.9g/cm³,α=1.0,k=1.2)

解:按题意求解如下。

(1)导线的自重比载

$$g_1 = \frac{9.8 G_o}{S} \times 10^{-3}$$

$$= \frac{9.8 \times 466.8}{134.49} \times 10^{-3}$$

$$= 34.015 \times 10^{-3} \,(\text{N/m} \cdot \text{mm}^2) \quad\quad (1 \text{分})$$

(2)冰的比载

$$g_2 = \frac{9.8 \pi \gamma b(d + b)}{S} \times 10^{-3}$$

$$= \frac{9.8 \pi \times 0.9 \times 5 \times (15.07 + 5)}{134.49} \times 10^{-3}$$

$$= 20.675 \times 10^{-3} \,(\text{N/m} \cdot \text{mm}^2) \quad\quad (1 \text{分})$$

（3）风压比载

$$g_5 = \alpha k(d+2b)\frac{9.8v^2}{16S}\times 10^{-3}$$

$$= 1.0\times 1.2\times(15.07+2\times 5)\times \frac{9.8\times 10^2}{16\times 134.49}\times 10^{-3}$$

$$= 13.701\times 10^{-3}\ （\text{N/m}\cdot\text{mm}^2） \qquad （1\text{分}）$$

（4）综合比载

$$g_7 = \sqrt{(g_1+g_2)^2+g_5^2}$$

$$= \sqrt{(34.015\times 10^{-3}+20.675\times 10^{-3})^2+(13.701\times 10^{-3})^2}$$

$$= 56.38\times 10^{-3}\ （\text{N/m}\cdot\text{mm}^2） \qquad （1\text{分}）$$

答：导线在第Ⅳ气象区的覆冰条件下的综合比载为 56.38×10^{-3} N/m·mm^2。

Je2D4087 110kV 线路某一跨越档，其档距 l=350m，代表档距 l_o=340m，被跨越通信线路跨越点距跨越档杆塔的水平距离 x=100m。在气温 20℃时测得上导线弧垂 f=5m，导线对被跨越线路的交叉距离为 6m，导线热膨胀系数 α=19×10^{-6} 1/℃。试计算当温度为 40℃时，交叉距离是否满足要求？（5分）

解：按题意求解如下。

（1）将实测导线弧垂换算为 40℃时的弧垂，有

$$f_{\max} = \sqrt{f^2+\frac{3l^4}{8l_o^2}(t_{\max}-t)\alpha} \qquad （1\text{分}）$$

$$= \sqrt{5^2+\frac{3\times 350^4}{8\times 340^2}\times(40-20)\times 19\times 10^{-6}}$$

$$- 6.5\ （\text{m}） \qquad （1\text{分}）$$

（2）计算交叉跨越点的弧垂增量

$$\Delta f_x = \frac{4x}{l}\left(1-\frac{x}{l}\right)(f_{\max}-f) \qquad （1\text{分}）$$

$$= \frac{4 \times 100}{350}\left(1 - \frac{100}{350}\right)(6.5 - 5)$$

$$= 1.224 \ (\text{m}) \qquad\qquad (1 \ \text{分})$$

（3）计算 40℃时导线对被跨越线路的垂直距离 H 为

$$H = h - \Delta f_x = 6 - 1.224 = 4.776 \ (\text{m}) \qquad (0.5 \ \text{分})$$

答：交叉跨越距离为 4.776m，大于规程规定的最小净空距离 3m，满足要求。（0.5 分）

Je2D3088　某 220kV 输电线路在丘陵地带有一悬点不等高档，已知该档档距 $l=400\text{mm}$，悬点高差 $\Delta h=36\text{m}$，最高气温时导线应力 $\sigma_0 =80\text{MPa}$，比载 $g_1=36.51\times10^{-3}$ N/m·mm²。试求该档导线线长。（5 分）

解：因为　$\dfrac{\Delta h}{l} = \dfrac{36}{400}\times100\% = 9\% < 10\%$

所以　该档导线线长可用平抛物近似计算式计算，即（2 分）

$$L = l + \frac{g_1^2 l^3}{24\sigma_0^2} + \frac{\Delta h^2}{2l} \qquad\qquad (1.5 \ \text{分})$$

$$= 400 + \frac{(36.51\times10^{-3})^2 \times 400^3}{24 \times 80^2} + \frac{36^2}{2 \times 400}$$

$$= 402.1754 \ (\text{m}) \qquad\qquad (1.5 \ \text{分})$$

答：该档导线线长为 402.1754m。

Jf2D3089　如图 D-33 所示，用钢丝绳起吊电杆，安全系数 $K=4.5$，动荷系数 $K_1=1.3$，不均衡系数 $K_2=1.2$，电杆的重量 $Q=1500\text{kg}$。试计算可否用破断拉力 $T_p=68\text{kN}$ 的钢丝绳起吊。（5 分）

解：钢丝绳所受拉力为

$$T = K_1 K_2 \frac{9.8Q}{m} \times \frac{1}{\cos\alpha} \qquad\qquad (1.5 \ \text{分})$$

$$= 1.3 \times 1.2 \times \frac{9.8 \times 1500}{2} \times \frac{1}{\cos 30°}$$

$$= 13240（N）\qquad（1.5 分）$$

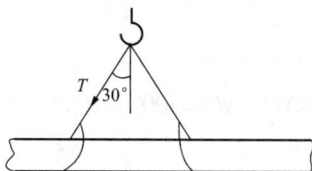

图 D-33

钢丝绳的允许拉力（2 分）

$$[T]=\frac{T_\mathrm{p}}{K}=\frac{68}{4.5}=15.1（kN）=15100（N）\qquad（1 分）$$

因为　$T=13240N<[T]=15100N$

所以　可用该钢丝绳起吊此电杆。　　　　　　（0.5 分）

答：可用破断拉力 $T_\mathrm{p}=68kN$ 的钢丝绳起吊。　（0.5 分）

Jf2D4090　有一条 10kV 线路，导线型号选用钢芯铝绞线，线间几何均距为 1m，容许电压损耗 $\Delta U\%$ 为 5%，全线采用同一截面导线。线路各段长度（km）、负荷（kW）及功率因数如图 D-34 所示。试按容许电压损耗选择截面。（假设线路平均电抗 $x_0=0.38\Omega/km$，导线材料导电系数为 $\gamma=32m/\Omega\cdot mm^2$）。

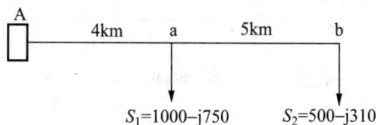

图 D-34

解：按题意求解，有

$$S_\mathrm{Aa}=S_1+S_2=1000-j750+500-j310=1500-j1060（kVA）$$

容许电压损耗

$$\Delta U=\Delta U\%\times U_\mathrm{N}=0.05\times10000=500（V）\qquad（1 分）$$

设平均电抗 $x_0=0.38\Omega/km$，则电抗中的电压损耗为

$$\Delta U_x=x_0\frac{\sum Ql}{U_\mathrm{N}}$$

$$= 0.38 \times \frac{(1060 \times 4 + 310 \times 5)}{10} = 220(\text{V}) \quad （1.5\ 分）$$

电阻允许的电压损耗为

$$\Delta U_r = \Delta U - \Delta U_x = 500 - 220 = 280 \ （\text{V}） \qquad （1\ 分）$$

计算导线最小截面为

$$S = \frac{\sum Pl}{\gamma U_N \Delta U_r}$$

$$= \frac{1500 \times 4 + 500 \times 5}{32 \times 10^{-3} \times 10 \times 280} = 94.87 \ （\text{mm}^2） \qquad （1\ 分）$$

答：根据计算结果，可选用 LGJ-95 型导线，因其单位长度 $x_0 = 0.334\Omega/\text{km}$ 小于所设的平均电抗 $x_0 = 0.38\Omega/\text{km}$，所以实际电压损耗小于容许值，LGJ-95 型导线满足要求。（0.5 分）

La1D4091　如图 D-35（a）所示，$R_1 = R_2 = 10\Omega$，$R_3 = 25\Omega$，$R_4 = R_5 = 20\Omega$，$E_1 = 20\text{V}$，$E_2 = 10\text{V}$，$E_3 = 80\text{V}$，利用戴维南定理，求流过 R_3 上的电流？（5 分）

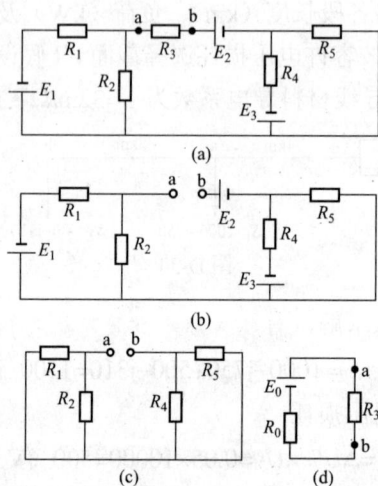

图 D-35

解：开口电压如图 D-35（b）和入端电阻如图 D-35（c）、

（d）所示。

$$E_{\text{o}} = U_{\text{ab}} = -\frac{E_1}{R_1 + R_2} \times R_2 + \frac{E_3}{R_4 + R_5} \times R_5 - E_2 \qquad (2 \text{分})$$

$$= -\frac{20}{10 + 10} \times 10 + \frac{80}{20 + 20} \times 20 - 10 = 20 \text{ （V）} \qquad (1 \text{分})$$

$$R_{\text{o}} = R_{\text{ab}} = \frac{R_1 R_2}{R_1 + R_2} + \frac{R_4 R_5}{R_4 + R_5}$$

$$= \frac{10 \times 10}{10 + 10} + \frac{20 \times 20}{20 + 20} = 15 \text{ （Ω）} \qquad (1 \text{分})$$

$$I_{R3} = \frac{E_{\text{o}}}{R_{\text{o}} + R_3} = \frac{20}{15 + 25} = 0.5 \text{ （A）} \qquad (1 \text{分})$$

答：流过 R_3 上的电流为 0.5A。

Lb1D3092 图 D-36（a）所示支架的横杆 CB 上作用有力偶矩 $T_1 = 0.2$kN·m 和 $T_2 = 0.5$kN·m 的两个力偶，已知 CB=0.8m。试求横杆所受反力。（5 分）

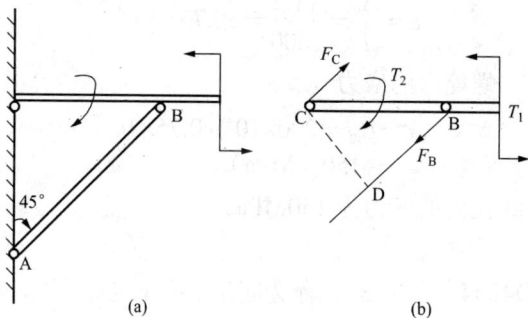

图 D-36

（a）横杆力矩图；（b）受力图

解：取横杆 CB 为研究对象，其上除作用有力偶矩为 T_1 和 T_2 的两个力偶外，BC 两处还受有约束反力 F_B 和 F_C。由于力偶只能由力偶来平衡，故反力 F_B 和 F_C 必组成一力偶。斜杆 AB 为二力杆，F_B 的作用沿线 A、B 两点的连线；F_B 和 F_C 大小相等，平行反向。由此，受力横杆的受力图如图 D-36（b）所示，其中 F_B、F_C 的指向是假设的。三力组成一平面力偶系，由平面力偶的平衡条件有（2 分）

$$\sum T_i = 0 \qquad (1 \text{ 分})$$

$$T_1 - T_2 - F_B CD = 0$$

$$0.2 - 0.5 - F_B \times \sin 45° = 0 \qquad (1 \text{ 分})$$

$$F_B = -0.53 \, (\text{kN}) \qquad (0.5 \text{ 分})$$

$$F_B = F_C = -0.53 \, (\text{kN}) \qquad (0.5 \text{ 分})$$

答：所受反力为 -0.53kN（负号说明假设的指向与实际指向相反）。

Lb1D3093 钢螺栓长 $l=1600\text{mm}$，拧紧时产生了 $\Delta l=1.2\text{mm}$ 的伸长，已知钢的弹性模量 $E_g=200\times10^3\text{MPa}$。试求螺栓内的应力 σ。（5 分）

解：因为螺栓纵应变

$$\varepsilon = \frac{\Delta l}{l} = \frac{+1.2}{1600} = +0.75 \times 10^{-3} \qquad (2 \text{ 分})$$

所以　螺栓内的应力

$$\sigma = E_g \varepsilon = (200 \times 10^3) \times 0.75 \times 10^{-3}$$

$$= +150 \, (\text{MPa}) \qquad (3 \text{ 分})$$

答：螺栓内的应力为 150MPa。

Lc1D4094 图 D-37 所示为起吊混凝土电杆情况，混凝土杆重 8000N。为防止混凝土电杆沿地面滑动，在混凝土杆的 A 点系一制动绳。当混凝土电杆起吊至 $\alpha=30°$、$\beta=60°$ 位置时，试求起吊钢绳、制动绳所受的拉力和地面 A 点对混凝土杆的反力。（5 分）

解：近似将混凝土杆视为等径杆，并作受力图，如图 D-37 所示。

图中　　$G_1 = \dfrac{8000}{8} \times 7.2 = 7200 \, (\text{N}) \qquad (0.5 \text{ 分})$

$$G_2 = \frac{8000}{8} \times 0.8 = 800 \text{（N）} \qquad \text{（0.5 分）}$$

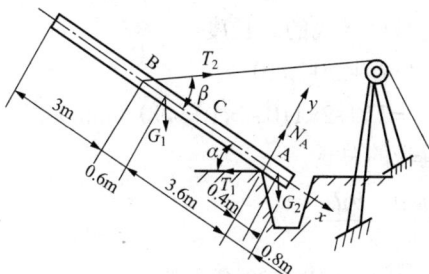

图 D-37

由 $\sum M_A = 0$

得 $3.6 G_1 \cos\alpha - 4.2 T_2 \sin\beta - 0.4 G_2 \cos\alpha = 0$ （0.5 分）

$3.6 \times 7200 \times \cos 30° - 4.2 T_2 \sin 60° - 0.4 \times 800 \cos 30° = 0$ （0.5 分）

所以 $T_2 = 5485.71$ （N）   （0.5 分）

由 $\sum X = 0$

得 $T_2 \cos\beta + G \sin\alpha - T_1 \cos\alpha = 0$ （0.5 分）

$5485.71 \times \cos 60° + 8000 \times \sin 30° - T_1 \cos 30° = 0$ （0.5 分）

所以 $T_1 = 7785.98$ （N）   （0.5 分）

由 $\sum Y = 0$

得 $T_2 \sin\beta - G \cos\alpha - T_1 \sin\alpha + N_A = 0$ （0.5 分）

所以

$N_A = -5485.71 \times \sin 60° + 8000 \times \cos 30° + 7785.98 \times \sin 30°$

$\quad\ = 15571.96$ （N）   （0.5 分）

答：起吊钢绳所受的拉力为 5485.71N，制动绳所受的拉力为 7785.98N，地面 A 点时混凝土杆的反力为 15571.96N。

Jd1D3095   安装螺栓型耐张线夹时，导线型号为 LGJ-185/25，金具与导线接触长度为 L_1=250mm，采用 1×10mm 铝包带，要求铝包带的两端露出线夹 10mm，铝包带两头回缠长度为 c=110mm，已知 LGJ-185/25 型导线直径 d=18.9mm，求

所需铝包带长度 $L_带$？

解：按题意求解如下。

（1）铝包缠绕导线的总长度

$$L=L_1+2c+2\times10$$
$$=250+2\times110+2\times10=490（mm）\qquad（1.5分）$$

（2）铝包带的总长

$$L_带=\frac{\pi(d+b)L}{a}\qquad（2.5分）$$

$$=\frac{\pi(18.9+1)\times490}{10}=3063（mm）\qquad（1分）$$

答：所需铝包带长度为3063mm。

Je1D3096 某 110kV 架空线路，通过Ⅵ级气象区，导线型号为 LGJ-150/25，档距为 300m，悬挂点高度 h 为 12m，导线计算直径 d 为 17.1mm，导线自重比载 g_1 为 34.047×10^{-3} N/m·mm^2，最低气温时最大应力 σ_{max} 为 113.68MPa，最高气温时最小应力 σ_{min} 为 49.27MPa，风速下限值 V_{min} 为 0.5m/s，风速上限值 V_{max} 为 4.13m/s。求防振锤安装距离 L。（5分）

解：最小半波长

$$\frac{\lambda_{min}}{2}=\frac{d}{400v_{max}}\sqrt{\frac{9.81\sigma_{min}}{g_1}}$$

$$=\frac{17.1}{400\times4.13}\sqrt{\frac{9.81\times49.27}{34.047\times10^{-3}}}=1.233（m）\qquad（1.5分）$$

最大半波长

$$\frac{\lambda_{max}}{2}=\frac{d}{400v_{min}}\sqrt{\frac{9.81\sigma_{max}}{g_1}}$$

$$=\frac{17.1}{400\times0.5}\sqrt{\frac{9.81\times113.68}{34.047\times10^{-3}}}=15.474（m）\qquad（1.5分）$$

防振锤安装距离为

$$L = \frac{\dfrac{\lambda_{min}}{2} \times \dfrac{\lambda_{max}}{2}}{\dfrac{\lambda_{min}}{2} + \dfrac{\lambda_{max}}{2}}$$

$$= \frac{1.233 \times 15.474}{1.233 + 15.474} = 1.142 \text{（m）} \qquad \text{（2分）}$$

答：防振锤安装距离为 1.142m。

Je1D5097 某 220kV 输电线路中有一悬点不等高档，档距 $l = 400$m，高悬点 A 与低悬点 B 铅垂高差 $\Delta h = 12$m，导线在最大应力气象条件下比载 $g = 89.21 \times 10^{-3}$ N/m·mm²，应力 $\sigma_0 = 132$MPa。试求在最大应力气象条件下高低悬点的等效档距 l_A、l_B、悬点弧垂 f_A、f_B 及悬点应力 σ_A、σ_B。（5分）

解：按题意求解如下。

（1）导线最低点偏移档距中央位置的水平距离为（1分）

$$m = \frac{\sigma_0 \Delta h}{gl} = \frac{132 \times 12}{89.21 \times 10^{-3} \times 400} \approx 44.39 \text{（m）}$$

（2）高、低悬点对应等效档距分别为　　　　　（1分）

$$l_A = l + 2m = 400 + 2 \times 44.39 = 488.78 \text{（m）}$$

$$l_B = l - 2m = 400 - 2 \times 44.39 = 311.22 \text{（m）}$$

（3）高、低悬点的悬点弧垂分别为　　　　　（2分）

$$f_A = \frac{gl_A^2}{8\sigma_o} = \frac{89.21 \times 10^{-3} \times 488.78^2}{8 \times 132} \approx 20.18 \text{（m）}$$

$$f_B = \frac{gl_B^2}{8\sigma_o} = \frac{89.21 \times 10^{-3} \times 311.22^2}{8 \times 132} \approx 8.18 \text{（m）}$$

（4）在最大应力气象条件下高、低悬点应力分别为（1分）

$$\sigma_A = \sigma_o + gf_A = 132 + 89.21 \times 10^{-3} \times 20.18 \approx 133.8 \text{（MPa）}$$

$$\sigma_B = \sigma_o + gf_B = 132 + 89.21 \times 10^{-3} \times 8.18 \approx 132.73 \text{（MPa）}$$

答：在最大应力气象条件下高低悬点的等效档距分别为 488.78m 和 311.22m，悬点弧垂分别为 20.18m 和 8.18m，悬点应力分别为 133.8MPa 和 132.73MPa。

Je1D2098　已知某 110kV 线路有一耐张段，其各直线档档距分别为：$l_1=260m$，$l_2=310m$，$l_3=330m$，$l_4=280m$。在最高气温时比载为 36.51×10^{-3} N/m·mm^2，由耐张段代表档距查得最高气温时的弧垂 $f_0=5.22m$。求在最高气温条件下 l_3 档的中点弧垂 f_3。（5 分）

解： 耐张段的代表档距为

$$l_o=\sqrt{\frac{\sum l_i^3}{\sum l_i}}=\sqrt{\frac{l_1^3+l_2^3+l_3^3+l_4^3}{l_1+l_2+l_3+l_4}} \qquad （1.5 分）$$

$$=\sqrt{\frac{260^3+310^3+330^3+280^3}{260+310+330+280}}=298.66（m）（1.5 分）$$

l_3 档的中点弧

$$f_3=f_o\left(\frac{l_3}{l_o}\right)^2=5.22\times\left(\frac{330}{298.66}\right)^2=6.373（m） \qquad （2 分）$$

答： 在最高气温气象条件下 l_3 档的中点弧垂 f_3 为 6.373m。

Jf1D5099　已知某 110kV 线路有一耐张段，其各直线档档距分别为：$l_1=260m$，$l_2=310m$，$l_3=330m$，$l_4=280m$，$l_5=300m$。现在 l_3 档测得一根导线的弧垂 $f_{c0}=6.2m$，不符合设计 $f_c=5.5m$ 的要求，求导线需调整多长才能满足设计要求？（不计悬点高差）

解： 耐张段总长为

$$\sum l_i=l_1+l_2+l_3+l_4+l_5$$
$$=260+310+330+280+300=1480（m） \qquad （0.5 分）$$

耐张段的代表档距为

$$l_o=\sqrt{\frac{\sum l_i^3}{\sum l_i}}=\sqrt{\frac{l_1^3+l_2^3+l_3^3+l_4^3+l_5^3}{l_1+l_2+l_3+l_4+l_5}}$$

$$= \sqrt{\frac{260^3 + 310^3 + 330^3 + 280^3 + 300^3}{260 + 310 + 330 + 280 + 300}} = 298.94 \text{ (m)} \quad (1.5 \text{ 分})$$

因为　线长调整量的计算式为

$$\Delta L = \frac{8l_o^2}{3l_c^4} \cos^2 \varphi_c (f_{co}^2 - f_c^2) \sum \frac{l_i}{\cos \varphi_i} \quad \text{（m）} \qquad （1 \text{ 分}）$$

式中　ΔL——导线调整量（m）；

　　　f_c——设计弧垂（m）；

　　　f_{co}——观测弧垂（m）；

　　　l_c——弧垂观测档距（m）；

　　　l_o——耐张段代表档距（m）。

不计悬点高差，$\cos \varphi_c = 1$，$\cos \varphi_i = 1$。

所以　$\Delta L = \dfrac{8 \times 298.94^2}{3 \times 330^4} \times (6.2^2 - 5.5^2) \times 1480 \approx 0.244 \text{ (m)}$

$$(1.5 \text{ 分})$$

即：为使孤立档弧垂达到设计值，导线应调短 0.244m。（0.5 分）

答：导线需调短 0.244m 才能满足要求。

Jf1D5100　某 110kV 输电线路中的某档导线跨越低压电力线路，已知悬点高程 $H_A = 56$m，$H_B = 70$m，交叉跨越点 P 低压线路高程 $H_p = 51$m，档距 $l = 360$m，P 点距 A 杆 100m，导线的弹性系数 $E = 73000$MPa，温度热膨胀系数 $\alpha = 19.6 \times 10^{-6}$ 1/℃，自重比载 $g_1 = 32.772 \times 10^{-3}$ N/m·mm²，线路覆冰时的垂直比载 $g_3 = 48.454 \times 10^{-3}$ N/m·mm²，气温为 −5℃。在最高气温气象条件下应力 $\sigma_1 = 84$MPa，气温为 40℃。试校验在最大垂直弧垂气象条件下交叉跨越点距离能否满足要求？（规程规定最小允许安全距离 $[d] = 3.0$m）

解：按题意求解如下。

（1）确定最大垂直气象条件。

由临界比载法可得：

$$g_{lj} = g_1 + \frac{\alpha E g_1}{\sigma_1}(t_{max} - t_3)$$

式中　　g_{lj}——临界比载（N/m·mm^2）；

　　　　g_1——导线自重比载（N/m·mm^2）；

　　　　σ_1——最高气温时导线应力（MPa）；

　　　　t_{max}——最高气温（℃）；

　　　　t_3——覆冰气温（℃）。

所以　　$g_{lj} = 32.772 \times 10^{-3} + \dfrac{19.6 \times 10^{-6} \times 73000}{84}$

$\qquad\qquad \times 32.772 \times 10^{-3} \times [40 - (-5)]$

$\qquad\quad = 57.892 \times 10^{-3}$（N/m·mm^2）

因为　　$g_3 = 48.454 \times 10^{-3}$ N/m·mm^2

$$g_{lj} > g_3$$

所以　导线最大弧垂出现在最高气温气象条件。

（2）交叉跨越点在最高气温时的距离。

$$d = H_B - H_P - f_{px} - h_x$$

式中　　f_{px}——交叉跨越点 P 处输电线路导线弧垂（m），

　　　　$f_{px} = \dfrac{g_1}{2\sigma_1} l_a l_b$（m），$l_a$、$l_b$ 为 P 点到 A、B 悬点的

　　　　水平距离（m）；

　　　　h_x——导线悬点连线在交叉跨越点 P 处与 B 点的高差

　　　　（m），h_x 由三角相似关系可求得：$h_x = \dfrac{H_B - H_A}{l} l_b$

　　　　（m）

所以　　$d = 70 - 51 - \dfrac{32.772 \times 10^{-3}}{2 \times 84} \times (360 - 100)$

$\qquad\qquad \times 100 - \dfrac{70 - 56}{360} \times 260 = 3.818$（m）

因为　　$d > [d]$

所以　交叉跨越点的距离能满足安全距离要求。

答：在最大垂直弧垂气象条件下交叉跨越点距离能满足安

全距离的要求。

Je1D5101   如图 D-38 所示，某 110kV 输电线路中的一个耐张段，导线型号为 LGJ-120/20，计算重量 G_0 为 466.8kg/km，计算截面积 S 为 134.49mm²，计算直径 d 为 15.07mm，覆冰条件下导线应力 σ_0 为 110MPa。试计算该耐张段中 3 号直线杆塔在第Ⅳ气象区覆冰条件下的水平荷载和垂直荷载计算一相导线。（覆冰厚度 b=5mm，相应风速 v 为 10m/s，冰的比重 γ 为 0.9g/cm³，α=1.0，k=1.2）

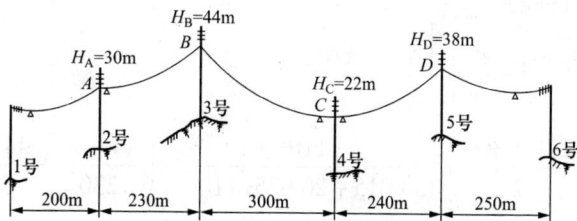

图 D-38

解：按题意求解如下。

（1）导线的自重比载

$$g_1 = \frac{9.8G_0}{S} \times 10^{-3}$$
$$= \frac{9.8 \times 466.8}{134.49} \times 10^{-3}$$
$$= 34.015 \times 10^{-3} \ （\text{N/m} \cdot \text{mm}^2） \qquad （0.5 \text{ 分}）$$

（2）冰的比载

$$g_2 = \frac{9.8\pi\gamma b(d+b)}{S} \times 10^{-3}$$
$$= \frac{9.8\pi \times 0.9 \times 5(15.07+5)}{134.49} \times 10^{-3}$$
$$= 20.675 \times 10^{-3} \ （\text{N/m} \cdot \text{mm}^2） \qquad （0.5 \text{ 分}）$$

（3）风压比载

$$g_5 = \alpha k (d + 2b) \frac{9.8v^2}{16S} \times 10^{-3}$$

$$= 1.0 \times 1.2 \times (15.07 + 2 \times 5) \times \frac{9.8 \times 10^2}{16 \times 134.49} \times 10^{-3}$$

$$= 13.701 \times 10^{-3} \quad (\text{N/m} \cdot \text{mm}^2) \qquad (0.5 \text{ 分})$$

（4）3 号杆塔的水平档距、垂直档距

水平档距

$$l_h = \frac{l_1 + l_2}{2} = \frac{230 + 300}{2} = 265 \quad (\text{m}) \qquad (0.5 \text{ 分})$$

垂直档距

$$l_v = \frac{l_1 + l_2}{2} + \frac{\sigma_o}{g} \left(\frac{\pm \Delta h_1}{l_1} + \frac{\pm \Delta h_2}{l_2} \right)$$

$$= \frac{230 + 300}{2} + \frac{110}{(34.015 + 20.675) \times 10^{-3}} \times \left(\frac{44 - 30}{230} + \frac{44 - 22}{300} \right)$$

$$= 534.9 \quad (\text{m}) \qquad (1 \text{ 分})$$

（5）3 号杆塔的水平荷载

$$P = g_5 S l_h$$

$$= 13.701 \times 10^{-3} \times 134.49 \times 265 = 488.3 \quad (\text{N}) \qquad (1 \text{ 分})$$

（6）3 号杆塔的垂直荷载

$$G = (g_1 + g_2) S l_v$$

$$= (34.015 \times 10^{-3} + 20.675 \times 10^{-3}) \times 134.49 \times 534.9$$

$$= 3934.3 \quad (\text{N}) \qquad (1 \text{ 分})$$

答：3 号直线杆塔在第Ⅳ气象区覆冰条件下的水平荷载和垂直荷载分别为 488.3N 和 3934.3N。

Jf1D4102 如图 D-39 所示，某 110kV 输电线路中直线杆拉线单杆，地线的垂直荷载为 1142N，水平荷载为 914N；导线的垂直荷载为 2146N，水平荷载为 1954N。拉线采用 GJ-35 型镀锌钢绞线，其破断拉力为 45.472kN，拉线对横担水平投影夹角 α 为 30°，拉线对地夹角 β 为 60°。试确定拉线是否满足安

全系数 K=2.4 的要求。（5 分）

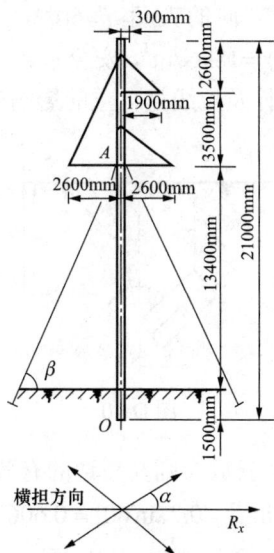

图 D-39

解：所有荷载对电杆根部的力矩和

$\sum M = 1.142 \times 0.3 + 0.914 \times 21 + 2.146 \times 1.9 + 1.954 \times (21-2.6)$
$\qquad + 2 \times 1.954 \times (13.4+1.5) = 117.797$（kN·m）　（1 分）

所有外力在拉线点 A 处引起的反力

$$R_x = \frac{\sum M}{l} = \frac{117.797}{13.4+1.5} = 7.906 （kN） \qquad （1.5 分）$$

拉力受力 T 为

$$T = \frac{R_x}{2\cos\alpha\cos\beta} = \frac{7.906}{2\cos 30° \cos 60°} = 9.129 （kN） \qquad （1.5 分）$$

$$K = \frac{T_p}{T} = \frac{45.472}{9.129} = 4.981 > 2.4 \qquad （1 分）$$

答：选用 GJ-35 钢绞线能满足安全系数 2.4 的要求。

Jd1D4103　如图 D-40 所示，某耐张杆拉线盘，其宽度 b

为 0.7m，长度 l 为 1.4m，埋深 h 为 2.4m，拉线盘为斜放。拉线受力方向与水平方向的夹角 $\beta=60°$，土壤的计算上拔角 $\alpha=30°$，单位容重 $\gamma=18$kN/m^3，安全系数 $K=2$。计算拉线盘的允许抗拔力 T。（不计及拉线盘自重的影响）

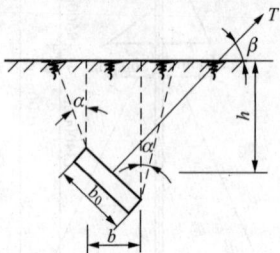

图 D-40

解：已知拉线盘斜放，则其短边的有效宽度为

$$b = b_0 \sin\beta = 0.7\sin 60° = 0.606 \quad (\text{m}) \qquad (0.5 \text{ 分})$$

抵抗上拔时的土重为

$$G_0 = h\left[bl + (b+l)h\tan\alpha + \frac{4}{3}h^2\tan^2\alpha \right]\gamma \qquad (1.5 \text{ 分})$$

$$= 2.4 \times \left[0.606 \times 1.4 + (0.606+1.4) \times 2.4 \times \tan 30° \right.$$

$$\left. + \frac{4}{3} \times 2.4^2 \times \tan^2 30° \right] \times 18$$

$$= 262 \quad (\text{kN}) \qquad (1.5 \text{ 分})$$

$$T\sin\beta \leqslant \frac{G_0}{K}$$

所以 $\quad T \leqslant \dfrac{G_0}{K\sin\beta} = \dfrac{262}{2 \times \sin 60°} = 151.27 \quad (\text{kN}) \qquad (1.5 \text{ 分})$

答：拉线允许抗拔力为 151.27kN。

Jd1D2104 某 110kV 输电线路，导线型号为 LGJ-95/20，其中某耐张段布置如图 D-41 所示，已知 15℃、无风气象条件

时导线应力 σ_0 =81.6MPa，自重比载 g_1 =35.187×10^{-3}N/m·mm^2，绝缘子串长度 λ =1.73m，假设导线断线张力衰减系数 α =0.48。试校验邻档断线后导线对通信线的垂直距离（要求不小于1.0m）能否满足要求？（H_A =55m，H_B =40m，H_C =32m）

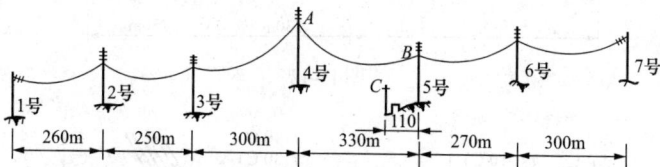

图 D-41

解：断线后交叉跨越点的弧垂为

$$f_x = \frac{g}{2\sigma}l_a l_b = \frac{g}{2\alpha\sigma_o}l_a l_b$$

$$= \frac{35.187×10^{-3}}{2×0.48×81.6}×110×220 = 10.87 \text{（m）（2分）}$$

断线后交叉跨越点导线与通信线的垂直距离为

$$d = H_A - H_C - h_x - f_x$$

$$= 55-32-\frac{55-40}{330}×220-10.87$$

$$= 2.13 \text{（m）} > 1.0\text{m} \qquad \text{（3分）}$$

答：交叉跨越距离满足要求。

Jd1D4105 输电线路某耐张段（如图 D-42 所示）进行导线安装，导线型号为 LGJ-120/25，安装曲线如图 D-43 所示，试确定弧垂观测档及观测弧垂值（设现场实测弧垂观测时气温为 t_1 =7.5℃，取 Δt =17.5℃）。

解：（1）根据弧垂观测档的选择原则，AB 档和 DE 档不宜作弧垂观测档，因这两档有耐张绝缘子串的影响。BC 档和 CD 档中选择 CD 档较好，因该档悬点高差较小。现选 CD 档为弧垂观测档，观测档档距为 l =330m。　　　　　（1分）

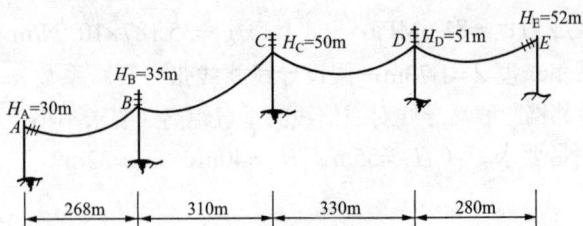

图 D-42

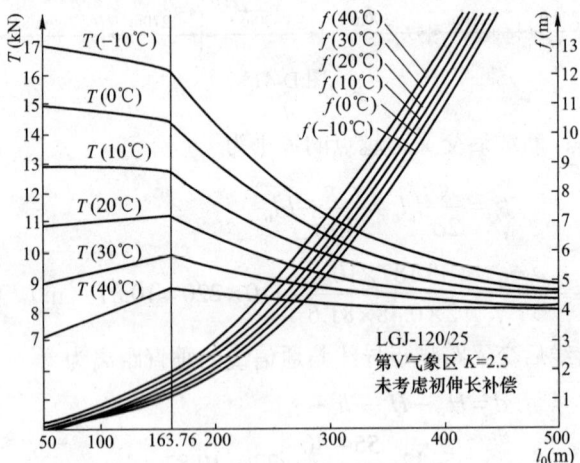

图 D-43

该耐张段的代表档距为

$$l_0 = \sqrt{\frac{\sum l_i^3}{\sum l_i}} = \sqrt{\frac{268^3 + 310^3 + 330^3 + 280^3}{268 + 310 + 330 + 280}} = 300 \ (\text{m}) \qquad (1 \ \text{分})$$

（2）因现场实测弧垂观测时气温为 $t_1 = 7.5℃$，取 $\Delta t = 17.5℃$，则

$$t = t_1 - \Delta t = 7.5 - 17.5 = -10℃ \qquad (0.5 \ \text{分})$$

（3）依据 $l_0 = 300$m，查 $t = -10℃$ 时的安装曲线得

$$f_0 = 5.22\text{m} \qquad (1 \ \text{分})$$

（4）观测档档距 $l = 330$m，所以观测弧垂值为

202

$$f = f_0 \left(\frac{l}{l_0}\right)^2 = 5.22 \times \left(\frac{330}{300}\right)^2 = 6.32 \text{（m）} \quad \text{（1.5 分）}$$

答：选择 CD 档为弧垂观测档及观测弧垂值为 6.32m。

Jd1D3106 某变电站负载为 30MW，$\cos\varphi=0.85$，$T=5500$h，由 50km 外的发电厂以 110kV 的双回路供电，线间几何均距为 5m，如图 D-44 所示，要求线路在一回线运行时不出现过负载。试按经济电流密度选择钢芯铝绞线的截面和按容许的电压损耗进行校验。（提示：经济电流密度 $J=0.9\text{A/mm}^2$，钢芯铝绞线的导电系数 $\gamma=32\text{m/}\Omega\cdot\text{mm}^2$，LGJ-120 型导线的直径 $d=15.2$mm）

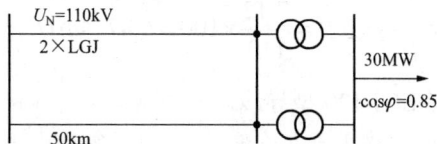

图 D-44

解：（1）按经济电流密度选择导线截面。

线路需输送的电流

$$I_{\max} = \frac{P}{\sqrt{3}U_N \cos\varphi} = \frac{30000}{\sqrt{3} \times 110 \times 0.85} = 185 \text{（A）} \quad \text{（1 分）}$$

$$S = \frac{I_{\max}}{2J} = \frac{185}{2 \times 0.9} = 103 \text{（mm}^2\text{）} \quad \text{（1 分）}$$

因此选择 LGJ-120 型导线，又因为导线允许电流远大于经济电流，故一回路运行时线路不会过负荷。（0.5 分）

（2）按容许的电压损耗（$\Delta U_{xu}\%=10$）校验。

因为有功功率 $P=30$MW，$\cos\varphi=0.85$，则

$$\sin\varphi=0.527，\tan\varphi=0.62$$

$$Q=P\tan\varphi=30 \times 0.62=18.59 \text{（Mvar）} \quad \text{（0.5 分）}$$

每千米导线的电阻

$$r_0 = \frac{10^3}{\gamma S} = \frac{10^3}{32 \times 120} = 0.26 \quad (\Omega/\text{km}) \qquad (0.5\ 分)$$

每千米导线的电抗

$$x_0 = 0.1445 \lg \frac{D_j}{r} + 0.0157$$

$$= 0.1445 \lg \frac{5000}{7.6} + 0.0157 = 0.423 \quad (\Omega/\text{km}) \quad (0.5\ 分)$$

$$\Delta U = \frac{PR + QX}{U_N}$$

$$= \frac{30 \times 0.26 \times 50 + 18.59 \times 0.423 \times 50}{110} = 7.12 \quad (\text{kV})\ (0.5\ 分)$$

$$\Delta U\% = \frac{\Delta U}{U_N} \times 100 = \frac{7.12}{110} \times 100 = 6.47 < \Delta U_{xu}\% \qquad (0.5\ 分)$$

答：选择 LGJ-120 型导线，一回路运行时线路不会过负荷，且线电压损耗 $\Delta U\%$ 小于允许值，因此满足容许电压损耗的要求。

Lb1D4107 已知导线重量 G=11701N，起吊布置图如图 D-45（a）所示（图中 S_1 为导线风绳的大绳，S_2 为起吊钢绳）。求安装上导线时上横担自由端 A 的荷重。（5 分）

解：设大绳拉力为 S_1，钢绳拉力为 S_2，大绳对地的夹角为 45°。由图 D-45（b），AB 的长度为

$$\sqrt{1.2^2 + 6.2^2} = 6.31 \quad (\text{m}) \qquad (0.5\ 分)$$

B 点上作用 平面汇交力系 S_1、S_2 和 G，由图 D-45（c）可知并得平衡方程

$$\sum X = 0 \qquad S_1 \cos 45° - S_2 \times \frac{1.2}{6.31} = 0 \qquad (1\ 分)$$

$$S_1 = \frac{1.2 S_2}{6.31 \cos 45°} \qquad (1)$$

$$\sum Y = 0 \qquad S_1 \sin 45° + G - S_2 \times \frac{6.2}{6.31} = 0 \qquad (1\ 分)$$

$$S_1 = \frac{6.2S_2}{6.31\sin 45°} - \frac{G}{\sin 45°}$$

即

$$\frac{1.2S_2}{6.31\cos 45°} = \frac{6.2S_2}{6.31\sin 45°} - \frac{G}{\sin 45°}$$

可解得　S_2=14767（N），S_1=3971（N）　　　　（0.5 分）

由于转向滑车的作用，于是横担上的荷重如图 D-45（d）所示。

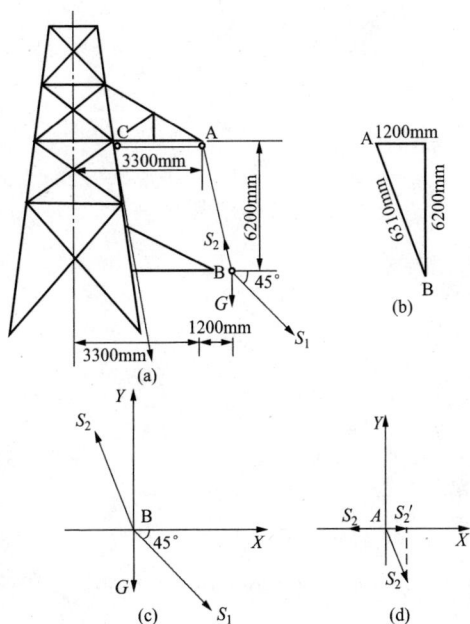

图 D-45

水平荷重

$$S_2 - S_2' = 14767 - 14767 \times \frac{1.2}{6.31} = 11959（N）　（1 分）$$

垂直荷重

$$14767 \times \frac{6.2}{6.31} = 14510 \text{（N）} \hspace{2cm} \text{（1 分）}$$

答：在安装上导线时上横担自由端 A 的水平荷重 11959N，垂直荷重是 14510N。

4.1.5 绘图题

La5E1001 画出 3 个电阻串联示意图。

答：见图 E-1。

La5E1002 画出 3 个电阻并联示意图。

答：见图 E-2。

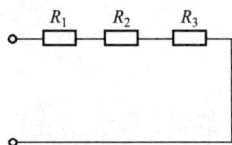

图 E-1

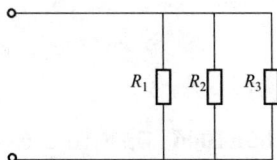

图 E-2

Lb5E1003 画出直线杆定位图。

答：见图 E-3。

Lb5E1004 画出延长环示意图。

答：见图 E-4。

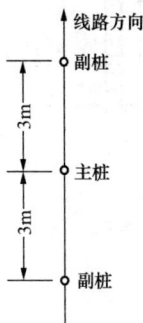

图 E-3

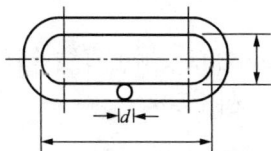

图 E-4

Lb5E1005 画出直线双杆及直线塔定位图。

答：见图 E-5。

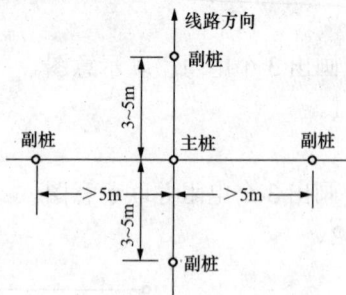

图 E-5

Lb5E1006 根据图 E-6 所示 V 形联板，画出其左视图。

答：见图 E-7。

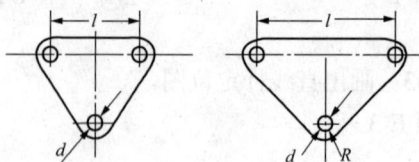

图 E-6

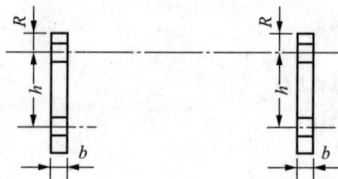

图 E-7

Lb5E3007 画出直线单杆呼称高示意图。

答：见图 E-8。

Lb5E4008 画出线路弧垂示意图。

答：见图 E-9。

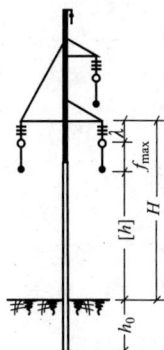

图 E-8

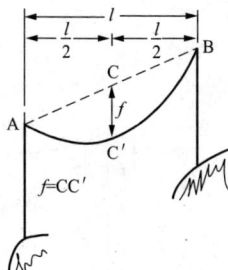

图 E-9

Lc5E2009 画出球头加工图（不要尺寸、比例）。

答：见图 E-10。

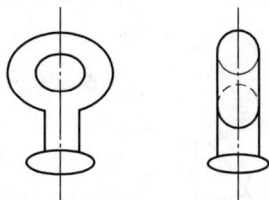

图 E-10

Jd5E1010 画出直线单杆换位示意图。

答：见图 E-11。

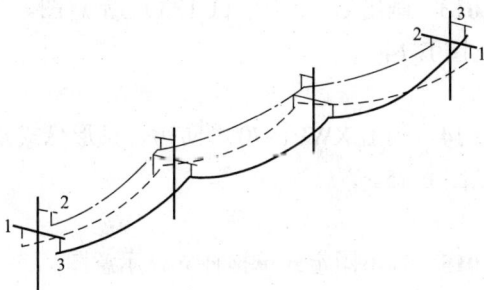

图 E 11

Jd5E2011 画出等长法观测弧垂示意图。

答：见图 E-12。

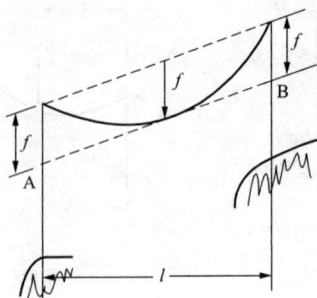

图 E-12

Je5E1012 根据解析式 $e = E_m \sin(\omega t - 30°)$ 画出它的波形图。

答：见图 E-13。

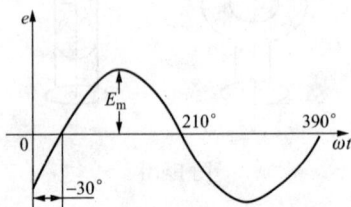

图 E-13

Je5E1013 画出 U 形螺丝（U1880）示意图。

答：见图 E-14。

Je5E1014 画出 XWP1–70 型防污、盘形悬式瓷绝缘子。

答：见图 E-15。

Je5E2015 画出固定式单抱杆立杆示意图。

答：见图 E-16。

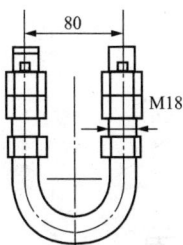

图 E-14

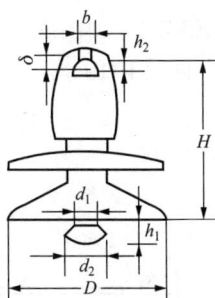

图 E-15

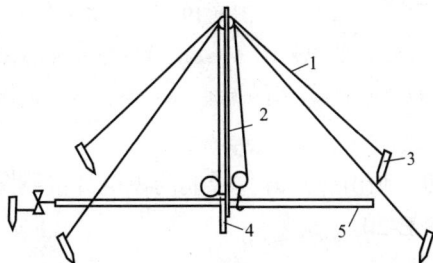

图 E-16

1—临时拉线；2—独抱杆；3—拉线桩×4；4—铁锚桩；5—调整拉绳

Je5E2016 画出吊圆柱形物体使用的 8 字扣绳吊。

答：见图 E-17。

Je5E2017 画出输电线路单循环换位示意图。

答：见图 E-18。

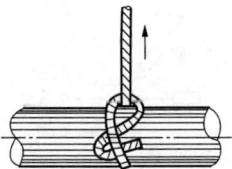

图 E-17

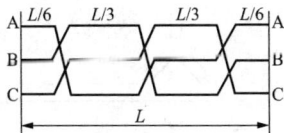

图 E-18

Je5E3018 画出固定式人字抱杆立杆示意图。

答：见图 E-19。

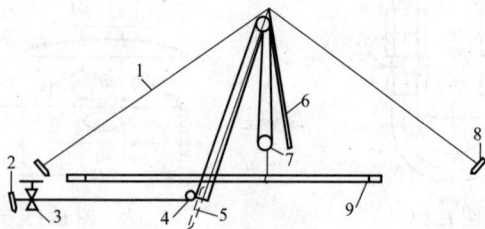

图 E-19

1—临时拉线×2；2—绞磨桩；3—绞磨；4—导向滑轮；5—铁钎；

6—人字抱杆；7—1–1 滑轮组；8—拉线桩；9—调整绳

Jf5E1019 画出一只开关控制两盏电灯接线图。

答：见图 E-20。

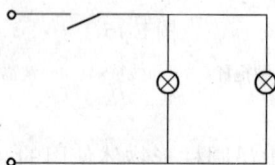

图 E-20

La4E1020 画出电阻星形接法和电阻三角形接法示意图。

答：见图 E-21（a）、（b）。

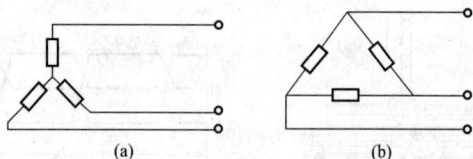

(a)   (b)

图 E-21

La4E2021　画图说明荧光灯的电路接线方法，说明镇流器和启辉器的作用。

答：见图 E-22。

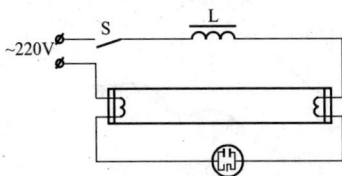

图 E-22

镇流器的作用有：① 提供感应过电压（击穿电压）；② 正常工作后限制灯管内电流。

启辉器作用：在电路中起开关作用，在通断瞬间使镇流器上感应过电压，使灯管内击穿。其中的电容用以消除对无线电设备的干扰。

Lb4E1022　请画出线路方向和铁塔基础编号示意图。

答：如图 E-23 所示。

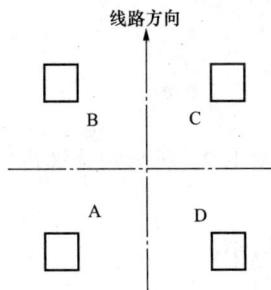

图 E-23

Lb4E2023　画出水平档距示意图。

答：如图 E-24 所示。

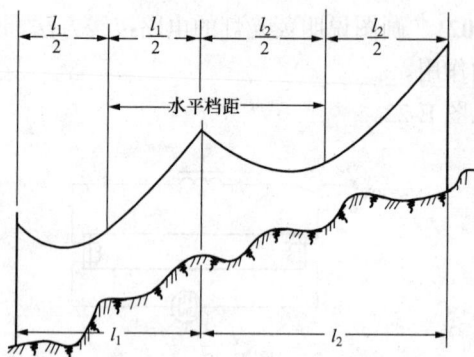

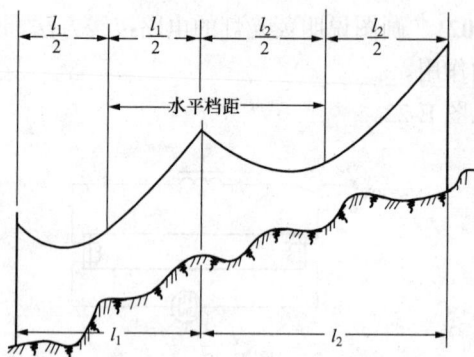

图 E-24

Lb4E2024 如图 E-25 所示 U 形挂环，请画出其左视图。

答：如图 E-26 所示。

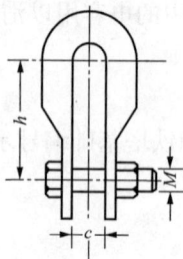

图 E-25

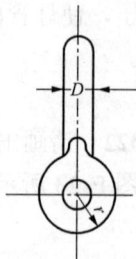

图 E-26

Lb4E2025 如图 E-27 所示六角螺母的主视图，请画出其左视图。

答：如图 E-28 所示。

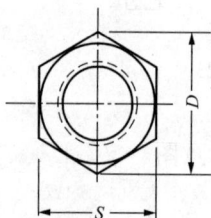

图 E-27

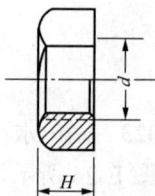

图 E-28

Lb4E3026 请画出牵引从动滑轮引出 1–1 滑轮组。

答：见图 E-29。

Lb4E4027 画出测量交叉跨越时安放仪器位置示意图。

答：见图 E-30。

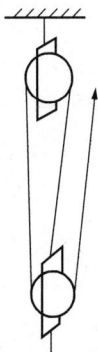

图 E-29

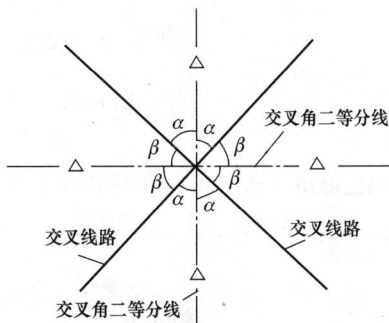

图 E-30

△—仪器安放位置在交叉大角二等分线上

Lc4E2028 根据图 E-31 所示模型，绘出其三视图。

答：三视图如图 E-32 所示。

图 E-31

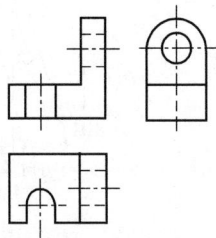

图 E-32

Jd4E2029 画出直线双杆分坑示意图。

答：见图 E-33。

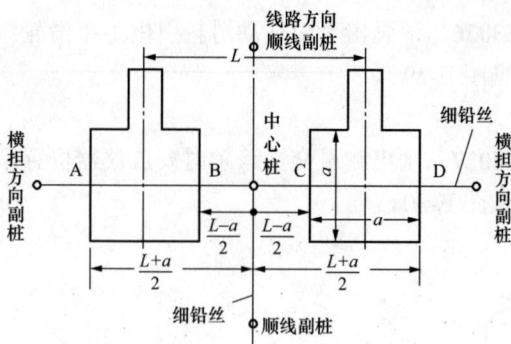

图 E-33

Jd4E3030　请画出转角杆塔定位图。

　　答：见图 E-34。

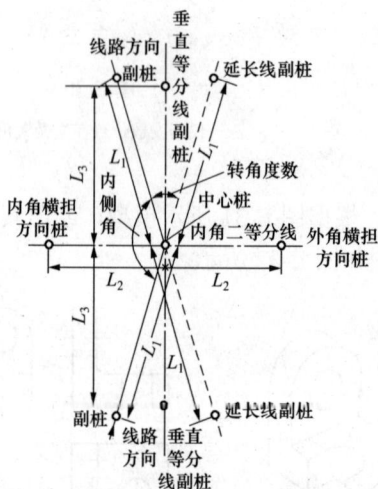

图 E-34

La4E1031　画出电阻、电感和电容串联的交流电路（$X_L >$ X_C）的电压相量图和阻抗三角形。

　　答：见图 E-35（a）、（b）。

216

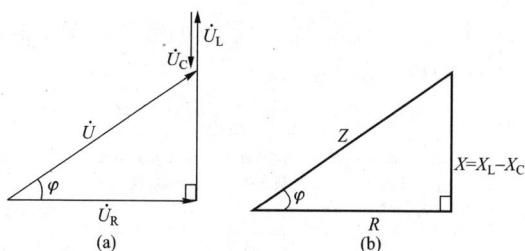

图 E-35

Je4E2032 用钢皮尺画出分坑示意图。

答：见图 E-36。

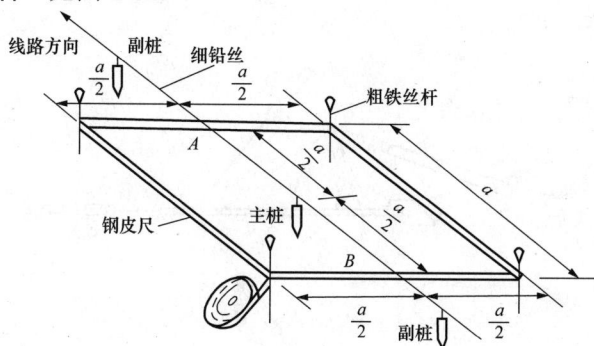

图 E-36

Je4E2033 画出直角挂板主视图、左视图。

答：见图 E-37。

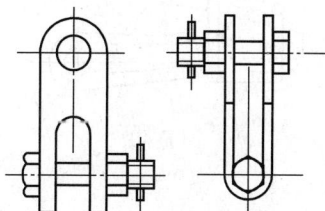

图 E-37

Je4E2034 画出伞形、倒伞形、鼓形等杆型示意图。

答：见图 E-38（a）（b）（c）。

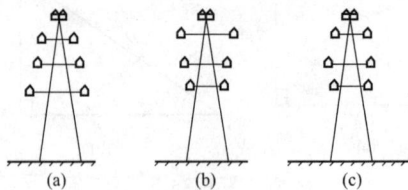

(a)　　　　　(b)　　　　　(c)

图 E-38

Je4E3035 画出一点起吊单杆示意图。（用倒落式抱杆起吊）

答：见图 E-39。

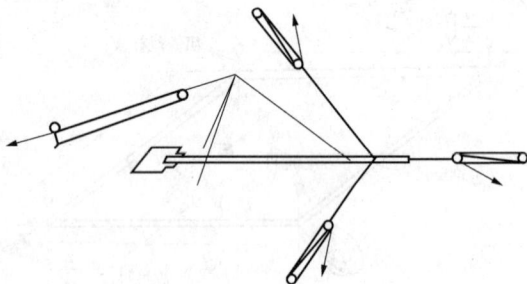

图 E-39

Je4E3036 画出楔形耐张线夹示意图。

答：见图 E-40。

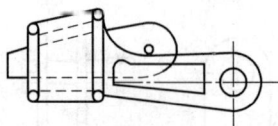

图 E-40

Je4E4037 画出两点起吊 18m 等径钢筋混凝土双杆布置示意图。

答：参考答案见图 E-41。

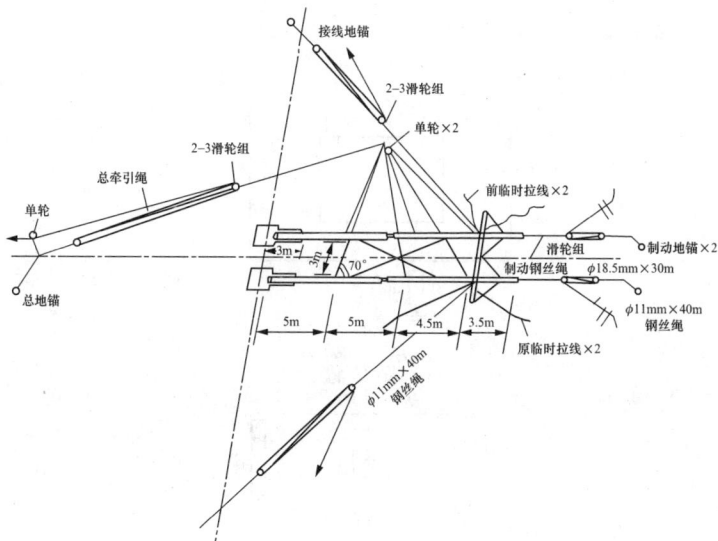

图 E-41

Jf4E2038 画出两处控制一盏电灯示意图。

答：见图 E-42。

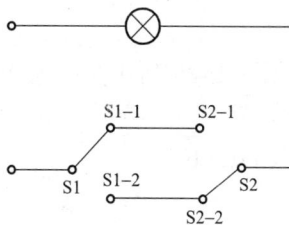

图 E-42

Jf4E3039 画出配电变压器接地示意图。

答：见图 E-43。

La3E3040 画出三个电阻混联的示意图。

答：见图 E-44。

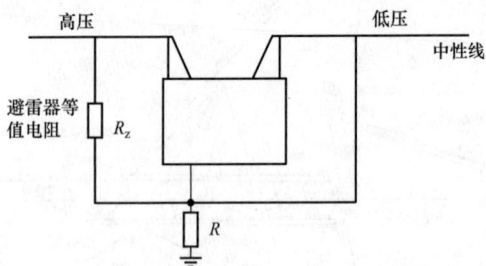

图 E-43

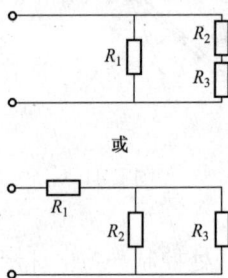

或

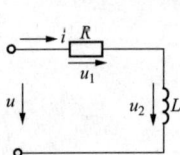

图 E-44

La3E4041　根据图 E-45 所示交流电路，画出电路的功率三角形和阻抗三角形。

答：见图 E-46（a）、（b）。

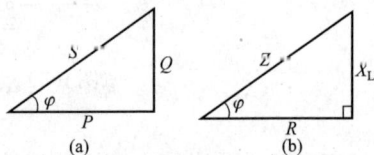

图 E-45　　　　　　　　　　　图 E-46

Lb3E2042　画出牵引绳从定滑轮引出 1–1 滑轮组。

答：见图 E-47。

Lb3E3043　请画出单杆、双杆架空地线保护角示意图。

答：如图 E-48 所示。

Lb3E3044　请画出垂直档距示意图。

答：如图 E-49 所示。

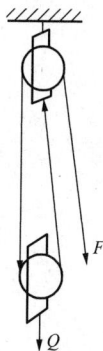

图 E-47

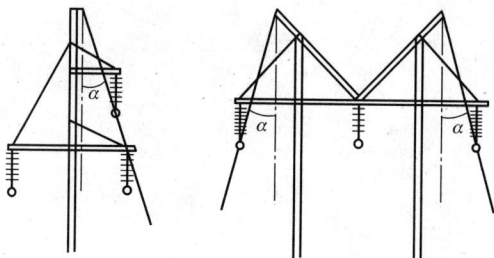

图 E-48

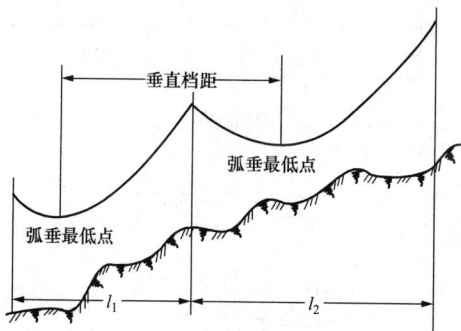

图 E-49

Lb3E4045　画出角度的二等分线和内角的二等分线的关系示意图。

答：如图 E-50 所示。

Lb3E4046 画出输电线路双循环换位示意图。

答：见图 E-51。

Lb3E5047 请画出交叉跨越垂距测量示意图。

答：见图 E-52。

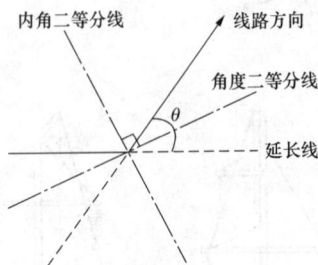

图 E-50

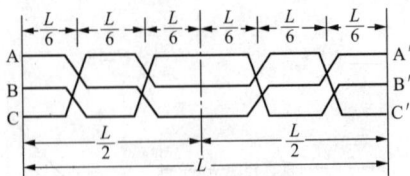

图 E-51

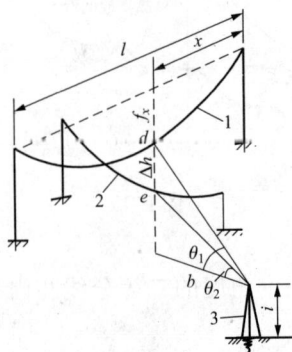

图 E-52

1—导线；2—被跨越的通信线；3—经纬仪

Le3E3048 用一只四接线柱的接地电阻测量仪，测量杆塔的接地电阻，请画出其接线简图。

答：见图 E-53。

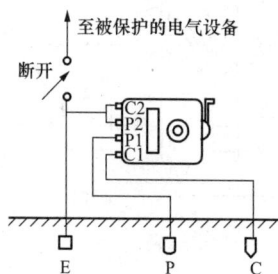

图 E-53

Jd3E3049 画出单杆排杆示意图。

答：见图 E-54。

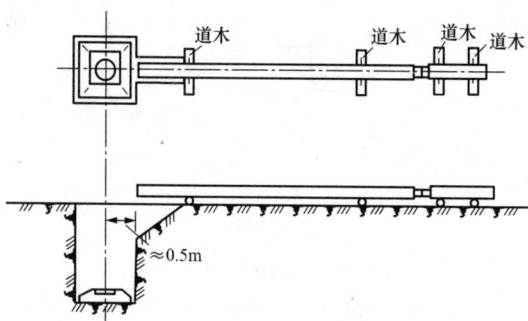

图 E-54

Jd3E4050 画出直线正方形铁塔基础分坑图，根开 6.400m，坑口 2.000m。

答：见图 E-55。

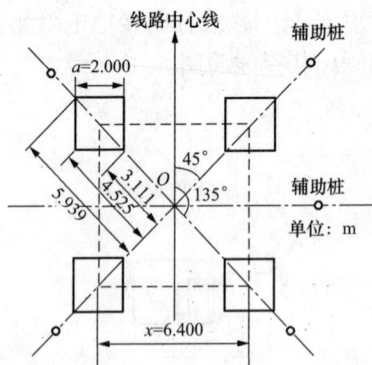

图 E-55

Je3E2051 画出线路杆塔接地电阻测量接地棒的布置图。

答：如图 E-56 所示。

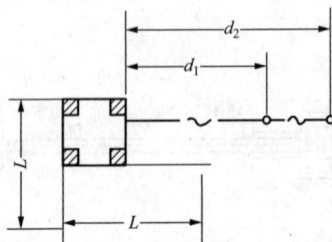

图 E-56

L—接地体最长的辐射长度；

d_1—第一电极（接地棒）与接地装置的距离，一般为 2.5L；

d_2—第二电极与接地装置的距离，一般为 4L

Je3E3052 如图 E-57 所示，标出其 A、B 两点的受力示意图。

答：如图 E-58 所示。

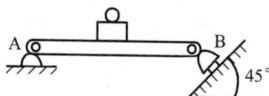

图 E-57

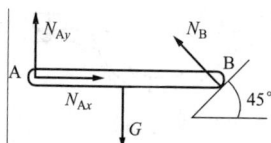

图 E-58

Je3E3053 图 E-59 所示为某线路导线安装曲线，请说明图中绘制了哪些内容。

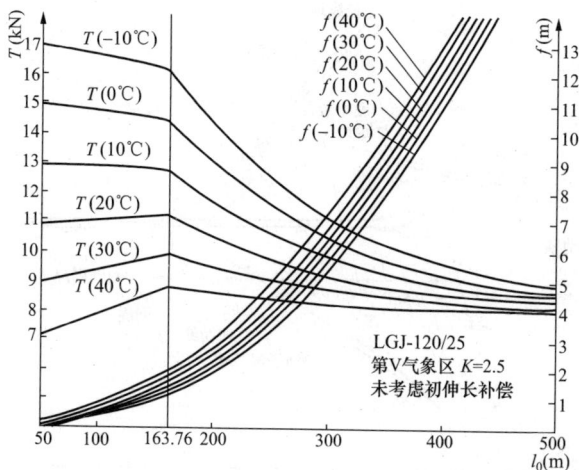

图 E-59

答：根据图 E-59 可知，导线安装曲线图通常绘制了张力和弧垂两种曲线。其横坐标为代表档距，单位为 m；左边的纵坐标为张力，单位为 kN；右边纵坐标为弧垂，单位为 m。图中每一条曲线对应一种安装气象条件。

Le3F3054 根据图 E-60 所示抱箍的主视图，绘出其俯视图。

答：见图 E-61。

鉴定试题库 绘图题

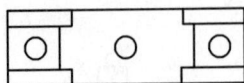

图 E-60

图 E-61

Je3E4055 画出一点起吊 15m 拔梢钢筋混凝土单杆布置示意图。

答：参考答案见图 E-62。

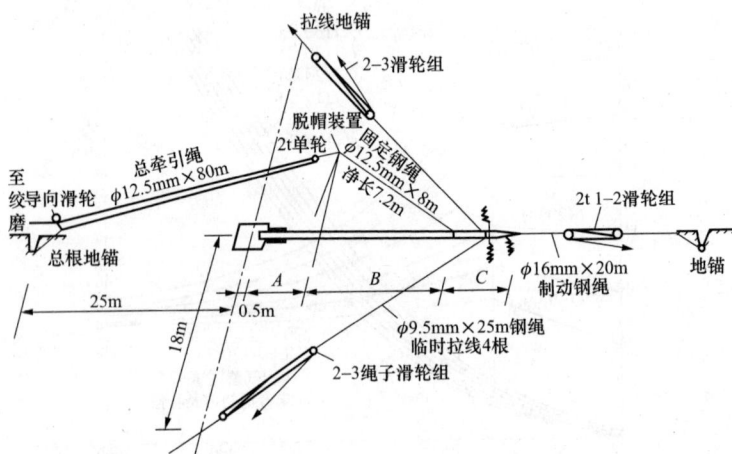

电杆高度（m）	A（m）	B（m）	C（m）
15	3.5	7.5	4.0

图 E 62

Je3E4056 请画出两点起吊 21m（$\phi300\text{mm}$）等径钢筋混凝土双杆布置示意图。

答：参考答案如图 E-63 所示。

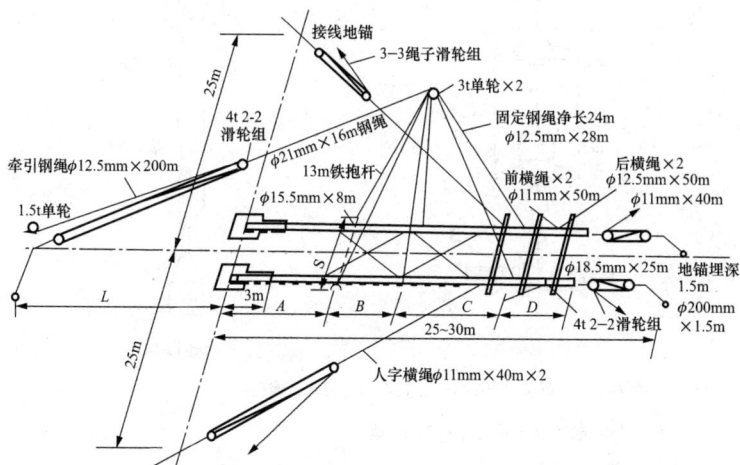

接线地锚
3-3绳子滑轮组
3t单轮×2
固定钢绳净长24m
φ12.5mm×28m
25m
4t 2-2
滑轮组
φ21mm×16m钢绳
13m铁抱杆
φ15.5mm×8m
前横绳×2
φ11mm×50m
后横绳×2
φ12.5mm×50m
φ11mm×40m
牵引钢绳φ12.5mm×200m
1.5t单轮
L
3m A B C D
φ18.5mm×25m
地锚埋深
1.5m
φ200mm
×1.5m
4t 2-2滑轮组
25~30m
25m
人字横绳φ11mm×40m×2

电杆 高度（m）	A（m）	B（m）	C（m）	D（m）	抱　杆		S（m）	L（m）
					起始角	失效角		
21	6	4.5	6.5	4	65°	57°	5	35

图 E-63

Je3E4057 请画出 U 形螺丝、悬垂线夹、绝缘子串组装图。

答：如图 E-64 所示。

Jf3E3058 请画出牵引绳由动滑轮引出的 1-1 滑轮组的示意图，并写出牵引力与物重之间的关系式。（滑轮组的效率为 η）

答：1-1 滑轮组示意图如图 E-65 所示，关系式为

$$F = \frac{Q}{(2+1)\eta} \text{。}$$

Jf3E4059 请画出三线紧线法示意图。

答：如图 E-66 所示。

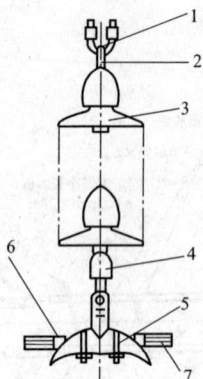

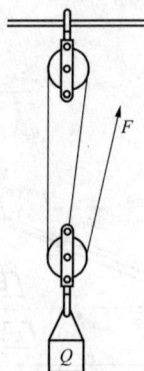

图 E-64　　　　　　　　图 E-65

1—U 形螺栓；2—球头挂环；3—悬式绝缘子；4—碗头；

5—悬垂线夹；6—铝包带；7—导线

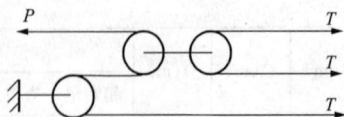

图 E-66

La2E3060　画出三相电源星形接法及相电压和线电压的相量图。

答：如图 E-67（a）、（b）所示。

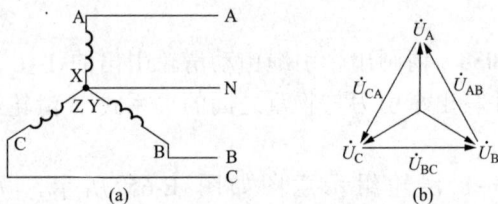

图 E-67

Lb2E2061　请画出异长法观测弛度示意图。

答：如图 E-68 所示。

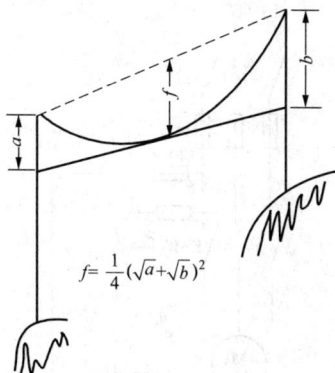

$$f=\frac{1}{4}(\sqrt{a}+\sqrt{b})^2$$

图 E-68

Lb2E3062 请画出用档端角度法测弧垂示意图。

答：如图 E-69 所示。

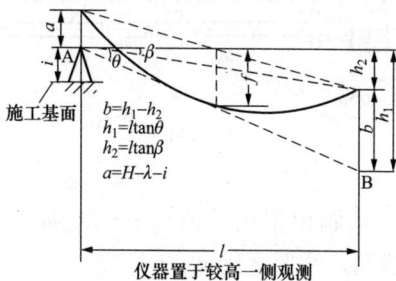

施工基面

$b=h_1-h_2$
$h_1=l\tan\theta$
$h_2=l\tan\beta$
$a=H-\lambda-i$

l

仪器置于较高一侧观测

图 E-69

H—杆塔呼称高；λ—悬垂串长度

Lc2E3063 绘出接触器控制启动异步电动机控制电路图。

答：如图 E-70 所示。

Jd2E3064 请画出转角双杆排杆示意图。

答：如图 E-71 所示。

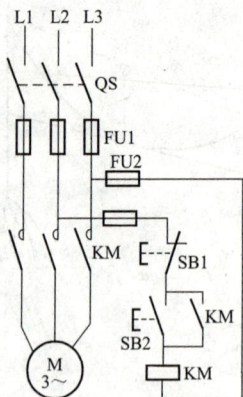

图 E-70

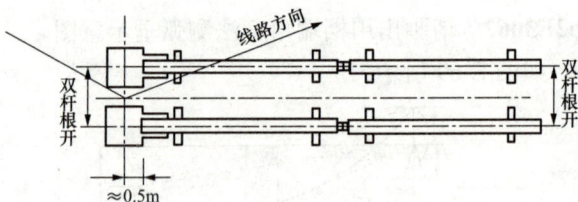

图 E-71

Je2E2065　请画出采用交流伏安法测量导线接头电阻比的试验原理接线图，注明之间关系。

答：如图 E-72 所示。

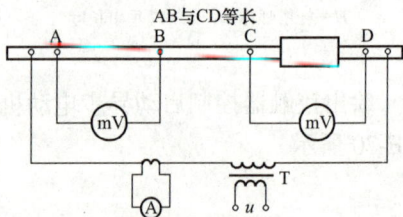

图 E-72

Je2E3066　请画出用档外角度法观测弧垂示意图。

答：如图 E-73 所示。

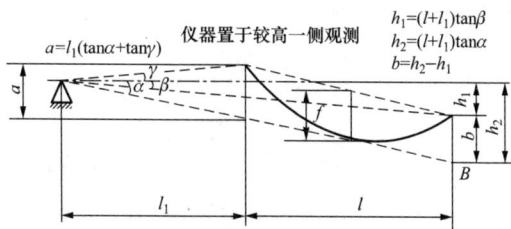

$$a=l_1(\tan\alpha+\tan\gamma)$$

仪器置于较高一侧观测

$h_1=(l+l_1)\tan\beta$
$h_2=(l+l_1)\tan\alpha$
$b=h_2-h_1$

图 E-73

Je2E4067　画出三点起吊 30m（ϕ400mm）等径钢筋混凝土双杆布置示意图。

答：参考答案如图 E-74 所示。

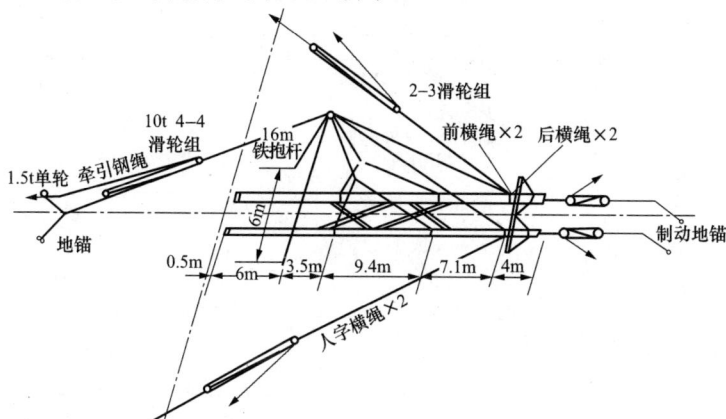

图 E-74

Je2E5068　画出三点起吊 24m（ϕ400mm）等径钢筋混凝土单杆布置示意图。

答：参考答案见图 E-75。

Jf2E3069　请画出单相电容电机接线图。

答：如图 E-76 所示。

231

La1E4070 画出三相交流电电动势的正弦曲线图。

答： 如图 E-77 所示。

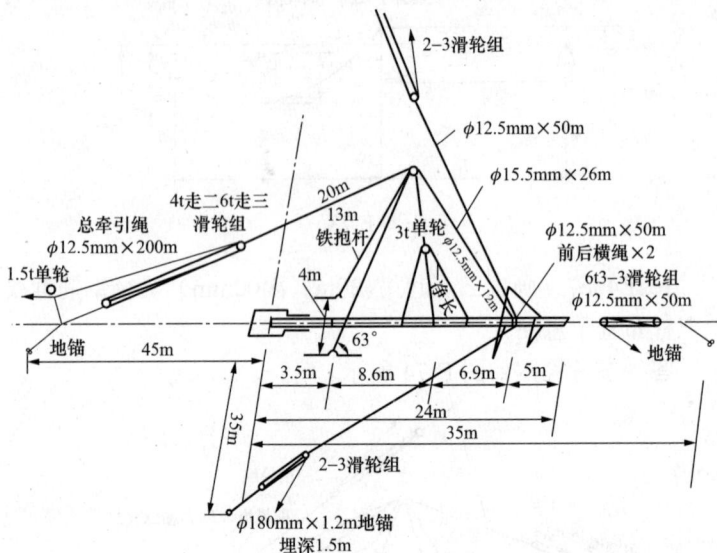

图 E-75

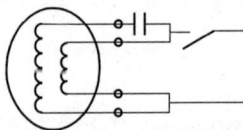

图 E-76

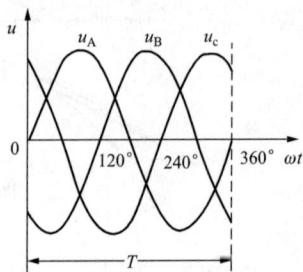

图 E-77

Lb1E4071 画出矩形塔基础分坑示意图。

答： 如图 E-78 所示。

Lb1E5072 请画出将档端观测弧垂仪器置于较低一侧观测示意图。

答：如图 E-79 所示。

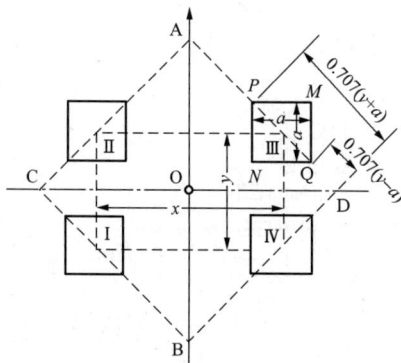

图 E-78

仪器置于较低一侧观测弧垂
$a=H-\lambda-i$
$b=l(\tan\beta-\tan\alpha)$

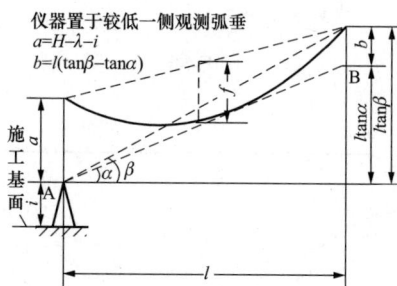

图 E-79

H—杆塔呼称高；λ—悬垂串长度

Lc1E4073 绘出接触器控制正反转启动异步电动机控制电路图。

答：如图 E-80 所示。

Jd1E4074 图 E-81 为某线路导线机械特性曲线，请在图中找出临界档距，并指出档距大于临界档距时的控制应力及其对应的气象条件。

答：依据图 E-81 可知，临界档距为 163.76m，在大于临界档距时的控制应力就是最大使用应力，即 130MPa，对应气象条件为覆冰。

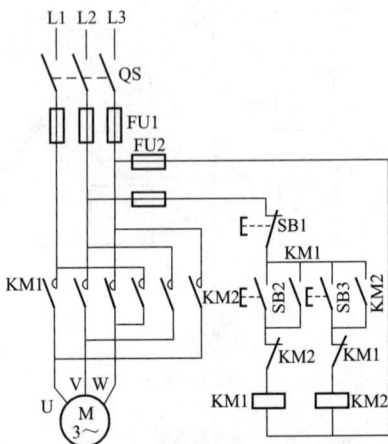

图 E-80

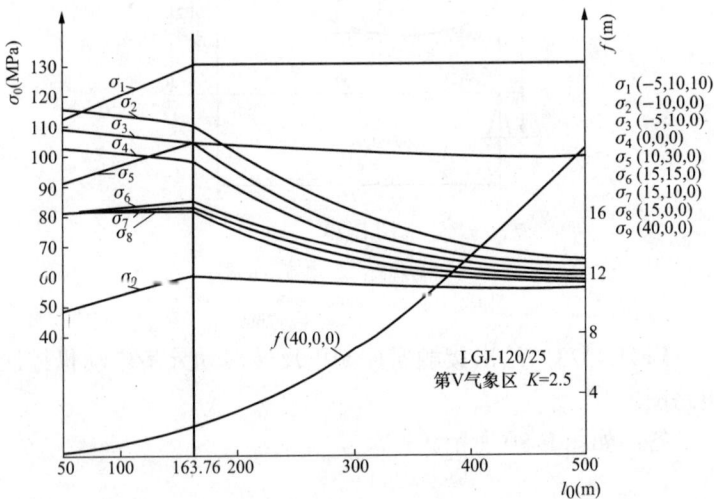

图 E-81

Je1E3075 请画出三点起吊 36m（φ400mm）等径钢筋混凝土双杆单线图。

答：参考答案如图 E-82 所示。

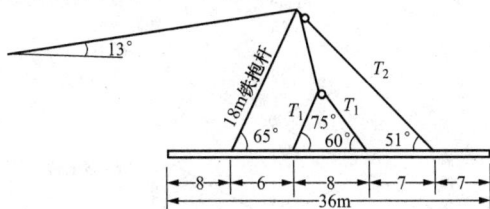

图 E-82

Je1E4076 请画出四点起吊 42m（φ400mm）等径钢筋混凝土双杆单线图。

答：参考答案见图 E-83。

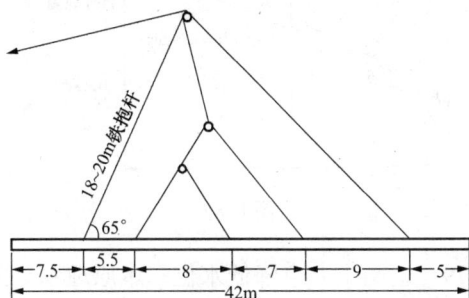

图 E-83

Je1E4077 请画出送配电线路用皮尺分角法示意图，并说出相关要求。

答：见图 E-84，图中量取 OA=OB（不小于 10m），再取皮尺适当长度（使 OC 不能短），钩紧皮尺中点 C，则 OC 即为转角二等分线。

Je1E5078 请画出档外观测仪器置于较低一侧观测弧垂

示意图。

　　答：如图 E-85 所示。

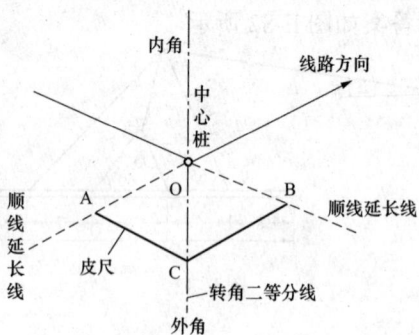

图 E-84

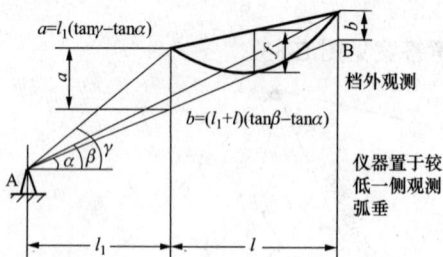

$$a=l_1(\tan\gamma-\tan\alpha)$$

档外观测

$$b=(l_1+l)(\tan\beta-\tan\alpha)$$

仪器置于较低一侧观测弧垂

图 E-85

Jf1E4079 请画出井点降低水位基本原理示意图。

　　答：如图 E-86 所示。

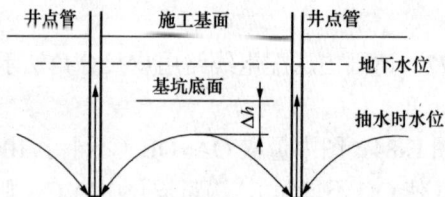

图 E-86

4.1.6　论述题

La5F1001　试述三相交流电的优点。（10分）

答：三相交流电较单相交流电有很多优点，它在发电、输配电以及电能转换为机械能方面都有明显的优越性。（2分）例如：制造三相发电机、变压器较制造单相发电机、变压器省材料，而且构造简单、性能优良。（2分）又如，用同样材料所制造的三相电机，其容量比单相电机大50%；（2分）在输送同样功率的情况下，三相输电线较单相输电线，可节省有色金属25%，（2分）而且电能损耗较单相输电时少。（1分）由于三相交流电有上述优点，所以获得了广泛的应用（1分）。

Lb5F1002　试述架空输电线路的组成及各部分的作用。（10分）

答：架空输电线路由杆塔、基础、导线、架空地线、绝缘子、金具和接地装置等组成。（3分）

各部分的作用是：

杆塔：支持导线、架空地线，使其对地及线间保持足够的安全距离。（1分）

基础：用来固定杆塔，以保证杆塔不发生倾斜、上拔、下陷和倒塌的情况。（1分）

导线：用于传输负荷电流，是架空线路最主要的部分。（1分）

架空地线：保护导线，防止导线受到雷击，提高线路耐雷水平。（1分）

绝缘子：用于支承或悬挂导线，并使导线与接地杆塔绝缘。（1分）

金具：用于导线、架空地线的固定、接续和保护，绝缘子固定、连接和保护，拉线的固定和调节。（1分）

接地装置：连接架空地线与大地，把雷电流迅速泄入大地，

降低雷击时的杆塔电位。（1分）

Lb5F2003　巡线时应遵守哪些规定？（10分）

答：应遵守如下规定。

（1）新担任巡线工作的人员不得单独巡线。（1.5分）

（2）偏僻山区和夜间巡线必须由2人进行，暑天、大雪天宜由2人巡线。（1.5分）

（3）单人巡线，禁止攀登杆塔，以免因无人监护造成触电。（1.5分）

（4）夜间巡线应沿线路外侧进行，大风巡线时应沿线路上风侧前进。（1.5分）

（5）事故巡线时应始终认为线路带电，即使线路已停电，也应认为线路有随时送电的可能性，且应将所负责的线段全部巡完，不得有空白点。（1.5分）

（6）巡线人员发现导线断落地面或悬吊空中时，应设法防止行人靠近断线地点8m以内，同时迅速向上级领导报告，等候处理。（2.5分）

Lc5F2004　试述混凝土施工中应注意哪些事项？（10分）

答：在混凝土工程的施工中应注意以下几个问题。

（1）使用合格的原材料。所使用的水泥、砂、石、水都必须符合有关规定。（2分）

（2）严格控制水灰比（混凝土单位体积内所含水的重量与水泥重量的比称水灰比，它是决定混凝土强度的主要因素之一）。即使用规定标号的水泥，若水灰比不同，则强度也不同，在一定范围内，水灰比小的强度高，反之强度低。（4分）

（3）正确掌握砂、石配合比。搅拌混凝土所用砂、石、水泥数量，也要根据要求标号材料规格，经过计算确定其配合比。（2分）

（4）合理的搅拌、振捣和养护。（2分）

Jd5F1005 试述在杆塔上工作应采取哪些安全措施？（10分）

答：应采取以下安全措施。

（1）在杆塔上工作，必须使用安全带和戴安全帽。（1分）

（2）安全带和保护绳应分挂在杆塔不同部位的牢固构件上，应防止安全带从杆顶脱出或被锋利物伤害。（2分）

（3）系安全带后必须检查扣环是否扣牢。（1分）

（4）在杆塔上作业转位时，手扶的构件应牢固，且不得失去后备保护绳的保护。（2分）

（5）杆塔上下无法避免垂直交叉作业时，应做好防落物伤人的措施，作业时要相互照应，密切配合。（2分）

（6）杆塔上有人工作时，不准调整拉线或拆除拉线。（2分）

Je5F1006 线路检查交叉跨越时，着重注意哪些情况？（10分）

答：应着重注意如下情况。

（1）运行中的线路，导线弧垂大小决定于气温，导线温度和导线的荷载。当导线温度最高或导线覆冰时都会使弧垂变大，因此在检查交叉跨越距离是否合格时，应分别以导线结冰或导线最高允许温度来验算。（4分）

（2）档距中导线弧垂的变化是不一样的，靠近档距中央变化大，靠近导线悬挂点变化小，因此，在检查时，一定要注意交叉点与杆塔的距离。（3分）

（3）检查时，应记录当时的气温，并换算到最高气温，以计算最小的交叉距离。（3分）

Je5F2007 试述安装悬垂绝缘子串有哪些要求？（10分）

答：有以下要求。

（1）绝缘子的规格和片数应符合设计规定，单片绝缘子良好。（2分）

（2）绝缘子串应与地面垂直，个别情况下，顺线路方向的

倾斜度一般不应超过 5°，最大偏移值不应超过 200mm。（3 分）

（3）绝缘子串上的穿钉和弹簧销子的穿入方向为：悬垂串，两边线由内向外穿；中线由左向右穿；分裂导线上的穿钉、螺栓，一律由线束外侧向内穿。（2 分）

（4）穿钉开口销子必须开口 60°～90°，销子开口后不得有折断、裂纹等现象，禁止用线材代替开口销子；穿钉呈水平方向时，开口销子的开口应向下。（3 分）

Je5F3008 钢筋混凝土电杆在地面组装的顺序及要求有哪些？（10 分）

答：地面组装的顺序一般为：拉线抱箍→组装导线横担→地线横担→叉梁。（2 分）

对地面组装的要求主要是：

（1）检查杆身是否平直，焊接质量是否良好，各组装部件有无规格错误和质量问题。根开、对角线、眼孔方向是否正确，如需拨正杆身或转动眼孔，必须有 3～5 个施力点。（2 分）

（2）组装横担时应将两端翘起 20mm 左右；组装转角横担时，必须弄清长、短横担的位置。组装叉梁要先量好距离，装上叉梁抱箍，先装上叉梁，再装下叉梁；若装不上，应检查根开、距离和连板，并加以调整，直到安装好为止。（2 分）

（3）组装时，如果不易安装或眼孔不对，不要轻易扩孔或强行组装，必须查明原因，妥善处理。（2 分）

（4）组装完毕，必须满足以下要求：① 螺栓穿向符合要求。② 铁构件平直无变形，局部锌皮脱落应涂防锈漆。③ 杆顶堵封良好，混凝土叉梁碰伤、掉皮等问题应补好。④ 所有尺寸符合设计要求。（2 分）

Lf5F2009 试述捆绑物件的操作要点。（10 分）

答：其操作要点如下。

（1）捆绑前根据物件形状、重心位置确定合适的绑扎点。

（1分）

（2）捆扎时考虑起吊、吊索与水平面要有一定的角度（以45°为宜）。（2分）

（3）捆扎有棱角物件时应垫以木板、旧轮胎等，以免物件棱角和钢丝绳受损。（2分）

（4）要考虑吊索拆除时方便，重物就位后是否会吊索压住压坏。（1分）

（5）起吊过程中，要检查钢丝绳是否有拧劲现象，若有应及时处理。（1分）

（6）起吊零散物件，要采用与其相适应的捆缚夹具，以保证吊起平衡安全。（1分）

（7）一般不得单根吊索吊重物，以防重物旋转，将吊索扭伤，使用两根或多根吊索要避免吊索并绞。（2分）

Lf5F2010　试述钢筋混凝土结构的优缺点。（10分）

答：其优点如下。

（1）造价低，砂、石、水等不仅价格低，而且还可就地取材。（1分）

（2）抗压强度高，近似天然石材，且在外力作用下变形较小。（1分）

（3）强度可根据原材料和配合比的变化灵活掌握。（1分）

（4）容易做成所需形状。（1分）

（5）稳固性和耐久性好。（2分）

其缺点为：自重大、（1分）抗拉强度比抗压强度低得多、（1分）脆性大、（1分）养护期长、冬季施工养护困难。（1分）

La4F2011　为什么 110kV 及以上电压级电网一般都采用中性点直接接地方式？（10分）

答：中性点直接接地系统所产生的内过电压幅值要比中性点不接地系统低20%~30%，（3分）因此，设备绝缘水平可以降低 20%左右；（1 分）由于额定电压越高，提高绝缘水平所需的费用也越大，（1 分）且 110kV 及以上电力线路的耐雷水平高、导线对地距离大，（1 分）不容易发生单相永久性接地故障；（1 分）对于瞬时性接地故障，可装设自动重合闸，自动恢复供电。（2 分）所以，110kV 及以上电力线路一般都采用中性点直接接地方式。

Lb4F3012   手拉葫芦的使用及保养有何要求？（10 分）

答：在使用手拉葫芦时有以下要求。

（1）使用前应作详细检查。如吊钩、锭条与轴是否有变形或损坏，锭条根部的销子是否固定牢靠，传动部分是否有滑锭或掉锭等现象。（2 分）

（2）使用时，应检查起重链子是否缠扭，如有缠扭，应疏松整理好才可使用。（1 分）

（3）当把手拉葫芦开始拉紧后，即开始吃力，应检查各部分有无异常，再试摩擦片、圆盘和棘轮圈的自锁情况（即试刹车）是否良好，经检查确认良好后才能继续工作。（2 分）

（4）手拉葫芦在起重时，不能超出起重的能力使用。（1 分）

（5）手拉葫芦不论在任何位置使用，手拉链条都应在链轮所决定的平面上，要注意防止手拉链条脱槽。（1 分）

（6）拉链时用力要均匀，不能过快、过猛；若链条拉不动时，应查明原因，不能盲目增加人数猛拉，以免发生事故。（1 分）

（7）已吊起的重物需中途停止时间较长时，要将手拉链条拴在起重链上。（1 分）

（8）手拉葫芦在不用时，要注意保养，转动部分要经常上油，保证润滑，但切勿将润滑油渗进摩擦胶木片内，以防止自锁失灵。（1 分）

Lb4F2013   导、地线的接头及其部位应符合哪些要求？

（10 分）

答：为了减少断线事故，保证线路安全供电，在同一档距内，同一根导、地线只许有一个接续管和三个补修管，（2 分）张力放线时不应超过两个补修管，并应满足下列规定：① 各类管与耐张线夹出口间的距离不应小于 15m；（2 分）② 接续管或修补管与悬垂线夹中心的距离不应小于 5m；（2 分）③ 接续管或修补管与间隔棒中心的距离不宜小于 0.5m；（2 分）④ 宜减少因损伤而增加的接续管。（2 分）

Lc4F2014 用 ZC-8 型接地电阻测量仪测量接地电阻的注意事项有哪些？（10 分）

答：注意事项如下。

（1）测量时，应将被测接地装置与架空地线断开。（2 分）

（2）电流、电位探针应插在于线路垂直方向。（2 分）

（3）接地电阻应在一年中最干燥的季节测量，雨后不应立即测量。测量时由于土地的干湿情况不同，应将仪表读数乘以地干湿系数即为接地电阻值。（3 分）

（4）测量时把仪表放平、调零、使指针指在红线上，所有连线截面不小于 1.0～1.5mm^2。手摇发电机的速度应保持 120 转/min。当指针稳定不动时读数。（3 分）

Jd4F2015 为什么要进行转角杆塔中心桩的位移？如何计算？（10 分）

答：转角杆塔不像一般直线杆塔那样，杆塔结构中心桩与线路中心桩相重合，（1 分）而是由于横担两侧的耐张绝缘子串，不可能挂在同一个悬挂点上，只能分别挂在位于横担两侧出口的悬挂点上。（2 分）这就必然要引起横担中心桩 O_1 与线路中心桩 O 不能重合而出现位移 S_1 的问题，（1 分）如果还是长短横担，再使两侧线路延长线交点与原设计转角桩重合，（1 分）以保证相邻直线杆塔不出现小转角，就必须将转角杆塔的中心

桩由线路中心桩 O 处向转角内侧沿横担方向移动到 O_2 处。（1
分）如图 F-1 所示，位移距离 S 的计算方法如下：

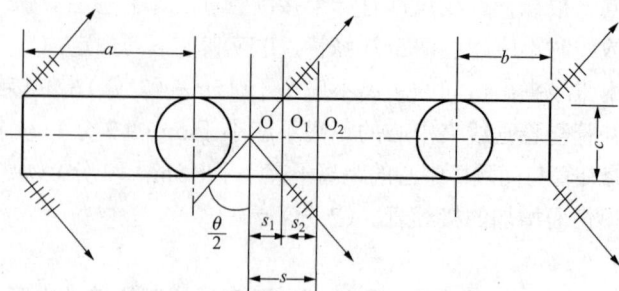

图 F-1

（1）当横担中心 O_1 与杆塔中心 O_2 重合时（小转角横担
$a=b$），则

$$S = S_1 + S_2 = S_1 = \frac{c}{2}\tan\frac{\theta}{2} \qquad （2分）$$

（2）横担中心 O_1 不与杆塔中心 O_2 重合时（大转角横担
$a \neq b$），则

$$S = S_1 + S_2 = \frac{c}{2}\tan\frac{\theta}{2} + \frac{a-b}{2} \qquad （2分）$$

式中　　c——横担宽度；

　　　　a——横担外角侧悬臂长度；

　　　　b——横担内角侧悬臂长度；

　　　　θ——线路转角。

**Je4F1016　输电线路为什么要防雷？架空地线在防雷保
护中起何作用？**

答：输电线路的杆塔高出地面八、九米到数十米，并暴露
在旷野或高山，线路长度有时达数百千米或更多，所以受雷击
的机会很多。（2分）因此，应采取可靠的防雷保护措施，以保

证供电的安全。（1分）架空线路装设架空地线，是为了防止雷电波直击档距中的导线，产生危及线路绝缘的过电压。（2分）装设架空地线后，雷电流即沿架空地线经接地引下线进入大地，从而可保证线路的安全供电。（2分）根据接地引下线接地电阻的大小，在杆塔顶部造成不同的电位；（1分）同时雷电波在架空地线中传波时，又会与线路导线耦合而感应出一个行波，（1分）但这行波及杆顶电位作用到线路绝缘的过电压幅值都比雷电波直击档中导线时产生的过电压幅值低得多。（1分）

Je4F2017　如何进行正方形基础的分坑工作？（10分）

　答：正方形基础的分坑测量可按以下方法如图 F-2 进行。

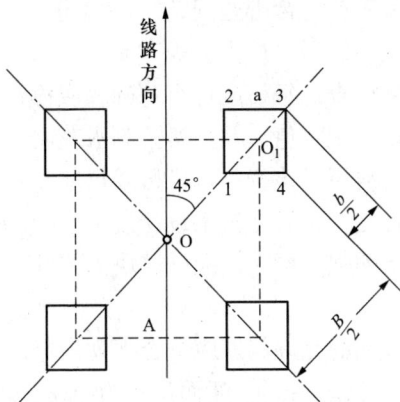

图 F-2

　　（1）分别给根开 A 和坑口长 a 乘以 $\sqrt{2}$，得出基础中心对角线长 B 和坑口对角线长 b。（2分）

　　（2）将仪器支在中心桩 O 处，以线路方向为起点右转 45°（2分），在距 O 点 $B/2$ 的地方钉出坑位中心 O_1，（1分）再距 O 点（$B/2-b/2$）、（$B/2+b/2$）的地方钉出 1、3 两辅助桩，（1分）然后把长度为 2 倍坑口边长 $2a$ 的皮尺的两端分别压在 1、3 两

桩，（1分）再从皮尺的中点 a 处向外张紧，就找出了 2、4 两点，连接 1、2、3、4 就是坑口界线。（1分）

（3）按同样的方法，依次勾画出其他三个坑口界线。（2分）

Je4F3018　什么叫悬臂抱杆组立铁塔？（10分）

答：所谓悬臂抱杆组塔，就是利用安装在主抱杆上部与水平面成 90°的四个悬臂梁来吊装铁塔。（3分）悬臂可根据安装的需要绕其支座上下运行，因此悬臂抱杆又叫摇臂抱杆，根据支座方式的不同，本工艺又分悬浮式和落地式两种。（3分）每种吊式又有单片、双片吊立之分，人们通常把落地式摇臂抱杆叫做通天摇臂抱杆。（4分）

Jf4F2019　混凝土浇筑质量检查应符合哪些规定？浇筑拉线基础的允许偏差应符合哪些规定？（10分）

答：混凝土浇筑质量检查的规定如下。

（1）坍落度检查：每日或每个基础腿应检查两次以上，其数值不应大于设计规定值，并严格控制水灰比。（2分）

（2）配比材料用量检查：每班日或每基基础应至少检查两次，以保证配合比符合施工技术设计规定。（2分）

（3）混凝土的强度检查：应以试块为依据，并符合规定要求。（1分）

浇筑拉线基础的允许偏差应符合下列规定。

（1）基础尺寸偏差：① 断面尺寸为-1%；② 拉环中心与设计位置的偏移为 20mm。（2分）

（2）基础位置偏差：拉线环中心在拉线方向前、后、左、右与设计位置，即拉线环中心至杆塔拉线固定点的水平距离的偏差为 1%。（2分）

（3）X 型拉线基础位置应符合设计规定，并保证铁塔组立后交叉点的拉线不磨碰。（1分）

Jf4F3020　怎样做好巡线工作？（10分）

答：巡线质量的好坏，是保证线路安全运行的重要环节。因此，在巡视时，对线路的每个部件都要仔细检查，同时对线路防护区内有无威胁线路安全运行的隐患也不放过。（2分）

为能准确发现缺陷,巡线人员要学会和掌握正确的检查方法。巡线时，要做到检查到位，不遗漏一基杆塔，一档导线和一个部件。（2分）发现威胁线路安全运行的缺陷,有尽量处理或采取临时措施的能力，同时要做好护线宣传工作。（2分）巡线时要根据季节特点和线路负荷大小突击检查重点。（2分）对检查中发现的缺陷，要提出处理意见，详细记入本内。（2分）

La3F4021　对杆塔巡视检查的主要内容有哪些？（10分）

答：巡视检查的主要内容如下。

①　检查杆塔有无倾斜，横担有无外歪扭。杆塔及横担的倾斜度不能超过：杆塔倾斜度：电杆 15/1000，铁塔 50m 及以上 5/1000，50m 以下 10/1000。横担斜度均为 1/100。（2分）

②　检查杆塔部件有无丢失、锈蚀或变形，部件固定是否牢固、螺栓或螺帽有无丢失或松动。螺栓丝扣是否外露，焊接处有无裂纹、开焊等。（1分）

③　检查电杆有无裂纹，旧有的裂纹有无变化，混凝土有无脱落，钢筋有无外露，脚钉有无丢失；普通钢筋混凝土杆不能有纵向裂纹、横向裂纹缝隙宽度不超过 0.2mm，预应力钢筋混凝土杆不能有裂纹。（2分）

④　检查杆塔周围土壤有无突起、裂缝或沉陷。杆塔基础有无裂纹、损坏、下沉或上拔，护基有无沉陷或被雨水冲刷。（1分）

⑤　检查横担上有无威胁安全的鸟窝等。（1分）

⑥　检查杆塔防洪设施有无坍塌、损坏，杆塔是否缺少防洪设施。（1分）

⑦ 检查塔材有无丢失，主材有无超规定弯曲。（1分）

⑧ 杆塔周围是否有取土，拉线盘有无外露。（1分）

Lb3F5022 **冲击接地电阻与工频作用下的电阻有什么不同？降低冲击接地电阻值常采用哪些措施？为什么要尽可能的降低接地电阻的数值？**（10分）

答：（1）冲击接地电阻是指接地装置在冲击电流作用下的电阻值。由于冲击电流幅值高、陡度大，与工频电流作用下的阻抗值有所不同。（2分）

（2）由于雷电流的幅值很高，接地体附近出现很大的电流密度和很高的电场强度，使接地体附近土壤的局部地段发生火花放电，相当于接地体的尺寸加大，界面放宽，因而使电阻值下降。（2分）

（3）对于伸长形的接地体，因为它有一定的电感，而雷电流的陡度很大，相当于波前部分的等效频率很高，所以有较大的感抗，即电阻值上升。（2分）

（4）降低冲击接地电阻值常采用下列措施：采用多射线形、环形环网接地装置；采用换土壤或化学改良土壤的办法。（2分）

（5）因为接地电阻值越小，雷击放电时引起的过电压越小，防雷效果就越好。（2分）

Lb3F4023 **停电检修怎样进行验电和挂接地线？其对接地线有何要求？**（10分）

答：验电必须使用相同电压等级并在试验周期内合格的专用验电器。验电前必须把合格的验电器在相同电压等级的带电设备上进行试验，证实其确已完好。（1分）验电时须将验电笔的尖端渐渐地接近线路的带电部分，听其有无"吱吱"的放电声音，并注意指示器有无指示如有亮光、声音等，即表示线路有电压。（1分）经过验电证明线路上已无电压时，即可在工作地段的两端，使用具有足够截面的专用接地线将线路三相导线短路接地。（2 分）若工作地段有分支线，则应将有可能来电的分支线也进行接地。（1 分）若有感应电压反映在停电线路上时，则应加挂接地线，以确保检修人员的安全。（1 分）挂好接地线后，才可进行线路的检修工作。（1 分）

对接地线的要求：

（1）接地线应有接地和短路构成的成套接地线，成套接地线必须使用多股软铜线编织而成，截面积不得小于 $25mm^2$。（1.5 分）

（2）接地线的接地端应使用金属棒做临时接地，金属棒的截面积应不小于 $190mm^2$（如$\phi16$ 圆钢），金属棒在地下的深度应不小于 0.6m。如利用铁塔接地时，允许每相个别接地，但铁塔与接地线连接部分应清除油漆，接触良好。（1.5 分）

Lc3F3024 中性点不接地的电力系统中发生单相完全接地时，三相的电压发生什么变化？什么是因雷电造成的线路反击？（10 分）

答：在中性点不接地系统中，当发生一相完全接地时，故障相对地电压为零，非故障相对地电压较正常运行时升高 $\sqrt{3}$ 倍成为线电压，而三相相间电压保持不变。（3 分）接地电流为正常运行时一相对地电容电流的 3 倍。如果发生的故障是不完全接地，则故障相对地电压大于零小于相电压，非故障相对地电压大于相电压，而小于线电压。（3 分）

当雷电落于架空地线之后，雷电流要经过接地体流入大地，由于雷电流数值很大，形成的电压降也很高，所以，有可能使线路绝缘被击穿，这个过程，就是雷电造成的线路反击。（4 分）

Jd3F3025 对拉线巡视检查的主要内容有哪些？（10 分）
答：对拉线巡视检查的主要内容如下。

（1）检查各方拉线及其部件（如线夹、拉线棒、拉线抱箍及联结金具等）有无锈蚀，螺栓是否紧固，螺栓、螺母有无去

失，防盗螺母是否齐全。（2分）

（2）检查拉线有无折断、松弛、断股、抽筋及张力分配不均等现象。（1分）

（3）拉线尾部是否紧固，绑线有无松动或损伤，钢线卡子有无丢失，螺栓是否拧紧。（2分）

（4）检查 NUT 线夹螺母位置是否适中或花兰螺栓的封线是否完好。（1分）

（5）拉线基础周围土壤是否突起或沉陷，拉线基础有无裂纹、有无上拔或下沉、有无取土。（1分）

（6）拉线棒焊缝有无裂纹或脱焊。（1分）

（7）拉线与线夹舌板接触是否紧密，有无滑动现象。（1分）

（8）拉线及拉线棒有无被车辆碰撞的危险。（1分）

Je3F3026　什么叫做线路缺陷？怎样划分缺陷类别？怎样做好缺陷管理工作？

答： 按题意回答如下。

（1）运行中的线路部件，凡不符合有关技术标准规定者，都叫作线路缺陷。（2分）

（2）线路缺陷按其严重程度，可分为一般、重大和紧急缺陷三类。（2分）

（3）线路缺陷管理，是修好线路的重要环节。及时发现和消除是提高线路健康水平、保证线路安全运行的关键。线路缺陷主要由四个方面发现，即巡线人员发现、检修人员发现、测试中发现和其他人员发现。当发现重大、紧急缺陷时，应及时向领导汇报，领导应亲临现场采取相应措施，防止事故发生。所有缺陷经审查核实后都应计入缺陷记录簿。根据缺陷类别，分别列入年、季、月度检修计划或大修，更改工程中予以消除。（6分）

Je3F3027 利用人字抱杆起吊杆塔，抱杆座落位置及初始角的大小对起吊工作有何影响？（10分）

答：利用人字抱杆起吊杆塔时，若抱杆座落过前，初始角过大，在起吊过程中，易造成拖杆脱帽过早，增大主牵引绳的牵力，并且起吊过程中稳定性差。（3分）抱杆座落过后，初始角小，起吊过程中易造成抱杆脱帽晚。（3分）这种情况初始时主牵引力和抱杆受垂直下压力都会增大，特别是在抱杆强度不足的情况下，会造成抱杆变形破坏，对起吊工作是不利的。所以，在施工中抱杆的初始角和座落位置一定要按施工设计进行。（4分）

Je3F4028 张力架线的基本特征有哪些？其有何优点？（10分）

答：张力架线的基本特征如下。

（1）导线在架线施工全过程中处于架空状态。（1分）

（2）以施工段为架线施工的单元工程，放线、紧线等作业在施工段内进行。（1分）

（3）施工段不受设计耐张段的限制，可以用直线塔作施工段起止塔，在耐张塔上直通放线。（1分）

（4）在直线塔上紧线并作直线塔锚线，凡直通放线的耐张塔也直通紧线。（1分）

（5）在直通紧线的耐张塔上作平衡挂线。（1分）

（6）同相子导线要求同时展放、同时收紧。（1分）

张力架线的优点有：

（1）避免导线与地面摩擦致伤，减轻运行中的电晕损失及对无线电系统的干扰。（1分）

（2）施工作业高度机械化、速度快、工效高。（1分）

（3）用于跨越公路、铁路、河网等复杂地形条件，更能取得良好的经济效益。（1分）

（4）能减少青苗损失。（1分）

Jf3F3029 怎样降低接地电阻值？（10分）

答：降低接地电阻值的方法如下。

（1）尽可能利用杆塔基础、底盘、卡盘、拉线盘等自然接地体。当接地电阻值不能满足设计要求时，再增加人工接地体。人工接地体应尽量利用杆塔基础，以减少土方量，降低造价，还可以深埋，避免地表干湿变化的影响。（3分）

（2）接地体尽可能埋在土壤电阻率较低的土壤中。若杆塔处土壤电阻率很高，而附近又有土壤电阻率较低的土层时，可用接地带引到土壤电阻率较低处再做集中接地，但接地带长度不宜超过60m。（3分）

（3）置换土壤。将接地沟由原有电阻率高的土壤，换成电阻率较低的土壤。（2分）

（4）接地体周围填充长效降阻剂。（2分）

Jf3F4030 玻璃绝缘子具有哪些特点？（10分）

答：玻璃绝缘子具有以下特点。

（1）机械强度高，比瓷绝缘子的机械强度高1～2倍。（1分）

（2）性能稳定不易老化，电气性能高于瓷绝缘子。（1分）

（3）生产工序少，生产周期短，便于机械化、自动化生产，生产效率高。（1分）

（4）由于玻璃绝缘子的透明性，在进行外部检查时很容易发现细小的裂缝及各种内部缺陷或损伤。（1分）

（5）绝缘子的玻璃本体如有各种缺陷时，玻璃本体会自动破碎，称为"自破"。绝缘子自破后，铁帽残锤仍然保持一定的机械强度悬挂在线路上，线路仍然可以继续运行。当巡线人员巡视线路时，很容易发现自破绝缘子，并及时更换新的绝缘子。由于玻璃绝缘子具有这种"自破"的特点，所以在线路运行过程中，不必对绝缘子进行预防性试验，从而给运行带来很大方便。（3分）

（6）玻璃绝缘子的重量轻。（1分）

由于制造工艺等原因，玻璃绝缘子的"自破"率较高，这是玻璃绝缘子的致命缺点。（1分）

La2F4031　什么是中性点位移现象？中性线的作用是什么？（10分）

答：三相电路中，在电源电压对称的情况下，如果三相负载对称，根据基尔霍夫定律，不管有无中性线，中性点的电压都等于零。（3分）如果三相负载不对称，而且没有中性线或者中性线阻抗较大，则负载中性点就会出现电压，（2分）即电源中性点和负载中性点之间的电压不再为零，我们把这种现象叫中性点位移。（3分）

在电源和负载都是星形连接的系统中，中性线的作用是为了消除由于三相负载不对称而引起的中性点位移。（2分）

Lb2F3032　为什么35kV线路一般不采用全线装设架空地线？（10分）

答：对于35kV线路，大多为中性点不接地或中性点经消弧线圈接地，虽然也有单相对地闪络，但由于消弧线圈和自动重合闸的使用，单相落雷接地故障将被消弧线圈所消除，雷击后造成的闪络能自行恢复绝缘性能，不致引起频繁的跳闸。（3分）

对于35kV的铁塔或钢筋混凝土杆线路，加装架空地线意义不大，但却仍然需要逐塔接地。因为这时若一相因雷击闪络接地后，它实际上就起到了架空地线的作用，在一定程度上可以防止其他两相的进一步闪络，而系统中的消弧线圈又能有效地排除单相接地故障。故35kV线路即使不采用全线装设架空地线，由于建弧率小，单位遮断次数还是较低的，防雷效果还是较满意的。（5分）

为了减少投资，一般对35kV线路只在变电站进线的1～

2km 装设架空地线，以防止直击雷，限制进入到变电站的雷电流幅值和降低侵入波陡度。（2分）

Lb2F4033 《电力建设安全工作规程》对分解组立杆时固定杆塔的临时拉线应满足哪些要求？（10分）

答：固定杆塔的临时拉线应满足下列要求。

（1）应使用钢丝绳，不得使用白棕绳。（1分）

（2）在未全部固定好之前，严禁登高作业。（1分）

（3）绑扎工作必须由技工担任。（1分）

（4）现场布置：单杠、V形铁塔或有交叉梁的双杆不得少于四根，无叉梁的双杆不得少于六根。（2分）

（5）组立杆塔的临时拉线不得过夜，如需过夜时，应采取安全措施。（1.5分）

（6）固定的同一个临时地锚上的拉线最多不超过两根。（1.5分）

（7）拆除工作，必须待永久拉线全部装好、叉梁装齐或无拉线杆塔的基础埋好，并经施工负责人同意后方可进行。（2分）

Lc2F4034 采用带电作业有哪些优点？在间接带电作业时，人身与带电体间的安全距离是多少？（10分）

答：带电作业的优点如下。

（1）发现线路设备的缺陷可及时处理，能保证不间断供电。（1.5分）

（2）发现线路设备的缺陷时，采用带电作业可以及时地安排检修计划，而不致影响供电的可靠性，保证了检修的质量，充分发挥了检修的力量。（1.5分）

（3）带电作业具有高度组织性的半机械化作业，在每次检修中均可迅速完成任务，节省检修的时间。（1.5分）

（4）采用带电作业可简化设备，从而避免为检修而定设双回路线路。（1.5分）

在间接带电作业时，人身与带电体间的最小安全距离：10kV 为 0.40m；（0.5 分）35kV 为 0.60m；（0.5 分）110kV 为 1.00m；（0.5 分）154kV 为 1.40m；（0.5 分）220kV 为 1.80m；（0.5 分）330kV 为 2.60m；（0.5 分）500kV 为 3.6m。（1 分）

Jd2F4035 导线在压接前的净化处理有何要求？液压连接导、地线需注意哪些要求？（10 分）

答：导线在压接前净化处理的要求：压接前必须将导线连接部分的表面、连接管内壁以及穿管时连接管可能接触到的导线表面用汽油清洗干净，清洗后应薄薄地涂上一层导电脂，并用细钢丝刷清刷表面氧化膜，应保留导电脂进行连接。（3 分）

液压连接导、地线需注意的要求：

（1）在切割前应用细铁丝将切割点两边绑扎紧固，防止切割后发生导、地线松股现象；切割导、地线时应与轴线垂直，穿管时应按导、地线扭绞方向穿入。（1 分）

（2）切割铝股不得伤及钢芯。（0.5 分）

（3）导线划印后应立即复查一次，并作出标记。（0.5 分）

（4）液压钢模，上模与下模有固定方向时不得放错，液压机的缸体应垂直地面，放置平稳，操作人员不得处于液压机顶盖上方。（1 分）

（5）液压时操作人员应扶好导、地线，与接续管保持水平并与液压机轴心相一致，以免接续管弯曲。（0.5 分）

（6）必须使每模都达到规定的压力，不能以合模为标准，相邻两模之间至少应重叠 5mm。（0.5 分）

（7）压完第一模之后，应立即检查边距尺寸，符合标准后再继续施压。

（8）钢模要随时检查，发现变形时应停止使用。（0.5 分）

（9）液压机应装有压力表和顶盖，否则不准使用。（0.5 分）

（10）管子压完后应锉掉飞边，并用细砂纸将锉过的地方磨光，以免发生电晕放电现象。

（11）钢管施压后，凡锌皮脱落等应涂以富锌漆。（0.5分）

（12）工作油液应清洁，不得含有砂、泥等脏物，工作前要充满液压油。（0.5分）

Je2F5036 用钢圈连接的钢筋混凝土杆，在焊接时应遵守哪些规定？（10分）

答：用钢圈焊连接的钢筋混凝土杆，焊接时应遵守下列规定。

（1）钢圈焊口上的油脂、铁锈、泥垢等污物应清除干净。（1分）

（2）钢圈应对齐，中间留有 2～5mm 的焊口缝隙。（1分）

（3）焊口合乎要求后，先点焊 3～4 处，点焊长度为 20～50mm，然后再行施焊。点焊所用焊条应与正式焊接用的焊条相同。（1分）

（4）电杆焊接必须由持有合格证的焊工操作。（1分）

（5）雨、雪、大风中只有采取妥善防护措施后方可施焊，当气温低于-20℃时，焊接应采取预热措施（预热温度为 100～120℃），焊后应使温度缓慢地下降。（1分）

（6）焊接后的焊缝应符合规定，当钢圈厚度为 6mm 以上时应采用 V 形坡口多层焊接，焊缝中要严禁堵塞焊条或其他金属，且不得有严重的气孔及咬边等缺陷。（1.5分）

（7）焊接的钢筋混凝土杆，其弯曲度不得超过杆长的 2‰，如弯曲超过此规定时，必须割断调直后重新焊接。（1分）

（8）接头焊好后，应根据天气情况，加盖，以免接头未冷却时突然受雨淋而变形。（1分）

（9）钢圈焊接后将焊渣及氧化层除净，并在整个钢圈外露部分进行防腐处理。（1分）

施焊完成并检查后，应在上部钢圈处打上焊工代号的钢印。（0.5分）

Je2F4037　为什么对输电线路交叉处应加强防雷保护？其措施如何？（10分）

答：输电线路交叉处空气间隙的闪络，可能导致相互交叉的线路同时跳闸。如果是不同电压等级的线路交叉处发生闪络，将给较低电压闪络的电气设备带来严重的危害。如线路对通信线路发生闪络，其危害性就更大，甚至可能造成人身伤亡等严重事故。因此，对输电线路的交叉部分应加强防雷保护，以免事故扩大到整个系统，其措施如下：（4分）

（1）交叉距离 S，即两交叉线路的导线之间距或上方导线对下方的架空地线的间距：

10kV 以下线路与同级或较低电压线路、通信线交叉时，$S \geq$ 2m；（1分）

110kV 线路与同级或较低线路、通信线交叉时，$S \geq$ 3m；（1分）

220kV 线路与同级或较低线路、通信线交叉时，$S \geq$ 4m；（1分）

500kV 线路与同级或较低线路、通信线交叉时，$S \geq$ 6m。（1分）

（2）交叉档的两端杆塔的保护。交叉档两端的绝缘不应低于其相邻杆塔的绝缘。铁塔、电杆不论有无架空地线，均应可靠接地。无架空地线的 3～60kV 木杆，应装设管形避雷器或保护间隙。高压线路与低压线路或通信线交叉时，低压线路或通信线交叉档两端木杆上应装设保护间隙。（2分）

Je2F5038　非张力放线跨越架搭设有哪些要求？（10分）

答：跨越架搭设有以下要求。

（1）根据被跨越物的种类，选择所搭跨越架的结构形式，其宽度应大于施工线路杆塔横担的宽度，跨越架的两端应搭设"羊角"，以防所放架空线滑落到跨越架之外。（1.5分）

（2）如跨越架搭设的较为高大，应由技术部门验算后提出

搭设方案，必要时可请专业架子工进行搭设。在搭设过程中应设专人监护。（1.5分）

（3）在搭设跨越铁路、公路、高压电力线路的跨越架时，应先与有关部门联系，请被跨越物的产权单位在搭架、施工及拆架时，派人员监督检查。（1.5分）

（4）跨越架的搭设，应由下而上进行搭设，并有专人负责传递木杠或竹杆等材料。拆除时，应由上而下的进行，不得抛掷，更不得将架子一次推倒。（1.5分）

（5）对搭设好的跨越架，应进行强度检查，确认牢固后方可进行放线工作。对比较重要的跨越架，应派专人监护看守，一方面提醒来往行人和车辆注意，另一方面监视导线、架空地线的通过情况。（1.5分）

（6）跨越架的长度，可按下式计算

$$L = \frac{D+3}{\sin\theta} \qquad （1.5分）$$

式中　L——跨越架应搭设长度（m）；

　　　D——施工线路两边线间距离（m）；

　　　θ——施工线路与被跨越物的交角。

Jf2F4039　如何根据继电保护和自动装置的动作特点来粗略判断故障性质及故障地段？（10分）

答：一般情况下，如线路跳闸后自动重合闸成功，说明是瞬时性故障，如鸟害、雷击、大风等；（1分）如自动重合闸重合复跳，说明是永久性故障，如倒杆断线、浑线等。如是电流速断动作跳闸，故障点一般在线路的前端；（1分）如过流动作跳闸，故障点一般在线路的后段；（1分）如是电流速断和过流同时动作跳闸，故障点一般在线路段中段；（1分）如是距离保护动作跳闸，说明是相间短路故障。（1分）一段保护动作时，故障点一般在本线路全长的80%～85%；（1分）二段动作，故障点可能在本线路或下一段线路。（1分）如是零序保护动作，说明线路有单相接地故障。（1分）零序一段动作，故障点一般在线路前端；（0.5分）零序二段动作，故障点一般在线路后段。（0.5分）

在中性点不直接接地的电网中，当绝缘监视装置发生接地信号时，说明该线路有单相接地故障。如电厂、变电站内装有故障录波器，可通过故障录波器图看出故障类型及算出故障点的大致范围。（1分）

Jf2F5040　什么叫竣工验收检查？其项目有哪些？线路投产送电前应具备哪些条件？（10分）

答：竣工验收检查是指全部线路或其中一段线路所有工程项目全部结束后所进行的验收检查。（2分）在进行竣工验收检查时，要检查在中间验收检查时所查出的问题是否完全处理；线路附近的障碍物是否清除；各项记录是否齐全，正确；线路有无遗留未完的项目。（2分）

线路投产送电前，启动验收委员会应审查和批准启动试运方案，听取工作汇报，检查线路及通信设施是否符合安全启动试运的要求，同时还应具备下列条件：（1分）① 线路巡线人员已配齐；（1分）② 线路已有杆号，相位等标志；（1分）③ 线路上的临时接地及障碍物均已全部拆除；（1分）④ 线路上已无人登杆作业，在安全距离内的一切作业均已停止，并对线路进行了一次巡视检查；（1分）⑤ 按设计规定线路的继电保护和自动装置均已调试合格。（1分）

La1F4041　对电力线路有哪些基本要求？（10分）

答：对电力线路的基本要求有以下几条：

（1）保证线路架设的质量，加强运行维护，提高对用户供电的可靠性。（2分）

（2）要求电力线路的供电电压在允许的波动范围内，以便向用户提供质量合格的电压。（2分）

（3）在送电过程中，要减少线路损耗，提高送电效率，降低送电成本。（2分）

（4）架空线路由于长期置于露天下运行，线路的各元件除受正常的电气负荷和机械荷载作用外，还受到风、雨、冰、雪、大气污染、雷电活动等各种自然和人为条件的影响，要求线路各元件应有足够的机械和电气强度。（4分）

La1F5042　继电保护的基本任务是什么？（10分）

答：继电保护装置的基本任务如下。

（1）保护电力系统中的电气设备（如发电机、变压器、输电线路等）。（1.5分）当运行中的设备发生故障或不正常工作情况时，继电保护装置应使断路器跳闸并发出信号。（1.5分）

（2）当被保护的电气设备发生故障时，它能自动地、迅速地、有选择地借助断路器将故障设备从电力系统中切除，以保证系统无故障部分迅速恢复正常运行，并使故障设备免于继续遭受破坏。（3分）

（3）对于某些故障，如小接地电流系统的单相接地故障，因它不会直接破坏电力系统的正常运行，继电保护发信号而不立即去跳闸。（2分）

（4）当某电气设备出现不正常工作状态时，如过负荷、过热等现象时继电保护装置可根据要求发出信号，并通知运行人员及时处理。（2分）

Lb1F2043　采用楔形线夹连接好的拉线应符合哪些规定？架线后对全部拉线进行检查和调整，应符合哪些规定？（10分）

答：采用楔形线夹连接的拉线，安装时应符合下列规定。

（1）线夹的舌板与拉线紧密接触，受力后不应滑动。线夹的凸肚应在尾线侧，安装时不应使线股损伤。（1分）

（2）拉线弯曲部分不应有明显的松股，其断头应用镀锌铁丝扎牢，线夹尾线宜露出 300～500mm，尾线回头后与本线应

采取有效方法扎牢或压牢。（1分）

（3）同组拉线使用两个线夹时，其线夹尾端的方向应统一。（1分）

架线后应对全部拉线进行检查和调整，并应符合下列规定。

（1）拉线与拉线棒应呈一直线。（1分）

（2）X型拉线的交叉处应留有足够的空隙，避免相互磨碰。（1分）

（3）拉线的对地夹角允许偏差应为1°，个别特殊杆塔拉线需超出1°时应符合设计规定。（2分）

（4）NUT型线夹带螺母后及花篮螺栓的螺杆必须露出螺纹，并应留有不小于1/2螺杆的螺纹长度，以供运行时调整。在NUT型线夹的螺母上应装设防盗罩，并应将双螺母拧紧，花篮螺栓应封固。（2分）

（5）组合拉线的各根拉线受力应一致。（1分）

Lb1F3044 不同类型的杆塔基础各适用于什么条件？（10分）

答：杆塔基础根据杆塔类型、地形、地质及施工条件的不同，一般采用以下几种类型。

（1）现场浇制的混凝土和钢筋混凝土基础：适用在施工季节砂石和劳动力条件较好的情况下。（2分）

（2）预制钢筋混凝土基础：这种基础适合于缺少砂石、水源的塔位或者需要在冬季施工而不宜在现场浇制基础时采用。预制钢筋混凝土基础的单件重量要适应于运输条件，因此预制基础的部件大小和组合方式有所不同。（3分）

（3）金属基础：这种基础适合于高山地区交通运输条件极为困难的塔位。（2分）

（4）灌注桩式基础：灌注桩式基础可分为等径灌注桩和扩底短桩两种。当塔位处于河滩时，考虑到河床冲刷及防止漂浮物对铁塔影响，常采用等径灌注桩深埋基础。扩底短桩基础最

适用于黏性土或其他坚实土壤的塔位。（3分）

Lb1F4045　鸟类活动会造成哪些线路故障？如何防止鸟害？（10分）

答：鸟类活动会给电力架空线路造成的故障情况如下。

鸟类在横担上做窝。当这些鸟类嘴里叼着树枝、柴草、铁丝等杂物在线路上空往返飞行，树枝等杂物落到导线间或搭在导线与横担之间时，就会造成接地或短路事故。（1分）体形较大的鸟在线间飞行或鸟类打架也会造成短路事故。（1分）杆塔上的鸟巢与导线间的距离过近，在阴雨天气或其他原因，便会引起线路接地事故；（1分）在大风暴雨的天气里，鸟巢被风吹散触及导线，因而造成跳闸停电事故。（1分）

防止鸟害的办法：

（1）增加巡线次数，随时拆除鸟巢。（1分）

（2）安装惊鸟装置，使鸟类不敢接近架空线路。常用的具体方法有：① 在杆塔上部挂镜子或玻璃片；（1分）② 装风车或翻板；（1分）③ 在杆塔上挂带有颜色或能发声响的物品；（1分）④ 在杆塔上部吊死鸟；（0.5分）⑤ 在鸟类集中处还可以用猎枪或爆竹来惊鸟。（0.5分）这些办法虽然行之有效，但时间较长后，鸟类习以为常也会失去作用，所以最好是各种办法轮换使用。（1分）

Lb1F4046　高压或超高压输电线路的导线为什么要进行换位？线路换位的要求是什么？关于换位有哪些规定？（10分）

答：导线换位的原因：导线的各种排列方式（包括等边三角形），均不能保证三相导线的线间距离或导线对地距离相等，因此，三相导线的电感、电容及三相阻抗均不相等，这会造成三相电流的不平衡，这种不平衡对发电机、电动机和电力系统的运行以及对输电线路附近的弱电线路均会带来一系列的不良影响。为了避免这些影响，各相导线应在空间轮流地改换位置，

以平衡三相阻抗。（4分）

换位的要求：经过完全换位的线路，其各相在空间每一位置的各段长度总之和相等。进行一次完全换位的线路称为完成了一个换位循环。（2分）

有关换位的规定：在中性点直接接地的电力网中，长度超过100km的线路，均应换位。换位循环长度不宜大于200km；（1分）如一个变电站某级电压的每回出线虽小于100km，但其总长度超过200km，可采用变换各回线路的相序排列或换位，以平衡不对称电流；（1分）中性点非直接接地的电力网，为降低中性点长期运行中的电位，可用换位或变换线路相序排列的方法来平衡不对称电容电流；（1分）为使三相导线对地的感应电压降至最小，绝缘地线也要进行换位。二地线的换位点和导线的换位点错开，两线在空间每一位置的总长度应相等。（1分）

Lb1F5047 线路大修及改进工程包括哪些主要内容？（10分）

答： 线路大修及改进工程主要包括以下几项内容。

（1）据防汛、反污染等反事故措施的要求调整线路的路径。（2分）

（2）更换或补强线路杆塔及其部件。（1分）

（3）换或补修导线、架空地线并调整弧垂。（1分）

（4）换绝缘子或为加强线路绝缘水平而增装绝缘子。（1分）

（5）更换接地装置。（1分）

（6）塔基础加固。（1分）

（7）更换或增装防振装置。（1分）

（8）铁塔金属部件的防锈刷漆。（1分）

（9）处理不合理的交叉跨越。（1分）

Lb1F4048 螺栓和销钉安装时穿入方向应如何掌握？（10分）

答：螺栓的穿入方向应符合下列规定。

（1）对立体结构：① 水平方向由内向外；② 垂直方向由下向上；③ 斜向者宜由斜下向斜上，不便时应在同一斜面内取统一方向。（1.5分）

（2）对平面结构：① 顺线路方向由送电侧穿入或按统一方向穿入；② 横线路方向两侧由内向外，中间由左向右（面向受电侧）或按统一方向；③ 垂直方向由下向上；④ 斜向者宜由斜下向斜上，不便时应在同一斜面内取统一方向。（3分）

绝缘子串、导线及架空地线上的各种金具上的螺栓、穿钉及弹簧销子，除有固定的穿向外，其余穿向应统一，并应符合下列规定。

（1）悬垂串上的弹簧销子均按线路方向穿入。使用 W 弹簧销子时，绝缘子大口均朝线路后方。使用 R 弹簧销子时，大口均朝线路前方。螺栓及穿钉凡能顺线路方向穿入者均按线路方向穿入，特殊情况两边线由内向外，中线由左向右穿入。（2分）

（2）耐张串上的弹簧销子、螺栓及穿钉均由上向下穿；当使用 W 弹簧销子时，绝缘子大口均应向上；当使用 R 弹簧销子时，绝缘子大口均向下，特殊情况可由内向外、由左向右穿入。（2分）

（3）分裂导线上的穿钉、螺栓均由线束外侧向内穿。（0.5分）

（4）当穿入方向与当地运行单位要求不一致时，可按当地运行单位的要求，但应在开工前明确规定。（1分）

Lc1F4049　在等电位作业过程中出现麻电现象的原因是什么？（10分）

答：造成麻电现象主要有以下几种原因。

（1）屏蔽服各部连接不好。最常见是手套与屏蔽衣间连接不好，以致电位转移时，电流通过手腕而造成麻电。（2分）

（2）作业人员的头部未屏蔽。当面部、颈部在电位转移过

程中不慎先行接触带电体时，接触瞬间的暂态电流对人体产生电击。（2分）

（3）屏蔽服使用日久，局部金属丝折断而形成尖端，电阻增大或屏蔽性能变差，造成人体局部电位差或电场不均匀而使人产生不舒服感觉。（2分）

（4）屏蔽服内穿有衬衣、衬裤，而袜子、手套又均有内衬垫，人体与屏蔽服之间便被一层薄薄的绝缘物所隔开，这样，人体与屏蔽服之间就存在电位差，当人的外露部分如颈部接触屏蔽服衣领时，便会出现麻刺感。（2分）

（5）等电位作业人员上下传递金属物体时，也存在一个电位转移问题，特别是金属物的体积较大或长度较长时，其暂态电流将较大。如果作业人员所穿的屏蔽服的连接不良或金属丝断裂，在接触或脱离物体瞬间有可能产生麻电现象。（2分）

Ld1F4050　架空电力线路在高峰负荷季节应注意哪些事项？（10分）

答：架空电力线路在高峰负荷季节，因导线通过的负荷电流大，致使温度升高，弧垂增大。实践证明，当导线负荷电流接近其长期允许电流值时，导线温度可达70℃左右。当导线过载时，弧垂增加率与电流增长率几乎成直线关系。由于弧垂的增大，减小了导线对地和对其他交叉跨越设施的距离，直接影响线路安全运行。（4分）为此，在高峰负荷季节，一定要注意以下几个问题：

（1）电力线路不要过负荷运行。（1分）

（2）测定导线对地及对其他交叉跨越设施的距离，并换算到导线最高运行温度，核实距离是否符合要求，不合格者应及时处理。（2分）

（3）检查测量导线连接点电阻，不合格者及时采取措施。压接式跳线线夹联板接触面一定要光滑平整。安装时，先用0号砂纸清除氧化膜；再用抹布将残砂擦净，涂上一层中性凡士林薄膜，然后紧好联板。并沟线夹的接触面是线和面的接触，电阻大，且易受腐蚀（因裸露于大气中），不宜用于污秽区及大负荷线路。（3分）

Ld1F4051 什么叫启动验收？怎样进行启动验收？（10分）

答：启动验收是指线路投产送电前所进行的验收。在启动验收中主要检查竣工验收检查的项目是否齐全，验收检查中提出的问题是否妥善处理以及生产准备情况。（2分）

35～110kV 线路工程，由启动验收委员会主持验收检查。启动委员会由建设、运行、施工、调试、设计和调度等单位的有关人员组成。（2分）

验收的主要任务是：

（1）按照设计图纸、文件及施工及验收规程的要求，对整个工程进行面的检查验收，不遗漏任何一个部件。对验收中发现的问题，应作好记录，并提出处理意见。（2分）

（2）整理设计施工图纸，做到图纸齐全。（1.5分）

（3）整理和审查施工记录，试验记录，与有关单位签订的交叉跨越协议书及设计变更通知，做到资料齐全。（1.5分）

（4）检查生产准备工作完成情况。（1分）

Le1F3052 为什么整体起立钢筋混凝土双杆时，在刚离开地面后，要停止牵引，进行检查？检查时应检查哪些项目？（10分）

答：线路杆塔具有高、大、重的特点，钢筋混凝土电杆的整体起吊是线路施工中的一项复杂的起重工作，由于钢筋混凝土电杆自重较重，又是长细杆件，所以在起吊过程中，既要考虑各种起吊工器具的受力强度及其变化，又要考虑被起吊的电杆在起吊过程中的受力情况，防止杆身受力不均而造成弯曲度超过允许值后产生裂纹。为保证安全起立，所以电杆在刚离开地面后要停止牵引，进行检查。检查项目：（4分）

（1）当电杆起吊离开地面约 0.5～1m 时，应停止起吊，检查各部分受力情况及做振动试验。(1 分)检查各部分受力情况是否正常,各绳扣是否牢固可靠。各锚桩是否走动,锚坑表面土有否松动现象。主杆是否正常,有无弯曲裂纹,是否偏斜,抱杆两侧受力是否均匀,抱杆脚有无滑动及下沉。然后上人做振动试验。(2.5 分)

(2)在起吊过程中,要随时注意杆身的受力及抱杆受力的情况,要注意杆梢有无偏摆,有偏斜时要用侧面拉线及时调整。在起吊过程中,要控制牵引绳中心线、制动绳中心线、抱杆顶点和电杆中心线始终在同一垂直平面上。(2.5 分)

Le1F3053 **悬臂抱杆分解组塔的技术原则是什么?**(10 分)

答:其技术原则如下。

(1)在组塔过程中:主抱杆应是正直状态,为保持平衡而发生的顶部偏移不宜大于 200mm。(1 分)

(2)单片吊装时:待吊侧悬臂,提升铁塔吊件,其他三侧呈水平状,并把它们的提升滑车的吊钩通过钢丝绳锚固在塔脚上,以起平衡稳定的作用;随着起吊侧悬臂受力逐渐加大,须同步调整平衡臂的平衡力;当起吊臂逐渐上仰时,要同步调小平衡力,以保持抱杆正直;当上仰角度大,为防止抱杆向平衡侧倾斜,可使主抱杆稍向起吊侧倾斜。(2 分)

(3)双片吊装时:两片重量相等,提升速度应相同,两臂上仰角度和速度以及就位情况均应尽量一致,以保主抱杆正直。(1 分)

(4)采用落地抱杆时:应随着铁塔的加高,用倒装提升法,从下端加高。这种抱杆由于细长比大,应沿轴每隔一定距离设一个腰环,当作抱杆的中间支承,提高它的稳定性。(2 分)

(5)采用悬浮抱杆时:应视具体情况,对下拉线的固定处予以补强。防止因下拉线指向抱杆的水平力过大,引起铁塔变形。(1 分)

(6)悬臂的抗扭性较弱,待吊塔片应尽量放在悬臂中心线

上。塔片就位时，应尽量用提升滑车和摇臂滑车调整吊件位置，少用或慎用大绳，以防主抱杆承受过大扭矩。（2分）

（7）牵引机的控制地锚应距中心1.2倍塔高以上。（1分）

Le1F4054 在倒落式人字抱杆整体立塔施工中对抱杆的技术要求是什么？（10分）

答：对抱杆及其技术要求介绍如下。

（1）抱杆结构形式及截面：倒落式人字抱杆采用钢结构，一般选用正方形截面，中间大两端小，呈对称布置的四棱锥形角钢格构式。为便于搬运，抱杆采用分段形式，各段之间用螺丝或内法兰连接。每段重量不宜超过200kg，长度以4~5m为宜，为便于组合，也可设少量的2m或1.5m段。抱杆截面尺寸不宜超过600mm^2，一般选用400mm^{2}或500mm^{2}为宜。（2分）

（2）抱杆高度：抱杆有效高度增大，起吊设备受力减小，但抱杆及钢丝绳变得笨重；抱杆有效高度减小，设备受力增大而需要加大规格。鉴于这些情况，抱杆的组合高度宜控制为铁塔重心高度的0.8~1.1倍的范围内。（2分）

（3）抱杆根开：抱杆根开大小要合适。过大，则增大轴向压力，且降低了抱杆有效高度，要增加抱杆有效高度又得增加抱杆重量；过小，则整体稳定性差，不利于施工安全。一般选择抱杆根开，以控制两根抱杆夹角在25°~30°为宜。（2分）

（4）抱杆座落位置：抱杆座落位置应考虑施工方便及安全。对于塔身根开较大的刚性塔，抱杆不宜骑跨在塔身上，否则在抱杆脱落前容易被塔身卡住，影响安全，所以一般来说，抱杆宜座落在中心桩与塔脚板之间离开塔脚板内边缘2~3m的位置。对于拉V塔、拉猫塔及内拉线门形塔，抱杆宜座落在塔脚板与制动地锚之间离开塔脚板0.2~0.3倍抱杆高度的地面处，拉V塔及拉猫塔抱杆跨在塔身上，内拉线门形塔抱杆放在两立柱之间。（2分）

（5）抱杆的初始倾角：抱杆的初始倾角增大，抱杆及牵引钢丝绳受力减少，而起吊钢丝绳受力增加；反之，起吊钢丝绳受力虽减少，但抱杆及牵引钢丝绳受力增大。另外，抱杆的初始倾角太大则抱杆脱落过早，太小脱落过迟，均对起吊工作不利。抱杆的初始倾角一般以 60°～70° 为宜。（2分）

Le1F4055　对张力放线操作的要求有哪些？（10分）

答：对张力放线操作的要求如下。

（1）张力放线的顺序一般先放中间相，后放两边相。（2分）

（2）牵引机、张力机必须按使用说明和操作规范进行操作，操作人员应经过专业培训并取得合格证后，方能操作。（2分）

（3）牵引导线时，应先开张力机，待张力机打开刹车发动后，方可开牵引机进行牵引。停止牵引时，其操作程序则相反。当接到停机信号时，牵引机必须停止牵引，以便查明原因。张力机需在牵引机停机后方可停机。（2分）

（4）牵引导线时，应先慢速牵引，然后逐渐加速，以防牵引绳波动过大。如因故停工时，应先将导线锚固好后，方可放松牵引张力。（2分）

（5）放线段跨越或平行接近带电电力线路时，牵引场和张力场两端的牵引绳以及导线上均应挂接地滑车，并进行良好的接地。（2分）

Le1F4056　对导、地线压接有关规程、规范的主要规定有哪些？（10分）

答：对导、地线压接的有关规程、规范的规定有：

（1）导线或架空地线，必须使用合格的电力金具配套接续管及耐张线夹进行连接。连接后的握着强度，应在架线施工前进行试件试验。试件不得少于3组（允许接续管与耐张线夹合为一组试件）。其试验握着强度对液压及爆压都不得小于导线或架空地线设计使用拉断力的 95%。对小截面导线采用螺栓式耐张线夹及钳压管连接时，其试件应分别制作。螺栓式耐张线夹的握着强度不得小于导线设计使用拉断力的 90%。钳压管直线连接的握着强度，不得小于导线设计使用拉断力的 95%。架空地线的连接强度与地线相对应。压接后其压接管的电阻值不应大于等长导线的电阻。压接管的温升不得大于导线本体的温升。(3 分)

(2) 在一个档距内，每根导线或架空地线上最多只允许有一个接续管和三个修补管，当采用张力放线时不应超过两个补修管。各类管与耐张线夹出口间的距离不应小于 15m，接续管或修补管与悬垂线夹中心的距离不应小于 5m，接续管或修补管与间隔棒中心的距离不宜小于 0.5m。(1 分)

(3) 接续管压接后，外形应平直、光洁，弯曲度不得超过 2%。如弯曲度超过标准，允许用木锤进行校直，校直后的接续管严禁有裂纹或明显的锤印。(1 分)

(4) 不同金属、不同规格、不同绞制方向的导线或架空地线，严禁在一个耐张段内连接。(1 分)

(5) 压接后的管子外面，不应留有飞边毛刺，以减少电晕损耗。接续管两端出口处，应涂漆防锈。(1 分)

(6) 在进行钳压或液压时，操作人员的面部应在压接机侧面并避开钢模，防止钢模压碎时其碎片飞出伤人。(1 分)

(7) 爆压连接使用电雷管时，应由两人同时进行，持电源人员应跟随操作人员在一起。待做好一切爆压准备时，两人同时撤离现场，全部到达安全地段后，再用电源起爆。(1 分)

(8) 对于架空线损伤或断股处理，应按有关规定进行，严禁凑合使用。(1 分)

Le1F5057　观察导线、架空地线弧垂的要求有哪些？(10 分)
答：观察导线、架空地线的要求如下。

(1) 计算导线、架空地线弧垂或根据弧垂曲线查取弧垂时，应考虑"初伸长"的影响。(1 分)

(2) 计算或查取弧垂值时，应考虑施工现场的实际温度，当实测气温和计算或查对弧垂"f"值所给定的气温相差在

±2.5℃以内时，其观测弧垂可不调整，如超过此范围，则应予调整。(2分)

（3）观测弧垂时，应顺着阳光且宜从低处向高处观察，并尽可能选择前方背景较清晰的观察位置。当架空线基本达到要求弧垂时，应通知停止牵引，待架空线的摇晃基本稳定后再进行观察。(1.5分)

（4）多档紧线时，由于放线滑车的摩擦阻力，往往是前面弧垂已满足要求而后侧还未达到。因此，在弧垂观察时，应先观察距操作（紧线）场地较远的观察档，使之满足要求，然后再观察、调整近处观测档弧度。(1.5分)

（5）当多档紧线，几个弧垂观测档的弧垂不能都达到各自要求值时，如弧垂相差不大，对两个观测档的按较远的观测档达到要求为准；三个观察档的则以中间一个观测档达到要求为准。如弧垂相差较大，应查找原因后加以处理。(2分)

（6）观测弧垂应在白天进行，如遇大风、雾、雪等天气影响弧垂观测时，应暂停观测。(1分)

（7）对复导线的弧垂观察，应采用仪器进行，以免因眼看弧垂的误差较大，造成复导线两线距离不匀。(1分)

Le1F5058　施工图各分卷、册的主要内容有哪些？（10分）

答：施工图各分卷、册的主要内容如下。

（1）施工图总说明书及附图：其主要内容有线路设计依据、设计范围及建设期限、路径说明方案、工程技术特性、经济指标、线路主要材料和设备汇总表以及附图等。(2分)

（2）线路平断面图和杆塔明细表：其主要内容有线路平段面图、线路杆塔明细表和交叉跨越分图。(1分)

（3）机电施工安装图及说明：其主要内容有架空线型号和机械物理特性、导线相位图、绝缘子和金具组合、架空线防振措施、防雷保护及绝缘配合、接地装置施工等。(2分)

（4）杆塔施工图：其主要内容有混凝土电杆制造图、混凝

土电杆安装图和铁塔组装图。（1分）

（5）基础施工图：其主要内容有混凝土电杆基础和铁塔基础施工图。（1分）

（6）通信保护计算：其主要内容有对本线路平行或交叉的通信线、信号线的保护措施及安装图。

（7）材料汇总表：其主要内容有施工线路所用的材料名称、规格、型号、数量及加工材料的有关要求。（1分）

（8）预算书：其主要内容有线路工程概况、工程投资和预算指标、编制依据和取费标准及预算的编制范围。（1分）

Jf1F4059 简述等电位作业是如何转移电位的？为什么带电作业时要向调度申请退出线路重合闸装置？（10分）

答：等电位作业，是在人员绝缘良好和屏蔽完整的情况下进行的。（1分）在未进入电场之前，人体是没有电位的，他与大地是绝缘的，并保持一个良好的安全距离。（1分）当人体处在与带电体有一个很小的间隙时，存在一个电容，（1分）人在电场中就有了一定的电位，与带电体有一个电位差。（1分）这个电位差击穿间隙，使人体与带电体联通带电，这时有一个很大的充电暂态电流通过人体，当电压很高时，用身体某部分去接触带电体是不安全的，因此在转移电位时，必须用等电位线进行，以确保安全。（2分）

重合闸是继电保护的一种，它是防止系统故障点扩大、消除瞬时故障、减少事故停电的一种后备措施。（1分）退出重合闸装置的目的有以下几个方面：

（1）减少内过电压出现的概率。作业中遇到系统故障，断路器跳闸后不再重合，减少了过电压的机会。（1分）

（2）带电作业时发生事故，退出重合闸装置，可以保证事故不再扩大，保护作业人员免遭第二次电压的伤害。（1分）

（3）退出重合闸装置，可以避免因过电压而引起对地放电的严重后果。（1分）

Jf1F5060 当线路着雷时，什么情况下会引起线路跳闸？为什么架空地线对杆塔有分流的保护作用？

答：当线路着雷时，雷电流超过线路的耐雷水平时，虽然会引起线路绝缘发生一相冲击闪络，使雷电流沿闪络通道入地，但由于冲击闪络的时间极短，并不一定会引起开关跳闸。（1.5分）只要在雷电消失后闪络点不随之建立工频电弧，仍可照常供电。（1.5分）但是，雷电闪络后，若沿雷电通道建起工频电弧，则会有工频短路电流流过，形成工频接地短路故障，将会造成线路开关跳闸。（1.5分）

雷电现象很复杂，但从分析问题的角度，可简化地看作一个电流行波沿空中通道注入雷击点，在击中此点后分别向架空地线和杆塔传播。对于一般的杆塔，其电感为 L_{gt}，塔脚冲击接地电阻为 R_{ch}，设架空地线电杆的分布参数为 L_B，这样可得如图 F-3 所示的雷击杆塔的等值电路图。（2.5分）显然，杆塔的电流 i_{gt} 应小于总的雷电流 i_L。如把杆塔电流与雷电流之比叫做分流系数 β，即 $\beta = \dfrac{i_{gt}}{i_L}$，则 β 与架空地线的根数及线路的电压等级都有关。架空地线的根数愈多，分流作用愈强，分流系数 β 愈小，杆塔电流 i_{gt} 也就愈小。因此架空地线对杆塔有分流的保护作用。（3分）

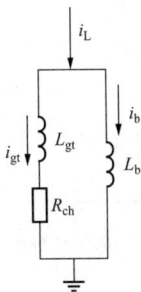

图 F-3

4.2 技能操作试题

4.2.1 单项操作

行业：电力工程　　　　工种：送电线路工　　　　等级：初

编　号	C05A001	行为领域	d	鉴定范围	1
考试时限	30min	题　型	A	题　分	100
试题正文	缠绕及预绞丝补修损伤导线的处理（地面）				
需要说明的问题和要求	1. 要求单独操作 2. 导线两端固定，地面操作 3. 一根导线两处损伤，一处缠绕处理，一处补修预绞丝处理 4. 正确着装				
工具、材料、设备、场地	1. 个人工用具，钢卷尺，记号笔 2. 配套的预绞丝及铝单丝 3. 棉纱、油盘、汽油等				

	序号	项目名称	质量要求	满分	扣　分
评分标准	1	缠绕补修工作准备			
	1.1	选择缠绕补修点	正确	3	不正确不给分
	1.2	准备材料	缠绕材料应为铝单丝	2	不正确不给分
	1.3	铝单丝绕成直径约15cm的线圈	不能扭转单丝，保持平滑弧度	2	视情况扣1～2分

	序号	项 目 名 称	质 量 要 求	满分	扣 分
评分标准	2	操作过程			
	2.1	顺导线方向平压一段单丝	位置正确	2	视情况扣 1～2分
	2.2	缠绕	缠绕时压紧，每圈都应压紧	2	一圈不紧扣1分
	2.3	缠绕方向	与外层铝股绞制方向一致	2	不正确不给分
	2.4	铝单丝线圈位置	外侧方向应靠紧导线	3	不正确不给分
	2.5	线头处理	线头应与先压单丝头绞紧	4	视情况扣 1～4分
	2.6	绞紧的线头位置	压平紧靠导线	4	视情况扣 1～4分
	3	技术要求			
	3.1	缠绕中心	应位于损伤最严重处	4	视情况扣 1～3分
	3.2	缠绕位置	应将受伤部分全部覆盖	4	不正确不给分
	3.3	缠绕长度	最短不得小于100mm	4	每少 2mm 扣 1分
	4	预绞丝补修工作准备			
	4.1	选择预绞丝	正确	4	不正确不给分
	4.2	清洗预绞丝	干净并干燥	4	视情况扣 1～3分
	4.3	损伤导线处理	处理平整	4	视情况扣 1～3分

	序号	项目名称	质量要求	满分	扣分
	4.4	判断导线损伤最严重处	正确	4	不正确不给分
	4.5	用钢卷尺量预绞丝	长度正确	3	不正确不给分
	4.6	定预绞丝在导线上的位置	正确	3	不正确不给分
	4.7	用记号笔在导线上画出预绞丝端头位置	正确	3	不正确不给分
	5	安装预绞丝			
	5.1	将预绞丝一根一根安装上	安装流畅	4	视情况扣1~3分
	5.2	用钢丝钳轻敲预绞丝头部	不能擦伤导线及损伤预绞丝	3	视情况扣1~3分
评分标准	6	预绞丝补修技术要求			
	6.1	补修预绞丝中心	应位于损伤最严重处	4	不正确不给分
	6.2	预绞丝不能变形	应与导线接触紧密	4	变形一根不给分,倒扣3分
	6.3	预绞丝端头	应对平齐	4	视情况扣1~3分
	6.4	预绞丝位置	应将损伤部位全部覆盖	4	不正确不给分
	7	其他要求			
	7.1	着装正确	应穿工作服、工作胶鞋,戴安全帽	4	漏一项扣2分
	7.2	操作熟练	熟练流畅	4	不熟练不给分
	7.3	清理工作现场	整理工器具,符合文明生产的要求	4	不合格扣2~4分
	7.4	工作顺利	按时完成	4	超过时间不给分,每超过1min倒扣2分

编　　号	C05A002	行为领域	d	鉴定范围	1
考试时限	30min	题　　型	A	题　　分	100
试题正文	现场锯角钢，准备加工塔材的操作				
需要说明的问题和要求	准备 1 张铁塔安装图，决定加工某钢印号塔材				
工具、材料、设备、场地	钢锯弓、钢锯条、记号笔、钢卷尺、台虎钳				

	序号	项 目 名 称	质 量 要 求	满分	扣　　分
评分标准	1	看图纸及画线			
	1.1	选角钢	规格正确	4	不正确不给分
	1.2	确定尺寸	选出正确尺寸	3	不正确不给分
	1.3	量出尺寸	画线准确	4	不正确不给分
	2	台虎钳的使用			
	2.1	台虎钳松开、夹紧	转动操作方向正确	4	方向转反一次扣2分
	2.2	夹角钢	角钢应夹平稳、牢固	4	视情况扣 2～4分
	2.3	调整台虎钳位置	保证便于操作，并使锯条运动线与角钢轴线垂直	4	角度不对扣2分
	2.4	锯条安装	1.锯条面平直，不扭曲 2.锯齿方向正确 3.锯条拉紧合适	4 4 4	锯条面不平直扣2分 锯齿方向不正确扣4分 不正确不给分
	3	操作			

277

	序号	项目名称	质量要求	满分	扣分
评分标准	3.1	从棱边起锯,一手控制锯条,一手锯	保证锯断位置准确	5	定位不准锯条滑动锯出一条印扣 1 分
	3.2	要求两手握锯	姿势正确	5	不正确不给分
	3.3	起锯速度要慢、有锯路后可加快些	速度控制每分钟 60 次内	5	视情况扣 2~4 分
	3.4	锯条与角钢要有一定的竖直角度	一般为 15°~20°,不崩或少崩锯齿	5	视情况扣 2~4 分
	3.5	压力适中	不能断锯条	5	断一次锯条扣 5 分
	3.6	锯条使用部分	至少占全长的 2/3	5	视情况扣 2~4 分
	3.7	姿势	正确	5	视情况扣 2~4 分
	3.8	操作情况	速度、用力都均匀	5	视情况扣 2~4 分
	3.9	角钢快断时用手扶住要掉的角钢,并放慢速度	角钢头不能掉到地上	5	角钢掉到地上扣 3 分,不放慢速度扣 2 分
	4	技术要求			
	4.1	长度检查	锯好的角钢尺寸准确	5	每误差2mm扣1分(平均长度)
	4.2	断口检查	断口垂直角钢轴线	5	每偏 1mm 扣 1 分(最长处与最短处之差)
	5	其他要求			
	5.1	考核时间	按时完成	5	超过时间不给分,每超过 2min 倒扣 1 分
	5.2	操作情况	动作熟练流畅	5	酌情给、扣分

278

行业：电力工程　　　　工种：送电线路工　　　　等级：初

编　　号	C05A003	行为领域	e	鉴定范围	1
考试时限	30min	题　　型	A	题　　分	100
试题正文	用 GJ-35 型钢绞线及 NX-1 型楔形线夹制作拉线上把的操作				
需要说明的问题和要求	1. 要求单独操作 2. 要求着装正确（穿工作服、工作胶鞋，戴安全帽） 3. 要求一次剪断钢绞线				
工具、材料、设备、场地	工具及材料由操作者自选				

	序号	项 目 名 称	质 量 要 求	满分	扣　　分
评分标准	1	工具选用			
	1.1	个人工具	钢丝钳、活动扳手等	2	漏 1 项扣 2 分
	1.2	专用工具	木锤 断线钳	2 2	
	2	材料准备			
	2.1	扎钢绞线的铁丝	10 号～12 号铁丝、18 号～20 号铁丝	2	错 1 项扣 2 分
	2.2	钢绞线	GJ-35 型	2	
	2.3	楔形线夹	NX-1 型（注意带螺栓、销钉）	4	漏螺栓、销钉各扣 2 分，型号错扣 3 分
	3	上把制作			
	3.1	用细铁丝在钢绞线剪断处两侧扎紧	切实扎紧，细铁丝不能拧断	4	视情况扣 2～4 分
	3.2	剪断钢绞线	操作正确，一次剪断	4	视情况扣 2～4 分
	3.3	将线夹套筒套入钢绞线	正确套入	4	套反 1 次扣 2 分不正确不给分
	3.4	量出弯曲部位	按尺寸要求	4	视情况扣 2～4 分
	3.5	弯曲钢绞线	用脚踩住主线，一手拉住钢绞线头，另一手控制钢绞线弯曲部位	6	视情况扣 2～4 分

	序号	项目名称	质 量 要 求	满分	扣 分
评分标准	3.6	用膝盖顶住弯钢绞线	将钢绞线线尾及主线弯成张开的开口销模样	6	视情况扣 2～4 分
	3.7	放入楔子	方向正确并拉紧	4	视情况扣 2～4 分
	3.8	用木锤敲冲牢固	制作紧凑无缝隙	5	每空 1mm 扣 2 分
	3.9	按要求绑扎钢绞线短头	1. 每圈铁丝都扎紧 2. 铁丝两端头绞紧 3. 铁丝绞头弯进两钢绞线中间	5 5 5	1 圈不紧扣 1 分 不正确不给分 视情况扣 2～4 分
	4	技术规范和工艺要求			
	4.1	尾线位置	钢绞线短头出线应在线夹凸肚侧	4	短头出线错误扣 8 分
	4.2	尾线长度	短头留取长度为 300～500mm	4	每长或短 2mm 扣 1 分
	4.3	结合部检查	钢绞线与楔子半圆弯曲结合处不得有死角和空隙	4	视情况扣 2～4 分
	4.4	绑扎长度	短头绑扎尺寸 40～50mm	4	每少 10mm 扣 2 分
	5	其他要求			
	5.1	操作动作	熟练连贯	5	视情况扣 2～4 分
	5.2	着装正确	应穿工作衣、工作胶鞋，戴安全帽	5	每漏一项扣 2 分
	5.3	清理工作现场	符合文明生产要求	3	视情况扣 1～3 分
	5.4	在规定时间完成	按要求完成	5	超过时间不给分 每延长 2min 倒扣 1 分

编　号	C05A004	行为领域	e	鉴定范围	1
考核时限	50min	题　型	A	题　分	100
试题正文	用 GJ–35 型钢绞线制作 NUT–1 型线夹拉线下把的操作				
需要说明的 问题和要求	1. 要求单独操作 2. 拉线上端楔形线夹固定 3. 要求着装正确（穿工作服、工作胶鞋，戴安全帽） 4. 要求一次剪断钢绞线				
工具、材料、 设备、场地	工具材料自选				

	序号	项目名称	质量要求	满分	扣分
评 分 标 准	1	工具选用			
	1.1	个人工具	钢丝钳一把，活动扳手两把	1	错、漏一项扣 1 分
	1.2	专用工具	木锤	1	
			断线钳	1	
			紧线器	1	
	2	材料选用			
	2.1	扎钢绞线的铁丝	10 号～12 号铁丝	1	错、漏一项扣 1 分
			18 号～20 号铁丝	1	
	2.2	NUT 型线夹	NUT–1 型线夹（双螺母带平垫圈）	4	螺帽垫圈每漏一件扣 1 分，型号错扣 3 分
	3	剪钢绞线			
	3.1	量出钢绞线的长度画印（必要时使用紧线器拉紧画印）	画印准确	4	不正确酌情扣 1～4 分

	序号	项 目 名 称	质 量 要 求	满分	扣 分
评 分 标 准	3.2	量出钢绞线剪断位置	位置正确	3	不正确酌情扣1～3分
	3.3	用细铁丝在钢绞线剪断处两侧扎紧	剪断处两侧扎紧细铁丝不能断	3	细铁丝拧断1次扣2分 不紧扣1～2分
	3.4	剪断钢绞线	操作正确,一次剪断	3	视情况扣1～3分
	4	做拉线下把			
	4.1	线夹套筒套入钢绞线	线夹套筒套入正确	4	套反1次扣3分
	4.2	弯曲钢绞线	脚踩住主线,一手拉住钢绞线头,另一手控制钢绞线弯曲部位,进行弯曲	4	视情况扣1～3分
	4.3	用膝盖顶住弯钢绞线	将钢绞线线尾及主线弯成张开的开口销模样,并将钢绞线线尾穿入线夹	4	视情况扣1～3分
	4.4	放入楔子	方向正确并拉紧凑	4	视情况扣1～3分
	4.5	用木锤敲打	牢固、无缝隙	4	视情况扣1～3分
	4.6	安装 NUT 型线夹	用紧线器拉紧	4	安装不上扣10分,要求返工继续进行
	4.7	按要求调紧拉线	按规范要求	4	视情况扣1～3分
	4.8	紧螺母	双螺母并紧	4	视情况扣1～4分
	5	绑扎钢绞线短头要求			

	序号	项目名称	质量要求	满分	扣分
评分标准	5.1	绑扎方法	正确（先顺钢绞线平压一段扎丝，再缠绕压紧该端头）	4	视情况扣 1～3 分
	5.2	扎铁丝	每圈铁丝都扎紧	4	1 圈不紧扣 1 分
	5.3	铁丝两端头处理	两端头绞紧	3	视情况扣 1～3 分
	5.4	铁丝绞头处理	弯进两钢绞线中间	3	弯进不好扣 2 分
	6	工艺要求和技术规范			
	6.1	尾线位置	线夹的凸肚位置应在尾线侧	4	错误扣 8 分
	6.2	尾线长度	尾线露出长度为 300～500mm	4	每长或短 10mm 扣 1 分
	6.3	结合部检查	钢绞线与线夹的舌板半圆弯曲结合处不得有死角和空隙	4	每 1mm 扣 2 分
	6.4	绑线长度	尾线与本线绑扎长度为 40～50mm	2	每少 5mm 扣 1 分
	6.5	出丝检查	NUT 型线夹双母出丝不得大于丝纹总长的 1/2	3	出丝大于丝纹总长的 1/2 扣 5 分
	7	其他要求			
	7.1	操作动作	熟练连贯	5	动作不熟练扣 1～4 分
	7.2	着装正确	穿工作服、工作胶鞋，戴安全帽	3	漏一项扣 2 分
	7.3	整理工具，清理工作现场	符合文明生产要求	3	视情况扣 1～3 分
	7.4	规定时间内完成	按要求完成	3	超过时间不给分，每延长 2min 倒扣 1 分

编　号	C05A005	行为领域	d	鉴定范围	1
考试时限	30min	题　型	A	题　分	100
试题正文	组装一套110kV输电线路耐张杆单串绝缘子串的操作				

需要说明的问题和要求	1. 要求单独在地面操作 2. 所有要用的材料应一次找齐，并按次序摆放好 3. 给出一张组装图纸 4. 指出导线型号，告知挂线点位置方向，告知线路受电方向 5. 要求着装正确（穿工作服、工作胶鞋，戴安全帽） 6. 绝缘子只检查2片，要求讲出检查内容 7. 金具只检查2件，要求讲出检查内容 8. 操作完毕要将绝缘子串拆开，材料运回 9. 导线水平排列，组装中间一相绝缘子串（从直角挂板组装至螺栓式耐张线夹止）
工具、材料、设备、场地	1. 直角挂板1块 2. 球头挂环1个 3. 8片悬式瓷绝缘子（要求型号颜色一致） 4. 单联碗头1只 5. 耐张线夹1只 6. 个人工具 7. 拔销钳 8. 棉纱等

	序号	项目名称	质量要求	满分	扣　分
评 分 标 准	1	材料选择			
	1.1	直角挂板	1块，符合图纸要求	1	
	1.2	球头挂环	1个，符合图纸要求	1	型号错1件、漏1件扣1分，螺帽、销钉漏一件扣1分
	1.3	悬式瓷绝缘子	8片（要求型号、颜色一致），符合图纸要求	2	
	1.4	单联碗头	1只，符合图纸要求	1	
	1.5	耐张线夹	1只，符合图纸要求	2	

	序号	项目名称	质量要求	满分	扣分
评分标准	2	工具选择			
	2.1	个人工具	钢丝钳、扳手等	2	漏一项扣1分
	2.2	专用工具	拔销钳、棉纱等	2	
	3	金具检查（要求讲出检查内容）			
	3.1	镀锌层的检查	设有碰损、剥落或缺锌	4	不正确扣1～4分
	3.2	剥落或缺锌处理	更换	4	不正确扣1～4分
	3.3	型号	型号正确	4	不正确扣1～4分
	4	绝缘子检查（要求讲出检查内容）			
	4.1	逐个将表面清擦	清擦干净并进行外观检查	5	不正确扣1～3分
	4.2	检查碗头、球头与弹簧销子之间的间隙	在安装好弹簧销子的情况下球头不得自碗头中脱出	5	不正确扣1～3分
	5	组装绝缘子串			
	5.1	材料摆放	整齐有序，绝缘子串方向正确	6	方向错误扣4分，不整齐扣1～2分
	5.2	取出弹簧销	操作正确	6	不正确扣1～6分
	5.3	绝缘子组装	将绝缘子8片组装成一串	6	不正确扣1～6分

285

	序号	项 目 名 称	质 量 要 求	满分	扣 分
评分标准	5.4	安装弹簧销	正确安装弹簧销	6	不正确扣 1～6 分
	5.5	组装时顺序	从横担部分开始向线夹方向组装	6	一次安装完成（每反复一次扣 2 分）
	6	规范要求			
	6.1	耐张线夹出线方向	出线方向正确	6	方向错误扣 6 分
	6.2	螺栓、穿钉方向,弹簧销子插入方向	螺栓、穿钉方向,弹簧销子插入方向正确。（9 只弹簧销子、耐张线夹穿钉上的 1 只销钉和直角挂板连接球头挂环的螺栓上的 1 只销钉、直角挂板和横担连接的 1 只螺栓由上向下穿。直角挂板和横担连接螺栓上的销钉、直角挂板连接球头挂环的螺栓、耐张线夹穿钉面向受电方向，由左向右穿入）	15	穿入方向每错一只扣 1 分
	7	其他要求			
	7.1	着装正确	应穿工作服、工作胶鞋，戴安全帽	4	漏一项扣 2 分
	7.2	清理工作现场	符合文明生产要求	3	不整理扣 1～3 分
	7.3	操作动作	熟练流畅	5	动作不熟练扣 1～4 分
	7.4	按时完成	不超时	4	超过时间不给分，每延时 2min 倒扣 1 分

行业：电力工程　　　　工种：送电线路工　　　　等级：初

编　号	C05A006	行为领域	d	鉴定范围	2
考试时限	40min	题　型	A	题　分	100
试题正文	角铁桩锚的安装操作				
需要说明的问题和要求	1. 派两人协助，指定受力方向 2. 着装正确（包括协助人员）（穿工作服、工作胶鞋，戴安全帽）				
工具、材料、设备、场地	角铁桩两块，花篮螺栓式联扣一副，大锤一把				

	序号	项目名称	质量要求	满分	扣　分
评分标准	1	工作准备			
	1.1	工用具摆放	整齐有序，方便操作	2	不正确扣 1～2 分
	1.2	工具检查	认真检查锤把及锤头应安全牢固	5	不检查不给分
	2	安全要求			
	2.1	不得戴手套	不戴手套	4	戴手套不给分
	2.2	操作位置与协助人员位置正确	符合安全要求，严禁站在对面	5	不正确不给分
	3	准备打桩			
	3.1	定准打桩位置	符合指定要求	5	不正确扣 1～3 分
	3.2	协助人员按鉴定人要求扶好角钢桩	保证角钢桩受力方向正确	3	不正确扣 1～3 分
	4	操作大锤的要求			
	4.1	大锤抡得准	不能打空	5	每打空一锤扣 0.1 分
	4.2	大锤锤面与角桩顶部平面接触	不得歪斜	5	不正确扣 1～4 分
	4.3	每锤都有力度	力度好	5	不正确不给分
	4.4	按联板扣长度，定出第二角桩位置	位置正确	5	不正确扣 1～4 分

	序号	项 目 名 称	质 量 要 求	满分	扣 分
评分标准	4.5	重复操作将第二角桩打入土中		5	按第一根办理
	5	装联扣			
	5.1	将花篮螺栓式联扣装上	前桩联扣靠顶部，后桩联扣靠根部	4	不正确扣 1～4 分
	5.2	将花篮螺栓式联扣调紧	预受力符合要求	4	不正确扣 1～4 分
	6	技术要求			
	6.1	大锤使用	姿势正确，动作熟练流畅	5	不正确扣 1～4 分
	6.2	方向要切实对准	两角桩中心连线与受力方向为一条直线	5	不正确扣 1～4 分
	6.3	两桩角铁的角平分线面	要在同一铅垂平面上对准受力方向	4	不正确扣 1～4 分
	6.4	角桩与地面的夹角	锐角应为 70°～80° 左右，夹角最小方向侧为受力反方向侧	5	不正确扣 1～4 分
	6.5	两桩平行	两桩平行	5	不正确扣 1～4 分
	6.6	角桩入土深度	一般为角桩长度的 2/3 左右	5	不正确扣 1～4 分
	6.7	花篮螺栓式联扣受力良好	螺杆必须露出螺纹，花篮螺栓式联扣不能在角桩上滑动	4	不正确扣 1～4 分
	7	其他要求			
	7.1	着装正确（包括协助人员）	应穿工作服、工作胶鞋，戴安全帽	5	每漏一项扣 2 分
	7.2	按时间完成	时间根据土质酌情增减	5	超过时间不给分，每超 2min 倒扣 1 分

288

编　号	C54A007	行为领域	e	鉴定范围	2
考试时限	30min	题　　型	A	题　　分	100

试题正文	35kV挂设接地线的操作

需要说明的问题和要求	1. 要求杆上，杆下都单独操作，设一个监护人 2. 利用培训线路，告知线路已停电，验电工作已经做好 3. 要求着装正确（穿工作服、工作胶鞋，戴安全帽） 4. 线路无架空地线

工具、材料、设备、场地	1. 登杆工具自选 2. 个人工具、吊绳、接地线（含接地棒） 3. 利用现有停电线路或利用培训线路操作

评分标准	序号	项 目 名 称	质 量 要 求	满分	扣　　分
	1	工用具选择			
	1.1	登杆工具	自选合格的登杆工具	2	漏、错项不给分
	1.2	安全带	合格的安全带	2	
	1.3	传递绳	规格、长度合格	1	
	1.4	接地线	符合要求的接地线（含接地棒）	2	
	1.5	个人工具	钢丝钳、扳手等	1	
	1.6	铁锤	合格的铁锤	2	
	2	工作准备			
	2.1	整理接地线	使之不发生扭结等	5	不正确扣1～4分
	2.2	打接地棒的位置选择	离电杆根部不能过远，土壤较紧密或较湿润处	5	不正确扣1～4分
	2.3	接地棒打入土中	深度大于0.6m，接地棒与土壤接触良好	5	不正确扣1～4分
	2.4	清理接地棒接线处	无脏物，无锈蚀	5	不正确扣1～4分

	序号	项目名称	质量要求	满分	扣分
评分标准	2.5	接地线与接地棒连接	连接牢固，螺栓拧紧	5	不正确扣 1～4 分
	3	登杆			
	3.1	登杆	登杆熟练，吊绳带上杆	5	不正确扣 1～4 分
	3.2	所选工作位置正确	离与导线保持安全距离	5	不正确扣 1～4 分
	3.3	安全带使用正确	系好安全带后应检查扣环是否扣牢	5	不正确扣 1～4 分
	3.4	吊接地线	动作正确熟练，吊绳与接地线不能缠绕	5	不正确扣 1～4 分
	4	技术及安全要求			
	4.1	手持接地线绝缘棒，先触及导线一次		6	不正确不给分
	4.2	接地线不能接触人体		6	接地线接触人体一次扣 5 分
	4.3	挂上接地线并使之夹紧导线		5	不正确不给分
	4.4	导线分层排列时应挂完下层导线后再挂上层导线		5	不正确不给分
	5	其他要求			
	5.1	杆上不能掉东西	传递员绑牢	5	每掉一次东西扣 5 分
	5.2	着装正确	应穿工作服、工作胶鞋，戴安全帽	5	着装每差一项扣 2 分
	5.3	按时完成	不超时	5	超过时间不给分每超过 2min 倒扣 1 分
	5.4	检查现场、清理工具	符合文明生产要求	3	不正确扣 1～3 分
	5.5	动作熟练程度	熟练流畅	5	动作不熟练扣 1～4 分

编　号	C54A008	行为领域	d	鉴定范围	1
考试时限	30min	题　型	A	题　分	100
试题正文	组装一套110kV输电线路双联瓷绝缘子耐张串（含耐张线夹）				
需要说明的问题和要求	1. 要求单独操作，地面操作 2. 所有要用的材料应一次找出，并按次序摆放好 3. 给出一张组装图纸 4. 告知导线型号，告知挂线点位置方向，告知线路受电方向 5. 要求着装正确（穿工作服、工作胶鞋、戴安全帽） 6. 绝缘子只检查2片，要求讲出检查内容 7. 金具只检查2件，要求讲出检查内容				
工具、材料、设备、场地	1. U形环3只 2. 延长环1只 3. 双联板2块 4. 直角挂板2块 5. 球头挂环2个 6. 16片悬式瓷绝缘子（要求型号颜色一致） 7. 双联碗头2只 8. 耐张线夹1只（螺栓式、压接式、液压式均可，要求与导线配合） 9. 个人工具 10. 拔销钳 11. 棉纱等				

	序号	项目名称	质量要求	满分	扣　分
评 分 标 准	1	材料选择			
	1.1	U形环3只	符合图纸要求	3	
	1.2	延长环1只	符合图纸要求	1	
	1.3	双联板2块	符合图纸要求	2	
	1.4	直角挂板2块	符合图纸要求	2	
	1.5	球头挂环2个	符合图纸要求	2	错、漏一项扣该项的分
	1.6	悬式瓷绝缘子16片	符合图纸要求（要求型号、颜色一致）	4	
	1.7	双联碗头2只	符合图纸要求	2	
	1.8	耐张线夹1只	符合图纸要求	2	
	2	工具选择			
	2.1	个人工具	钢丝钳、扳手等	2	型号错1件、漏1件扣1分
	2.2	专用工具	拔销钳、棉纱等	2	
	3	金具检查及处理（要求讲出检查及处理内容）			

	序号	项 目 名 称	质 量 要 求	满分	扣　分
评分标准	3.1	锌层	检查镀锌层有没有碰损、剥落或缺锌	4	不正确扣 1~4分
	3.2	损坏锌层的处理	如有以上现象应更换	4	
	3.3	型号	型号正确	5	
	4	绝缘子检查（要求讲出检查内容）			
	4.1	进行外观检查	逐个将表面清擦干净，并进行外观检查	5	不正确扣 1~5分
	4.2	检查碗头、球头与弹簧销子之间的间隙	在安装好弹簧销子的情况下球头不得自碗头中脱出	5	不正确扣 1~5分
	5	操作			
	5.1	材料摆放	整齐有序，绝缘子串方向正确	6	不正确扣 1~4分
	5.2	取出弹簧销	正确取出	5	不正确不得分
	5.3	绝缘子组装	绝缘子组装成两串，每串8片	6	方向错误扣 3分，排列不齐扣1~3分
	5.4	安装弹簧销	正确安装	5	不正确不得分
	5.5	组装时顺序正确	从横担部分开始向线夹方向组装，依次完成	6	每反复一次扣 2分
	6	规范要求			
	6.1	耐张线夹安装	出线方向正确	5	不正确扣 1~3分
	6.2	螺栓、穿钉、弹簧销子插入方向正确	一律由上向下穿，特殊情况由内向外、由左向右穿	5	每穿错一件扣0.5分
	7	其他要求			
	7.1	着装正确	应穿工作服、工作胶鞋，戴安全帽	4	漏一项扣 2分
	7.2	拆除瓷绝缘子串，材料运回	符合文明生产要求	4	不整理不给分
	7.3	操作动作	动作熟练流畅	5	不熟练扣 1~4分
	7.4	按时完成	按要求时间完成	4	超过时间不给分，每延时 2min倒扣 1分

编　号	C43A009	行为领域	f	鉴定范围	2
考试时限	30min	题　型	A	题　　分	100
试题正文	钢芯铝绞线直线管钳压连接的操作				
需要说明的问题和要求	1. 两人配合在一块平地上操作 2. 钳接 LGJ–185/25 钢芯铝绞线				
工具、材料、设备、场地	液压钳及钢模、钳接管、导电脂、油盘、锉刀、汽油、专用毛刷、棉纱、游标卡尺等				

	序号	项 目 名 称	质 量 要 求	满分	扣　　分
评分标准	1	工作前准备			
	1.1	检查液压钳	液压钳性能良好	3	不正确扣 1～3 分
	1.2	选择检查钳接管	钳接管规格正确，质量良好，清洗干净并使其干燥	4	不正确扣 1～4 分
	1.3	钳接管钳口印记	模数模距正确（见图 CA-1）	5	不正确扣 1～5 分
	1.4	选择并安装钢模	选择的钢模应与钳接管配套，钢模安装正确	4	不正确扣 1～4 分
	2	导线切割			
	2.1	切割导线	动作正确	4	不正确扣 1～4 分
	2.2	将被钳接的导线掰直，两端头用绑线扎好	防止散股，切割整齐并与轴线垂直	4	不正确扣 1～4 分

	序号	项目名称	质量要求	满分	扣分
评分标准	2.3	导线两端头用汽油清洗，线股内有油层时导线散股清洗	清洗长度不短于管长的 1.5 倍，擦净并使其干燥，整合好线股，绑扎好端头	6	不正确扣 1～6 分
	2.4	导线两端头表面薄薄地涂一层复合电力脂	用细钢丝刷清除表面氧化膜，保留涂料	5	不正确扣 1～5 分
	3	导线穿管			
	3.1	导线两端穿入管内	导线端头出管处为管端连续两模印记处	4	不正确扣 1～4 分
	3.2	放置铝管衬垫	铝管衬垫位置正确，置于铝管中的连接导线之间	4	不正确扣 1～3 分
	3.3	导线两端头露出铝管端长度	导线两端头露出铝管端头约 30～40mm	4	不正确扣 1～2 分
	4	钳压铝管			
	4.1	钳压第一模	在铝管中间对准印记压第一模	5	不正确扣 1～5 分
	4.2	第二模开始钳压顺序	向一侧顺序钳压完后，再从中间向另一侧顺序压完	4	不正确扣 1～5 分
	4.3	压完后压口尺寸检查	压口位置正确共 26 模，压后尺寸 39mm ±0.5mm	7	不正确扣 1～7 分
	4.4	钳接管弯曲度检查	弯曲度不应大于管长的 2%，有明显弯曲时应用木锤校直	4	不正确扣 1～4 分

	序号	项 目 名 称	质 量 要 求	满分	扣 分
评分标准	4.5	钳接管外表检查	压接或校直后的钳接管不应有裂纹，锉去飞边毛刺	4	不正确扣 1～4 分
	4.6	管端导线检查	导线端头露出长度不应小于 20mm，端头绑线保留，管口附近导线不应有灯笼，抽筋等现象	5	不正确扣 1～5 分
	4.7	钳接管电阻测量	钳接管电阻应不大于等长导线的电阻	5	不正确扣 1～5 分
	4.8	导线端头防腐处理	在导线端头及管口处涂上防锈漆	3	不正确扣 1～3 分
	5	其他要求			
	5.1	动作要求	动作熟练流畅	4	不熟练扣 1～4 分
	5.2	安全要求	操作人员头部应在液压钳侧面并避开钢模，防止钢模压碎飞出伤人	3	不正确不给分
	5.3	质量要求	掌握标准、正确测量，判断正确，处理恰当	4	标准不掌握，处理不当不给分
	5.4	钳接记录、打钢印	钳接管上打钢印，记录完整	3	缺记录扣 2 分，缺钢印扣 1 分
	5.5	清理现场	工具、材料放回原处，放置整齐	2	不到位扣 1～2 分

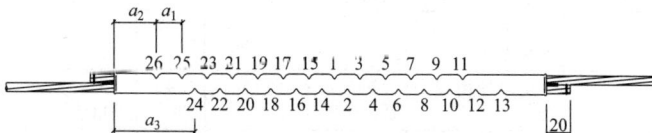

LGJ-185/25压模尺寸、钳压顺序图

图 CA-1

行业：电力工程　　　　工种：送电线路工　　　　等级：初/中

编　　号		C54A010	行为领域		e	鉴定范围		1
考试时限		40min	题　型		A	题　分		100
试题正文		紧线前耐张杆横担安装一根临时补强拉线的操作						
需要说明的问题和要求		1. 杆上一人、杆下一人均单独操作，设一监护人 2. 或两人一组，杆上、杆下交叉考核 3. 要求着装正确（穿工作服、工作胶鞋，戴安全帽） 4. 桩锚已安装好或使用拉棒作为桩锚						
工具、材料、设备、场地		1. 在培训线路上操作 2. 工用具自选、登杆工具自选						
评分标准	序号	项目名称	质量要求		满分	扣　　分		
	1	工用具准备				每错、漏一项扣1分		
	1.1	登杆工具、安全带检查	外观检查无缺陷		1			
	1.2	登杆工具、安全带冲击试验	在电杆 0.3～0.5m 高处人力冲击无问题		1			
	1.3	钢丝绳一根，传递绳一根	直径 10～12.5mm，长度足够		1			
	1.4	紧线器	双钩、棘轮紧线器均可，再配合用夹钢丝绳的钢丝绳卡头		1			
	1.5	U 形环或卸口二只	60～100kN		1			
	1.6	扎钢丝绳的铁丝	10 号铁丝		1			
	2	登杆				不熟练扣 1～3 分 吊绳没带扣 2 分		
	2.1	登杆动作	登杆动作熟练，带吊绳上杆		4			
	2.2	上横担动作	上横担时动作安全正确		4	不正确扣 1～3 分		
	2.3	登杆工具放置	上横担后将登杆工具放稳当		4			
	3	定位置和使用安全带						
	3.1	正确使用安全带	安全带系好后应检查扣环是否扣牢		4	未检查扣 2 分，未扣牢扣 4 分		
	3.2	工作位置选择正确	不来回移动		4	不正确扣 1～3 分		
	4	杆上操作						

	序号	项 目 名 称	质 量 要 求	满分	扣　　分
评分标准	4.1	将钢丝绳一端头吊至杆上	动作熟练，吊绳与钢丝绳不缠绕	5	不正确扣 1～4 分
	4.2	钢丝绳缠绕横担头	缠绕正确，自上而下成 8 字形缠绕	5	不正确扣 1～4 分
	4.3	位置要求	钢丝绳不妨碍挂线	5	妨碍挂线扣 2～4 分
			临时拉线靠近挂线点	5	不正确扣 1～2 分
	4.4	临时拉线方向	方向正确（拉线在紧线挂线点反方向）	4	不正确不给分
	5	杆下操作			
	5.1	用钢丝绳卡头夹紧钢丝绳	夹紧	4	钢丝绳滑动不给分
	5.2	用双钩紧线器或棘轮紧线器收紧钢丝绳	使临时拉线受力正常	5	不正确扣 1～4 分
	5.3	紧线器使用	操作熟练正确	5	不正确扣 1～4 分
	6	技术要求			
	6.1	钢丝绳尾在锚桩上或拉棒上绑扎正确	绳尾在钢丝绳上最少要折回两次	4	不正确扣 1～4 分
	6.2	钢丝绳绑扎时要拉紧	临时拉线受力合适	4	
	6.3	钢丝绳绑扎	钢丝绳尾绳从折环中穿出	4	
	6.4	钢丝绳尾用扎丝扎牢或用钢丝绳卡子卡住	扎丝不得小于 10 号、缠扎长度不小于 50mm，钢丝绳卡子不少于 3 只	4	
	6.5	拆除紧线工具	动作正确	4	
	7	其他要求			
	7.1	工具用吊绳传递	杆上不能掉东西	2	每掉一件倒扣 2 分
	7.2	着装正确	应穿工作服、工作胶鞋，戴安全帽	4	每漏一项扣 2 分
	7.3	操作动作	动作熟练流畅	5	动作不熟练扣 1～4 分
	7.4	按时完成	按要求完成	5	超过时间不给分，每超过 2min 倒扣 1 分

行业：电力工程　　　　工种：送电线路工　　　　等级：中/高

编　号	C43A011	行为领域	f	鉴定范围	2
考试时限	30min	题　型	A	题　分	100
试题正文	光学经纬仪的对中、整平、对光、调焦的操作				
需要说明的问题和要求	1.使用光学对点器对中 2.在平坦的地面钉一木桩，桩头中心钉一颗小铁钉作为测量站点				
工具、材料、设备、场地	使用常见的光学经纬仪J2、J6型均可				

	序号	项 目 名 称	质 量 要 求	满分	扣　分
评分标准	1	仪器安装			
	1.1	将三脚架高度调节好后架于测站点上	高度便于操作	4	不正确扣 1～3 分
	1.2	仪器从箱中取出	一手握扶照准部，一手握住三角机座	4	
	1.3	将仪器放于三脚架上，转动中心固定螺旋	将仪器固定于脚架上，不能拧太紧，留有余地	4	
	2	光学对点器对中			
	2.1	旋转对点器目镜	使分化板清晰	4	不正确扣 1～4 分
	2.2	拉伸对点器镜管	使对中标志清晰	4	
	2.3	两手各持三脚架中两脚，另一脚用右（左）手胳膊与右（左）腿配合好，将仪器平稳托离地，来回移动	找到木桩	4	

	序号	项 目 名 称	质 量 要 求	满分	扣 分
评分标准	2.4	将仪器平稳放落地,将分化板的小圆圈套住桩上小铁钉	仪器一次放成功	4	每超过二次倒扣2分
	2.5	仪器调平后再滑动仪器调整	使小铁钉准确处于分划板的小圆圈中心	4	圈外扣4分,不在中心视情况扣1~2分
	3	调整圆水泡			
	3.1	将三脚架踩紧或调整各脚的高度	使圆水泡中的气泡居中	5	不正确扣1~5分
	4	精确对中			
	4.1	将仪器照准部转动180°后再检查仪器对中情况,然后拧紧中心固定螺栓	仪器调平后还要再精细对中一次,使小铁钉准确处于分划板的小圆圈中心	5	不正确扣1~5分
	5	仪器调平			
	5.1	转动仪器照准部	使长型水准器与任意两个脚螺旋的连接线平行	3	不正确扣1~3分
	5.2	以相反方向等量转动此两脚螺旋	使气泡正确居中	3	
	5.3	将仪器转动90°,旋转第三个脚螺旋	使气泡居中	3	
	5.4	反复调整两次	仪器旋转至任何位置,水准泡最大偏离值都不超过1/4格值	3	反复超过二次倒扣2分
	5.5	仪器精对中后还要再检查调平一次	所有要求合格	3	每1/4格扣2分

	序号	项 目 名 称	质 量 要 求	满分	扣 分
评 分 标 准	6	对光			
	6.1	将望远镜向着光亮均匀的背景（天空），转动目镜	使分划板十字丝清晰明确	3	不正确扣 1～2 分
	6.2	记住屈光度后再重调一次	要求两次屈光度一致	3	不一致扣 1～2 分
	7	调焦			
	7.1	从瞄准器上对准目标后，拧紧照准部制动手轮	对准目标	4	不正确扣 1～3 分
	7.2	旋转望远镜调焦手轮	使标杆的影像清晰	3	不正确扣 1～2 分
	7.3	旋动照准部微动手轮	使标杆在十字丝双丝正中	4	不正确扣 1～4 分
	7.4	眼睛上下左右移动检查有无视差	如有视差，再进行调焦清除	3	不正确扣 1～3 分
	7.5	旋动照准部微动手轮	仔细检查使标杆在十字丝双丝正中	3	
	8	收仪器			
	8.1	松动所有制动手轮	仪器活动	3	不正确扣 1～3 分
	8.2	松开仪器中心固定螺旋	一手握住仪器，一手旋下固定螺旋	3	
	8.3	双手将仪器轻轻拿下放进箱内	要求位置正确，一次成功	3	每失误一次扣 3 分
	8.4	清除三角架上的泥土	将三角架收回，扣上皮带	3	不正确扣 1～3 分
	8.5	操作时动作	熟练流畅	5	不熟练扣 1～4 分
	8.6	按时完成	按要求完成	3	超过时间不给分，每超过 2min 倒扣 1 分

编　　号	C43A012	行为领域	d	鉴定范围	1
考试时限	60min	题　型	A	题　分	100

试题正文	钢丝绳插编绳套的操作

需要说明的问题和要求	1. 要求单独完成 2. 试验可由专人进行

工具、材料、设备、场地	1. 个人工具 2. 断线钳 3. 专用编插矛锥 4. 木锤 5. 钢卷尺 6. 细铁丝、胶带胶布等

	序号	项目名称	质量要求	满分	扣　　分
评分标准	1	工具材料选择			每错、漏一项扣该项分
	1.1	钢丝绳	符合要求	1	
	1.2	个人工具	齐全	2	
	1.3	断线钳	合格	1	
	1.4	专用编插矛锥	合格	2	
	1.5	木锤	合格	1	
	1.6	钢卷尺	合格	1	
	1.7	细铁丝、胶带胶布等	合格	1	
	2	剪取长度正确的钢丝绳			
	2.1	决定钢丝绳返头长度	绳套一侧双钢丝绳部分长度（20～24倍钢丝绳直径）+穿插长度（20～24倍钢丝绳直径）+余量	4	不正确扣1～3分
	2.2	决定钢丝绳长度	钢丝绳绳套总长度+2倍钢丝绳返头长度	4	
	2.3	用钢卷尺在钢丝绳上量出需要的长度及钢丝绳返头位置	共画三个印记	4	
	2.4	在规定的地方剪断钢丝绳	尺寸正确	4	
	3	钢丝绳处理			

	序号	项目名称	质量要求	满分	扣分
评分标准	3.1	用细铁丝在破头长度处将两钢丝绳扎紧	保证尺寸正确	4	不正确扣 1～3 分
	3.2	将钢丝绳在返头印记处弯折过来	尺寸正确	4	不正确扣 1～2 分
	3.3	钢丝绳每股头处理正确	直径较小的钢丝绳可用胶布或胶带包扎每股头部，直径较大的钢丝绳可用氧焊处理	4	不正确扣 1～2 分
	4	穿插钢丝绳			
	4.1	专用工具插入顺利	单根钢丝不被插变形	4	不正确扣 1～3 分
	4.2	钢丝绳破头	每股叉开长度合适	4	
	4.3	拆开一股穿入一股	顺序正确	5	错一根、一次扣 2 分
	4.4	穿入方向	正确	5	每返工一次扣 3 分
	5	技术要求			
	5.1	穿入要求	穿入后每股拉紧	5	不正确扣 1～3 分
	5.2	穿入情况	要求后穿入一股压紧前穿入一股	5	不整齐不给分
	5.3	穿插次数	各股穿插次数不小于 4 次	5	每少一次扣 5 分
	5.4	用木锤修整编插部分	美观整齐	4	不正确扣 1～3 分
	5.5	剩余钢丝绳股修剪整齐	美观整齐	4	
	6	其他要求			
	6.1	外观检查	完成编插的绳套整齐美观	5	酌情给分
	6.2	拉力试验	经过 125%超负荷试验合格	5	不合格不给分
	6.3	操作情况	动作熟练流畅	5	动作不熟练扣 1～5 分
	6.4	清理工作现场	符合文明生产要求	2	不正确扣 1～2 分
	6.5	按时完成	按要求完成	5	超过时间不给分，每超过 2min 倒扣 1 分

编　号	C43A013	行为领域	f	鉴定范围	2
考试时限	40min	题　型	A	题　分	100

试题正文	用经纬仪测量线路与交叉跨越物之间的距离的操作
需要说明的问题和要求	1. 由考评员指定测站点 2. 一人操作、一人配合
工具、材料、设备、场地	1. 在培训线路上测量或选用一处有交叉线路的地方测量 2. 选用光学经纬仪，J2、J6 型均可 3. 塔尺、钢卷尺等

	序号	项 目 名 称	质 量 要 求	满分	扣　分
评分标准	1	工器具选择			
	1.1	经纬仪	合格	2	漏、错一项扣 2 分
	1.2	塔尺	合格	2	
	1.3	计算器	合格	2	
	2	选定仪器站点			
	2.1	选用站点正确	站点位置，在线路交叉角的平分线上的四个位置任选一个	5	不正确扣 1～4 分
	2.2	选用站点距离正确	站点位置距离线路交叉点距离约 20～40m	4	不正确扣 1～3 分
	3	仪器调平、对光、调焦			
	3.1	指挥在线路交叉点正下方树一塔尺	塔尺竖直	4	不正确扣 1～3 分
	3.2	仪器在站点上调平、对光	操作正确	4	

	序号	项目名称	质量要求	满分	扣分
评分标准	3.3	将镜筒瞄准塔尺，调焦	使塔尺刻度最清晰	4	
	4	测距离			
	4.1	将照准部锁紧螺旋及望远镜锁紧螺旋锁紧	操作正确	4	不正确不给分
	4.2	转动照准部微动螺旋使十字丝上下丝能夹住塔尺	操作正确	4	不正确扣1~3分
	4.3	转动望远镜微动螺旋使十字丝上丝与塔尺上某一起始刻度重合	操作正确	4	不正确扣1~3分
	4.4	读出上丝及下丝所夹塔尺刻度长度乘100得出距离A	视距时镜筒尽量保持水平读数准确	4	
	5	测角度准备工作			
	5.1	松开望远镜锁紧螺旋	操作正确	4	不正确扣1~3分
	5.2	将换象手轮转至竖直位置	换象手轮标记日线为垂直	4	
	5.3	打开仪器竖盘照明反光镜并转动或调整装开角度	使显微镜中读数最明亮	4	
	5.4	转动显微镜目镜	使读数最清晰	4	

	序号	项 目 名 称	质 量 要 求	满分	扣 分
评分标准	6	测垂直角			
	6.1	将镜筒瞄准上层导线（也可先测下层线路或被跨越物）	锁紧望远镜制动手轮	4	不正确扣 1～3 分
	6.2	转动望远镜微动手轮	使十字丝与导线精确相切	4	
	6.3	旋转竖盘指标微动手轮	使观察棱镜内看到的竖盘水准器水泡精确符合	5	
	6.4	转动测微手轮，使读数显微镜内见到有上下两部分影像相对移动	直到上下格线精确符合为止，读出度、分、秒得 β	5	不正确扣 1～4 分
	6.5	用同样方法读出下层线的垂直角度 α		5	
	7	计算	利用公式计算出交叉跨越间的距离 $=A$ $(\tan\beta-\tan\alpha)$	5	不正确不给分
	8	其他要求			
	8.1	将仪器装箱，三角架清理干净	要求一次装箱成功	3	每反复二次扣 2 分，不清理扣 2 分
	8.2	操作动作	动作熟练流畅	5	动作不熟练扣 1～4 分
	8.3	按时完成	按时按要求完成	5	超过时间不给分 每超过 2min 倒扣 1 分

编　　号	C43A014	行为领域	e	鉴定范围	1
考试时限	50min	题　　型	A	题　　分	100

试题正文	锈蚀拉线更换处理

需要说明的 问题和要求	1. 要求拉临时拉线，在停电线路上操作 2. 杆上一人、杆下一人均单独操作，设一人监护 3. 两人一组，杆上、杆下交叉考核 4. 要求着装正确（穿工作服、工作胶鞋，戴安全帽） 5. 登杆工具、安全工具合格
工具、材料、 设备、场地	1. 在培训线路上操作 2. 直径 10mm 左右钢丝绳一根 3. 钢绞线 GJ-35 型及拉线金具 4. 紧线器及断线钳

	序号	项目名称	质量要求	满分	扣　　分
评 分 标 准	1	工具、材料选取			
	1.1	拉线金具	NX-1 型、NUT-1 型各一只	1	
	1.2	钢绞线	GJ-35 型，长度够用	1	
	1.3	钢丝绳、传递绳各一根	长度够用	1	
	1.4	U 形环或卸扣	60kN 一只，大型合格的一只	1	
	1.5	紧线器	双钩、棘轮等紧线器均可加上夹钢绞线的紧线夹头和夹钢丝绳的钢丝绳卡头	1	每少一件或错一件扣 1 分
	1.6	个人工具、登杆工具及木锤等	齐全	1	
	1.7	断线钳	合格	1	
	1.8	扎钢绞线及扎尾线回头的两种型号铁丝	合格	1	

续表

	序号	项目名称	质量要求	满分	扣分
评分标准	2	杆上操作			
	2.1	登杆动作	安全、熟练	4	不正确扣 1～3 分
	2.2	所站位置及使用安全带	操作正确	4	
	2.3	吊钢丝绳	吊绳不与钢丝绳缠绕	4	
	2.4	钢丝绳缠绕电杆	绕两圈，U 形环螺丝拧到位	4	
	3	装临时拉线			
	3.1	在拉线棒上装一只 U 形环，在 U 形环上绑临时拉线	要求不影响正式拉线安装	4	不正确扣 1～3 分
	3.2	使用紧线工具	正确调紧临时拉线	4	
	3.3	折下紧线工具	操作正确	4	
	4	拆除旧拉线			
	4.1	拆下原 NUT 型线夹	动作熟练	4	不正确扣 1～3 分
	4.2	拆下原楔形线夹	旧拉线吊下电杆	4	
	5	装新拉线			
	5.1	制作拉线上把并扎钢绞线回头尾线	按规定制作并按规定将钢绞线回头尾线扎牢	4	不正确扣 1～4 分
	5.2	传递绳把上把吊上电杆并挂好	正确安装螺栓及销钉	4	
	5.3	NUT 型线夹拆开，U 形型螺栓穿进拉线棒环，量出钢绞线所需要的长度并画印	画印准确	4	
	5.4	制作拉线下把	按规定制作	4	

	序号	项目名称	质量要求	满分	扣分
评分标准	5.5	装上下把，必要时使用紧线工具	操作正确	4	
	6	调整新拉线			
	6.1	调整下把	使拉线受力正常，NUT 型螺栓出丝正确	4	不正确扣 1~4 分
	6.2	将钢绞线回头尾线扎牢	按规定	2	不正确扣 1~2 分
	6.3	拧双螺母	双螺母应并住拧紧	2	
	7	拆除临时拉线	操作正确	2	不正确不给分
	8	规范要求			
	8.1	钢绞线出头位置正确	钢绞线出头位置正确，线夹凸肚应在尾线侧	3	钢绞线出头位置错误扣 10 分
	8.2	尾线长度检查	钢绞线回头长度正确为 300~500mm	3	误差每超过 1cm 扣 1 分
	8.3	尾线绑扎	钢绞线回头尾线扎牢	2	不正确扣 1~2 分
	8.4	拉线受力调整	拉线受力均匀合适	2	
	8.5	NUT 型线夹出线检查	NUT 型线夹螺母出丝长度小于 1/2 螺杆的罗纹长度	3	每超过 0.5cm 扣 1 分
	9	其他要求			
	9.1	杆上不能掉东西	按《安规》操作	2	掉一件东西扣 1 分
	9.2	着装正确	应穿工作服、工作胶鞋，戴安全帽	2	漏一项扣 1 分
	9.3	整理工器具	符合文明生产要求	2	不正确扣 1~2 分
	9.4	操作动作	熟练流畅	5	不熟练扣 1~4 分
	9.5	按时完成	按要求完成	2	超过时间不给分，每延长 2min 倒扣 1 分

编　　号	C32A015	行为领域	f	鉴定范围	2
考试时限	40min	题　　型	A	题　　分	100
试题正文	带四方拉线直线杆经纬仪施工定位（分坑）测量的操作				
需要说明的问题和要求	1. 平坦地面打一桩，桩头上钉一钉作为杆位桩；前、后方各打一桩，为线路方向桩 2. 直线杆呼称高15m，拉线对地夹角60°，拉线与线路方向成45° 3. 拉线盘坑0.6m×1.2m，坑深2.2m 4. 派两人配合				
工具、材料、设备、场地	1. 在一块能打桩的地上操作 2. 光学经纬仪J2、J6型均可 3. 卷尺、标杆、锤、桩等 4. 计数器				

	序号	项 目 名 称	质 量 要 求	满分	扣　　分
评分标准	1	准备工作			
	1.1	查看断面图、杆塔明细表、杆型图等	了解所需要的技术数据	3	不正确扣1～3分
	1.2	计算出中心桩至拉线棒出土桩间的距离	15/tan60°=8.66m	3	不正确扣1～3分
	1.3	计算出拉线棒出土桩至拉线棒中心桩的距离	2.2/tan60°=1.27m	3	
	2	核对线路方向			
	2.1	将经纬仪放于电杆中心桩上	对中、调平、对光	4	不正确扣1～4分
	2.2	将标杆插于线路方向桩上	前后方向桩均要插	4	
	2.3	望远镜瞄准标杆，调焦并将十字丝双丝段精密夹着标杆	核对线路方向无误	4	

	序号	项目名称	质量要求	满分	扣分
评分标准	2.4	钉前、后方向桩	在杆位前后方向3～5m处各钉一副桩作为立杆定位用	4	不正确扣1～4分
	3	钉拉线盘中心桩及拉线棒出土桩			
	3.1	将仪器换象手轮转于水平位置	手轮上标线为水平	4	不正确扣1～3分
	3.2	打开水平度盘照明反光镜并调整	使显微镜中读数最明亮	4	
	3.3	转动显微镜目镜	使读数最清晰	4	
	3.4	转动水平度盘手轮	使读数为一个好计算的整数角度（或直接记住原先读数）	5	
	3.5	将镜筒顺时针旋转45°左右，锁住照准部制动手轮，转动照准部微动手轮	使读数准为旋转45°后的读数	5	不正确扣1～4分
	3.6	卷尺控制计算出的距离，仪器控制角度，钉出第一根拉线的拉线棒出土桩及拉线盘中心桩	拉线盘中心桩准确	5	
	3.7	将镜筒倒转180°，按上法钉出另一根拉线的拉线棒出土桩及拉线盘中心桩	拉线盘中心桩准确	5	
	3.8	将镜筒顺时针方向旋转90°，钉出第三根拉线的拉线棒出土桩及拉线盘中心桩	拉线盘中心桩准确	5	

310

	序号	项目名称	质量要求	满分	扣分
评分标准	3.9	将镜筒倒转180°，钉出第四根拉线的拉线棒出土桩及拉线盘中心桩	拉线盘中心桩准确	5	不正确扣1～4分
	3.10	用仪器检查一次	拉线与线路方向夹角均为45°，拉线之间的夹角为90°	5	不检查不给分
	4	钉横担方向桩			
	4.1	在线路垂直方向的两侧离中心桩约20m左右处各钉一个横担方向桩	桩位置准确	5	所有木桩钉得不准，视情况扣1～5分
	4.2	桩位置选择	钉横担方向桩处要考虑立杆时好观测	5	
	5	杆坑分坑及画出开挖面			
	5.1	用卷尺和木桩，以拉线棒出土桩及拉线盘中心桩为基准画出开挖面	要求拉线盘长方向与拉线方向垂直	5	开挖面画得不准，视情况扣1～5分
	6	其他要求			
	6.1	操作动作	熟练流畅	5	不熟练扣1～4分
	6.2	仪器收起装箱	一次放成功，清理脚架	4	不正确扣1～3分
	6.3	考核时间	按时完成	4	超过时间不给分，每超2min倒扣1分

编　号	C32A016	行为领域	e	鉴定范围	2
考试时限	30min	题　型	A	题　分	100

试题正文	杆塔接地电阻测量的操作

需要说明的问题和要求	1. 用国产 ZC–8 型接地电阻测量仪测试 2. 只测一组接地体电阻值 3. 告知接地体形式 4. 提供接地体形式图

工具、材料、设备、场地	1. ZC–8 型接地电阻测量仪一只 2. 连接线 3. 接地棒 4. 手锤 5. 在培训线路上操作

	序号	项目名称	质量要求	满分	扣　分
评分标准	1	电表检查调整			
	1.1	外观检查	检查合格并有有效的检测合格证	2	
	1.2	指针度盘检查	检查并静态调正指针	2	
	1.3	将电表桩头短接，摇动摇把	动态检查，阻值应为 0	2	不正确扣 1～2 分
	1.4	连接线的检查	截面不小于 1～1.5mm²，塑铜线质量好	2	
	1.5	联接线外绝缘层检查	绝缘层良好，无脱落与龟裂	2	
	2	布置电流极和电压极			
	3	查看有关图纸资料	了解接地形式及接地体的长度	4	不正确扣 1～3 分

	序号	项目名称	质量要求	满分	扣　分
评分标准	3.1	断开接地装置与架空地线接地引下线的连接	操作正确	4	不正确扣 1～3 分
	3.2	布置电流极接线长度	为接地体长的 4 倍左右	5	不正确扣 1～4 分
	3.3	布置电压极接线长度	为接地体长的 2.5 倍左右	5	
	4	技术要求			
	4.1	布线要求	布线方向应与线路或地下金属管道垂直	5	不正确扣 1～4 分
	4.2	连接线要求	连接线与接地棒接触良好	4	不正确扣 1～3 分
	4.3	引线要求	电压极与电流极引线应保持 1m 以上的距离	5	不正确扣 1～4 分
	4.4	接地棒打入土中	打入土中的深度不小于接地棒长度的 3/4，并与土壤接触良好	4	不正确扣 1～2 分
	4.5	电表上接线	正确	5	不正确不给分
	4.6	将接地极清理干净，将接线联结好	保证接触可靠	5	不正确扣 1～5 分
	5	操作接地电阻测量仪及读数			

	序号	项目名称	质量要求	满分	扣分
评分标准	5.1	将接地电阻测量仪放于平坦处，一手扶住转盘并压住使其平稳	姿势正确	5	不正确扣 1~4 分
	5.2	另一手摇动摇把	转速为 120r/min	5	不正确扣 1~4 分
	5.3	适当选用倍率并转动转盘	操作正确	5	
	5.4	使指针指向零位并平稳加速，要感觉到调速器起作用	并使指针稳定的指向零位	5	
	5.5	读数报出电阻值	正确读数，读数乘以倍率，报出电阻值正确	4	不正确扣 1~3 分
	5.6	再摇测一次	要求两次测量读数基本一致，相差较大要查明原因	4	
	6	恢复架空地线接地引下线，与接地装置连接合格	螺栓确实拧紧，接地极整理整齐	4	不正确扣 1~2 分
	7	其他要求			
	7.1	操作动作	动作熟练流畅	5	不熟练扣 1~4 分
	7.2	整理工用具	符合文明生产要求	2	不正确扣 1~2 分
	7.3	按时完成	在规定的时间内完成	5	超过时间不给分，每超过 1min 倒扣 1 分

行业：电力工程　　　　工种：送电线路工　　　　等级：高/技师

编　　号	C32A017	行为领域	e	鉴定范围	2
考试时限	30min	题　　型	A	题　　分	100
试题正文	线路绝缘电阻测量的操作				
需要说明的问题和要求	1. 采用绝缘电阻表（绝缘摇表）测量 2. 利用培训线路，断开线路与各种电气设备的引线，电压等级：35kV 3. 派一人与操作者配合，所派人员听从操作者指挥				
工具、材料、设备、场地	1. 1000V、2500V 绝缘电阻表（绝缘摇表）各一只备选 2. 测量引线				

	序　号	项 目 名 称	质 量 要 求	满分	扣　　分
评分标准	1	工作前的准备			
	1.1	选择摇表及配套引线	选择正确符合工作需要	10	
	1.2	外观检查	检查合格并有有效的检测合格证	5	
	1.3	摇表使用前检查	检查摇表是否良好。检查时将摇表两根引线相碰，慢慢摇动手柄，检查指针是不是指向"0"，如果指针不指"0"，应调整表上的调零装置；将两根引线分开，检查指针是否指向"∞"	15	每错、漏选一项扣5分 每错一项扣5分
	2	工作过程			
	2.1	断开电气设备的电路	方法正确、安全验明线路确无电压	5	每错、漏选一项扣5～10分
	2.2	摇表接线	将摇表"E"端钮接地，"L"端用绝缘棒通过引线与线路连接	10	

315

	序号	项目名称	质量要求	满分	扣分
评分标准	2.3	测量与读数	确认线路上无人时，开始进行测量	5	错误一项扣 5 分
			摇动手柄，转速从低速慢慢增高到 120r/min 左右，并维持 1min 后读数，该数即为该相导线对地绝缘电阻	10	接线错误扣 10 分 测量方法错误扣 5～10 分
			用类似方法，依次测量其余两相绝缘电阻	10	
	3	工作终结验收			
	3.1	摇表拆除	工作结束后，应先断开"L"端钮的引线，再停止摇动手柄，防止线路电容电流向绝缘电阻表放电	10	
	3.2	放电	利用引线将导线对地放电	5	顺序错误扣 5～10 分 错误一项扣 5 分
	3.3	结果分析	应根据测量结果及测量时天气情况，综合分析、判断作出结论	5	
	3.4	安全文明生产	测量时，摇表两引线分开，手与其他部分均不得触及导线和接线端钮 工作结束，清理现场，交还工器具	10	

编　　号	C32A018	行为领域	e	鉴定范围	2
考试时限	30min	题　　型	A	题　　分	100
试题正文	档端角度法检查导线弧垂的操作				
需要说明的问题和要求	1. 要求档距较大，导线对地距离不要太大 2. 给出档距、前后杆塔呼称高 3. 一人配合并记录				
工具、材料、设备、场地	1. 光学经纬仪一台（J2、J6 型均可） 2. 钢卷尺 3. 计算器				

	序号	项 目 名 称	质 量 要 求	满分	扣　　分
评分标准	1	工器具选择			
	1.1	经纬仪	检验合格	2	不正确扣 1～2 分
	1.2	钢卷尺	检验合格	2	
	1.3	计算器	检验合格	2	
	2	安放、调整仪器			
	2.1	选择观测站点	站点在该杆塔所测那根线挂线点正投影至地面上的点	5	不正确不给分
	2.2	将经纬仪对中、调平、调光	操作正确	5	不正确不给分
	3	采集数据资料			
	3.1	量出经纬仪高度	望远镜转轴中心红点至杆塔基面的高度	5	不正确扣 1～4 分
	3.2	查出该档档距观测点处杆塔呼称高	档距、观测点、导线挂点高度要准确	5	
	3.3	观测点导线挂点至杆塔基面高度减去仪器高等于 A	要注意放仪器地面与杆塔基面一致或进行换算，确保 A 准确	5	
	4	测垂直角备工作			
	4.1	将经纬仪换向轮转至垂直角位置上	换象手轮标记白线为垂直	5	不正确扣 1～5 分
	4.2	打开竖盘照明反光镜并调整	使读数显微镜管内的竖盘角度明亮	5	

	序号	项 目 名 称	质 量 要 求	满分	扣 分
评 分 标 准	4.3	调整读数显微镜目镜	使读数最清晰	5	不正确扣1~5分
	4.4	旋转竖盘指标微动手轮,使得在观察棱镜内看到竖盘水准器水泡精确符合	操作正确	5	
	5	测弧垂最低点垂直角度			
	5.1	将望远镜瞄准导线方向	操作正确	4	不正确扣1~4分
	5.2	拧紧照准部及望远镜锁紧螺旋	操作正确	5	
	5.3	利用照准部及望远镜微动手轮使十字丝中横丝与导线弧垂最低点相切	操作正确	5	
	5.4	转动测微手轮使显微镜方格中上下格线精密对准	操作正确	5	
	5.5	必要时调整竖盘水准器水泡	操作正确	4	
	5.6	读出垂直角度α	精确读出	5	
	5.7	利用照准部及望远镜微动手轮,使十字丝中横丝与该导线挂点相切	精确读出垂直角度β	5	
	6	计算	$B-$档距×$(\tan\beta-\tan\alpha)$,再按异长法公式计算弧垂	4	不正确不给分
	7	其他要求			
	7.1	将仪器装箱、三角架清理泥土并收好	装箱一次成功	2	不正确扣1~2分
	7.2	操作动作	熟练流畅	5	动作不熟练扣1~4分
	7.3	考核时间	按时完成	5	超过时间不给分,每超过2min倒扣1分

318

行业：电力工程　　　　　工种：送电线路工　　等级：技师/高级技师

编　号	C21A019	行为领域	e	鉴定范围	2
考试时限	50min	题　型	A	题　分	100
试题正文	直线塔、矩型铁塔基础施工定位（分坑）测量的操作				
需要说明的问题和要求	平坦地面操作，派两人配合				
工具、材料、设备、场地	1. 在一块能打桩的地上操作 2. 光学经纬仪 J2、J6 型均可 3. 卷尺、标杆、锤、桩、细铁丝、小铁钉等				

	序号	项目名称	质量要求	满分	扣　分
评分标准	1	工器具选择			
	1.1	经纬仪	合格	2	错漏一项扣2分
	1.2	卷尺	合格	2	
	1.3	标杆	合格	2	
	1.4	细铁丝	合格	2	
	1.5	锤、桩、小铁钉等	合格	2	
	2	检查中心桩			
	2.1	将经纬仪放于铁塔中心桩 O 上	对中、调平、对光	3	不正确不给分
	2.2	将标杆插于线路方向桩上	前方、后方均要测，检查中心桩是否正确	4	结果不对不给分
	3	钉前后方向桩			
	3.1	将望远镜瞄准标杆，调焦	用十字丝双丝段精密夹住标杆	4	不正确不给分
	3.2	瞄准前后方向桩，仪器控制方向，钢卷尺控制距离，钉下前后方各一桩	前 A 桩后 B 桩，使 $AO=BO=1/2(X+Y)$。X、Y 分别为矩型铁塔基础根开，X 为长，Y 为宽	4	不正确不给分

	序号	项目名称	质量要求	满分	扣分
评分标准	4	测水平角准备工作			
	4.1	将仪器换象手轮转于水平位置	手轮上标线为水平	4	不正确扣 1~3 分
	4.2	打开水平度盘照明反光镜并调整	使显微镜中读数最明亮	4	
	4.3	转动显微镜目镜	使读数最清晰	4	
	5	钉垂直线路方向桩			
	5.1	转动水平度盘手轮	使读数为一个好计算的整数角度（或直接记住原先读数）	5	不正确扣 1~4 分
	5.2	将镜筒旋转90°，钉 C 桩；倒镜后，钉 D 桩	同样使 CO=DO=1/2 ($X+Y$)	5	
	6	画开挖面			
	6.1	用细铁丝连接 AD，在此铁丝上量出 DP=0.707 ($Y+A$)，DQ= 0.707($Y-A$)得 P、Q 两点，A 为基坑边长	操作正确	5	不正确扣 1~4 分
	6.2	取 2A 线长，将两端分别置于 P、Q 两点，拉紧线的中点即得 M 点、翻转至反方向即得 N 点	操作正确	5	

	序号	项 目 名 称	质 量 要 求	满分	扣 分
评 分 标 准	6.3	沿 NPMQ，在地面上画线，即得第一只基坑面	操作正确	5	不正确扣 1～4分
	6.4	同样用细铁丝连接 AC，在此铁丝上量出 CP=0.707（$Y+A$），CQ=0.707（$Y-A$）得 P、Q 两点，A 为基坑边长	操作正确	5	
	6.5	取 2A 线长，将两端分别置于 P、Q 两点，拉紧线的中点即得 M 点，反方向即得 N 点	操作正确	5	
	6.6	沿 NPMQ，在地面上画线，即得第二只基坑	操作正确	5	
	6.7	同样连接 BD、BC，同样得出 M、N 点，得第三、四只基坑	操作正确	5	
	7	其他要求			
	7.1	认真检查一次	确实保证分坑尺寸正确	5	不检查不给分
	7.2	仪器装箱，三脚架清除泥土	操作熟练	3	不正确扣 1～2分
	7.3	操作动作	动作熟练流畅	5	不熟练扣 1～4分
	7.4	按时间完成	规定时间内完成	5	超过时间不给分，每超过 2min 倒扣 1 分

行业：电力工程　　　　工种：送电线路工　等级：技师/高级技师

编　号	C21A020	行为领域	e	鉴定范围	2
考试时限	40min	题　型	A	题　分	100
试题正文	直线塔结构倾斜检查的操作				
需要说明的问题和要求	1. 一人操作，一人配合 2. 已知铁塔全高				
工具、材料、设备、场地	1. 选一座培训用铁塔测量 2. 选用经纬仪或全站仪 3. 钢卷尺				

	序号	项目名称	质 量 要 求	满分	扣　　分
评分标准	1	工器具选择			
	1.1	经纬仪	合格	6	错、漏一项扣 2 分
	1.2	钢卷尺	合格	2	不检查扣 2 分
	2	横向倾斜值的测量			
	2.1	仪器站点选择	在顺线路方向中心线上	6	不正确扣 2～4 分
	2.2	距离正确	塔高 2 倍左右	6	不正确扣 2～4 分
	2.3	仪器调平、对光、调焦	操作正确	8	不正确扣 2～6 分
	2.4	测前侧横向倾斜值 x_1	首先将望远镜中丝瞄准横担中点，然后俯视铁塔根部，用钢卷尺量取中丝与横向根开中点间的距离即为横向倾斜值 x_1	4	不准确扣 2～4 分 方法不正确不得分
	2.5	同样方法测后侧横向倾斜值 x_2	方法正确	4	不准确扣 2～4 分 方法不正确不得分
	2.6	计算横向倾斜值 （注意 x_1、x_2 方向，同侧相减，异侧相加）	计算正确 $$x = \frac{x_1 + x_2}{2}$$	6	不正确扣 4 分

<table>
<tr><th></th><th>序号</th><th>项目名称</th><th>质量要求</th><th>满分</th><th>扣分</th></tr>
<tr><td rowspan="13">评分标准</td><td>3</td><td>顺向倾斜值的测量</td><td></td><td></td><td></td></tr>
<tr><td>3.1</td><td>仪器站点选择</td><td>在铁塔横担方向上</td><td>6</td><td>不正确扣2～4分</td></tr>
<tr><td>3.2</td><td>距离正确</td><td>塔高2倍左右</td><td>6</td><td>不正确扣2～4分</td></tr>
<tr><td>3.3</td><td>仪器调平对光、调焦</td><td>操作正确</td><td>8</td><td>不正确扣2～6分</td></tr>
<tr><td>3.4</td><td>测左侧顺向倾斜值 y_1</td><td>将望远镜中丝瞄准横担中点，然后俯视铁塔根部，用钢卷尺量取中丝与顺线根开中点间的距离即为横向倾斜值 x_1</td><td>4</td><td>不准确扣2～4分
方法不正确不得分</td></tr>
<tr><td>3.5</td><td>同样方法测右侧顺向倾斜值 y_2</td><td>方法正确</td><td>4</td><td>不准确扣2～4分
方法不正确不得分</td></tr>
<tr><td>3.6</td><td>计算顺向倾斜值
（注意 y_1、y_2 方向，同侧相减，异侧相加）</td><td>计算正确
$$y=\frac{y_1+y_2}{2}$$</td><td>6</td><td>不正确扣6分</td></tr>
<tr><td>4</td><td>计算铁塔倾斜率</td><td></td><td></td><td></td></tr>
<tr><td>4.1</td><td>铁塔倾斜值 Z</td><td>计算正确
$$Z=\sqrt{x^2+y^2}$$</td><td>6</td><td>错误扣6分</td></tr>
<tr><td>4.2</td><td>铁塔倾斜率 η</td><td>计算正确
$$\eta=\frac{Z}{H}，H 为塔高$$</td><td>6</td><td>错误扣6分</td></tr>
<tr><td>5</td><td>其他要求</td><td></td><td></td><td></td></tr>
<tr><td>5.1</td><td>仪器装箱</td><td>要求一次成功</td><td>6</td><td>重复一次扣2分</td></tr>
<tr><td>5.2</td><td>操作动作</td><td>熟练流畅</td><td>6</td><td>不熟练扣1～4分</td></tr>
<tr><td>5.3</td><td>按时完成</td><td>按要求时间完成</td><td></td><td>超时停做</td></tr>
</table>

编　号	C21A021	行为领域	e	鉴定范围	2
考试时限	60min	题　　型	A	题　分	100
试题正文	带位移转角电杆基础分坑测量的操作				

其他需要说明的问题和要求	1. 地形良好，平坦地面 2. 门形转角杆 3. 进行实际操作并派2人配合 4. 准备一张带位移长短横担转角电杆基础分坑图（见图 CA-1）	抽签结果	横担宽 $b=$　；线路转角 $\theta=$ 导线拉线与横担夹角 $\alpha=$ 底盘规格： 拉盘规格：
工具、材料、设备、场地	1. 在能打桩的地面上操作 2. 光学经纬仪 J2、J6 型均可 3. 钢卷尺、皮尺、标杆、锤、木桩、竹片桩、细铁丝以及小铁钉等		

	序号	项 目 名 称	质 量 要 求	满分	扣　　　分
	1	检查线路转角			
	1.1	将经纬仪放于线路转角中心桩上	对中、调平、对光	3	不正确扣 1～3 分
评分标准	1.2	指挥将标杆插于线路前（或后）方向桩上	标杆竖直	2	
	1.3	将望远镜瞄准前方（或后方）标杆，调焦，并将十字丝精密对准标杆	旋动照准部微动手轮，用十字丝双丝段夹住标杆	2	
	1.4	将仪器换象手轮转于水平位置	手轮上标线为水平	2	不正确扣 1～2 分
	1.5	打开水平度盘照明反光镜并调整	使显微镜中读数最明亮	2	
	1.6	转动显微镜目镜	使读数最清晰	2	

	序号	项 目 名 称	质 量 要 求	满分	扣 分
评分标准	1.7	读水平度盘读数	读数准确，作好记录	3	不正确扣 1～3 分
	1.8	将镜筒旋转对准后（或前）方向桩上的标杆，读水平度盘读数	算出线路转角的度数（不超过 1′30″）	3	
	1.9	计算转角角度，核对图纸，检查线路转角桩是否正确（判定标准现场考问）	计算结果要报告，回答问题要准确。（角度相差 1′30″要查原因）	3	
	2	定横担方向桩			
	2.1	将镜筒旋转定在 1/2 内角位置上（或将镜筒回转 1/2 转角角度再旋转 90°定位），指挥定出横担方向桩 A	旋动照准部微动手轮控制角度，方向准确	3	不正确扣 1～3 分
	2.2	打倒镜，指挥在地上钉出横担方向桩 B	横担方向桩桩距不能太近，考虑好位移	2	
	3	确定杆塔结构中心桩			
	3.1	计算位移（根据给定参数）	计算正确	3	不正确扣 1～3 分
	3.2	在线路中心桩与横担方向桩拉紧细铁丝	操作正确	2	
	3.3	用钢卷尺在铁丝上从线路中心桩向线路内角方向量出计算出的位移值，在这点上打桩并钉钉	位移桩（电杆中心桩）位置准确	2	
	4	定杆位开挖面（底盘分坑）			

	序号	项目名称	质量要求	满分	扣分
评分标准	4.1	根据底盘规格计算坑口尺寸 a	正确	3	不正确扣 1～3分
	4.2	沿 A、B（横担方向桩）自杆塔结构中心桩量 $\left(\dfrac{x}{2}-\dfrac{a}{2}\right)$ 得 C 点，量 $\left(\dfrac{x}{2}+\dfrac{a}{2}\right)$ 得 D 点（x 为根开，由图纸查知）	操作正确	3	
	4.3	在皮尺上取长 $1.62a$ 的一段，并将其两端分别固定在 C、D 两点，用手钩住皮尺 $a/2$ 得 E，同理可得 F、G、H 各点，E、F、G、H 四个点得连线即为坑口开挖面	操作正确	3	
	4.4	同样方法得出第二只基坑	操作正确	3	
	4.5	认真检查一次确保分坑尺寸正确	操作正确	2	
	5	导线拉盘分坑			
	5.1	沿 A、B（横担方向桩）自杆塔中心桩量 $x/2$ 得杆位中心	操作正确	2	不正确扣 1～3分
	5.2	将经纬仪移至位移后的杆位中心桩	对中、调平	2	

续表

	序号	项目名称	质量要求	满分	扣分
评分标准	5.3	将镜筒对准横担方向桩，记住水平度盘读数 φ 值	操作正确，读数准确	3	不正确扣 1～3 分
	5.4	将镜筒旋转，使水平度盘读数为 $\varphi-\alpha$ 或 $\varphi+\alpha$（α 导线拉线与横担水平投影夹角）	旋动照准部微动手轮控制角度，方向准确	3	
	5.5	从镜筒内观测并指挥钉桩、钉出第一个导线拉线基础坑方向桩	方向准确	2	
	5.6	计算拉线坑口中心距离 y	计算正确	3	
	5.7	根据拉盘规格计算拉线盘坑口尺寸 c、d（c 为短边，d 为长边）	计算正确	3	
	5.8	沿导线拉线基础坑方向桩自杆位中心桩量（$y-0.5c$）得 I 点，自杆位中心桩量（$y+0.5c$）得 J 点	操作正确	2	
	5.9	在皮尺上取长 $\sqrt{c^2+(0.5d)^2}+0.5d$ 的一段，并将其两端分别固定在 I、J 两点，用手钩住皮尺 $0.5d$ 得 K，同理可得 L、M、N 各点，K、L、M、N 四个点得连线即为坑口开挖面	操作正确	2	

	序号	项目名称	质量要求	满分	扣分
评分标准	5.10	同样方法得出第二、三、四只基坑	操作正确	2	不正确扣 1~3 分
	5.11	认真检查一次确保分坑尺寸正确	操作正确	2	
	6	架空地线拉盘分坑			
	6.1	将镜筒对准横担方向桩，记住水平度盘读出的角度φ值	操作正确，读数准确	2	不正确扣 1~3 分
	6.2	将镜筒旋转，使水平度盘读数为φ-90°或φ+90°（架空地线拉线与横担水平投影夹角）	旋动照准部微动手轮控制角度，方向准确	3	
	6.3	从镜筒内观测并指挥钉桩、钉出第一个架空地线拉线基础坑方向桩	方向准确	2	
	6.4	计算拉线坑口中心距离y′	计算正确	3	
	6.5	根据拉盘规格计算拉线坑口尺寸c′、d′（c′为短边，d′为长边）	计算正确	2	

	序号	项 目 名 称	质 量 要 求	满分	扣 分
评分标准	6.6	沿架空地线拉线基础坑方向桩自杆位中心桩量$(y'-0.5c')$得I'点，自杆位中心桩量$(y'+0.5c')$得J'点	操作正确	2	不正确扣 1～3分
	6.7	在皮尺上取长$\sqrt{c'^2+(0.5d')^2}+0.5d'$的一段，并将其两端分别固定在I'、J'两点，用手钩住皮尺 $0.5d'$得K'，同理可得L'、M'、N'各点，K'、L'、M'、N'四个点得连线即为坑口开挖面	操作正确	2	
	6.8	同样方法得出第二、三、四只基坑	操作正确	2	
	6.9	认真检查一次确保分坑尺寸正确	操作正确	2	
	7	工作终结验收			
	7.1	操作全过程	动作顺利流畅、顺序正确、数据精确	2	错误一次扣 1～2分
	7.2	安全文明生产	仪器操作方法规范、不损坏仪器，工作完毕，仪器装箱方法正确，清理场地并交还工具	4	不正确扣 1～2分，损坏仪器扣 3分

带位移转角电杆基础分坑参数表

电杆横担宽	1	0.8m		
	2	1.0m		
	3	1.2m		
耐张串挂环长	0.1m			
线路转角θ	1	40°		
	2	50°		
	3	60°		
导线拉线与横担水平投影夹角α	1	55°		
	2	60°		
	3	65°		
电杆呼称高	12.5m			
拉线盘埋深	2m			
导线拉线与电杆夹角	45°			
架空地线拉线与电杆夹角	30°			
底盘规格（长×宽×高）	1	1.0m×1.0m×0.18m		
	2	1.2m×1.2m×0.21m		
	3	1.4m×1.4m×0.21m		
拉盘规格（长×宽×高）	1	1.8m×0.9m×0.2m		
	2	2.0m×1.0m×0.2m		
	3	2.2m×1.1m×0.2m		

图 CA-1

行业：电力工程　　　　工种：送电线路工　等级：技师/高级技师

编　　号	C21A022	行为领域	e	鉴定范围	2
考试时限	40min	题　　型	A	题　　分	100
试题正文	带位移转角铁塔基础分坑测量的操作				
需要说明的问题和要求	1. 平坦地面 2. 正方形铁塔 3. 派两人配合 4. 准备一张带位移转角铁塔基础分坑图及铁塔图纸				
工具、材料、设备、场地	1. 在能打桩的地面上操作 2. 光学经纬仪 J2、J6 型均可 3. 钢卷尺、标杆、锤、桩、细铁丝等				

	序号	项目名称	质量要求	满分	扣　　分
评分标准	1	检查中心桩			
	1.1	将经纬仪放于线路转角中心桩上	对中、调平、对光	3	不正确扣 1～3 分
	1.2	指挥将标杆插于线路前后方向桩上	标杆竖直	3	
	1.3	将望远镜瞄准前方（或后方）标杆，调焦，并将十字丝精密对准标杆	旋动照准部微动手轮，用十字丝双丝段夹住标杆	3	
	1.4	将仪器换象手轮转于水平位置	手轮上标线为水平	3	
	1.5	打开水平度盘照明反光镜并调整	使显微镜中读数最明亮	3	
	1.6	转动显微镜目镜	使读数最清晰	3	
	1.7	读水平角度	读数准确，作好记录	3	
	1.8	将镜筒旋转对准后（或前）方向桩上的标杆	读出线路转角的度数	4	相差超过 1′30″ 不给分
	1.9	计算转角角度，核对图纸，检查线路转角桩是否正确（判定标准现场考问）	计算结果要报告，回答问题要准确。（角度相差 1′30″ 要查原因）	4	不正确扣 1～4 分

	序号	项目名称	质量要求	满分	扣分
评分标准	2	钉横担方向桩			
	2.1	将镜筒旋转定在1/2内角位置上（或将镜筒旋转1/2转角角度再旋转90°定位），指挥定出横担方向	旋动照准部微动手轮控制角度，方向准确	4	不正确扣1～3分
	2.2	指挥在地上钉出横担方向桩	横担方向桩桩距不能太远，考虑好位移	4	
	3	位移			
	3.1	计算位移	正确	5	不正确不给分
	3.2	在中心桩与横担方向桩拉紧细铁丝	操作正确	4	不正确扣1～3分
	3.3	用钢卷尺在铁丝上从中心桩向线路内角方向量出计算出的位移值，在这点上打桩并钉钉	位移桩位置准确	4	
	4	定位开挖面			
	4.1	将经纬仪移至位移后的铁塔中心桩上	对中、调平	4	
	4.2	将镜筒对准横担方向桩，记住水平度盘读出的角度α值	操作正确，读数准确	4	
	4.3	将镜筒旋转，使水平度盘读数为$\alpha-45°$或$\alpha+45°$	旋动照准部微动手轮控制角度，方向准确	4	不正确扣1～4分
	4.4	从镜筒内观测并指挥钉桩、钉出第一个基础坑方向桩	方向准确	4	
	4.5	按基础图纸尺寸，仪器控制方向，钢卷尺控制距离定出A、B两点；A、B两点为单个基础坑的对角点	操作正确，A、B两基础坑的对角点准确	4	

	序号	项目名称	质量要求	满分	扣分
评分标准	4.6	皮尺取 2d 长度，两端定在 A、B 两点，拉紧中点得出 M。翻至对面得 N，沿 AMBN 在地面上画印（d 为基坑边长）	操作正确，画出的基础坑正确	4	不正确扣 1～4 分
	4.7	镜筒倒转180°，定出第二个基础坑方向桩，在此方向，按基础图纸尺寸钉出 A、B 两点；A、B 两点为单个基础坑的对角点	操作正确，A、B 两基础坑的对角点准确	4	
	4.8	按前方法在地面上画出第二个基础坑	画出的基础坑正确	4	
	4.9	将镜筒旋转90°，定出第三个基础坑方向，并在地面上画出第三个基础坑	画出的基础坑正确	4	
	4.10	将镜筒倒转180°，定出第四个基础坑方向，并在地面上画出第四个基础坑	画出的基础坑正确	4	
	5	其他要求			
	5.1	每次定位要复测检查	操作正确	3	不检查不给分
	5.2	仪器装箱，三角架清除泥土收起	熟练、正确	1	不整理不给分
	5.3	操作动作	熟练流畅	5	不熟练扣 1～5 分
	5.4	按时完成	规定时间内完成	4	超过时间不给分，每超 2min 倒扣 1 分

4.2.2 多项操作

行业：电力工程　　　　工种：送电线路工　　　　等级：初

编　　号	C05B023	行为领域	e	鉴定范围	1
考试时限	40min	题　　型	B	题　　分	100
试题正文	110kV 输电线路直线杆上拆除悬垂线夹、换上放线滑轮的操作				
需要说明的问题和要求	1. 杆上单独操作，杆下一人监护配合 2. 用双钩紧线器提升导线 3. 直径 300mm 等径混凝土电杆 4. 要求着装正确（穿工作服、工作胶鞋、戴安全帽）				
工具、材料、设备、场地	1. 在不带电的培训线路上操作 2. 使用工具、材料自选 3. 选用登杆工具：升降板或脚扣、安全带、传递绳				

	序号	项 目 名 称	质 量 要 求	满分	扣　分
评 分 标 准	1	登杆工具选用、检查			
	1.1	登杆工具选用	选用直径 300mm 混凝土电杆升降板或脚扣	1	遗漏或错误扣 1 分
	1.2	外观检查	无缺陷	2	不检查不给分
	1.3	升降板（或脚扣）、安全带冲击试验	在电杆 0.3～0.5m 高处人力冲击无问题、无损伤	3	安全工具没冲击试验扣 3 分
	2	工具材料准备			
	2.1	个人工具	齐全（钢丝钳、活动扳手、螺丝刀、工具包等）	1	
	2.2	钢丝绳套一只	符合要求	1	
	2.3	双钩紧线器一只	符合要求	1	
	2.4	传递绳一根	符合要求	1	
	2.5	放线滑轮一只	符合要求	1	

	序号	项 目 名 称	质 量 要 求	满分	扣 分
评 分 标 准	2.6	U形环一只	符合要求	1	
	3	登杆基本功和熟练程度			
	3.1	挂板，上板，挂上板	一脚绷紧升降板绳子挂上板	3	
	3.2	上上板	一手抓紧上板两根绳子，另一手压紧踩板头部上板	3	
	3.3	蹬板倒挂	升降板靠近大腿，一膝肘部挂紧升降板绳子	3	
	3.4	侧身脱钩取板	动作安全、正确	3	不正确扣1～2分
	3.5	调整脚扣皮带（脚扣登杆）	脚扣皮带调整正确	3	
	3.6	脚扣扣在杆上（脚扣登杆）	位置正确	3	
	3.7	手扶电杆，重心稍向后（脚扣登杆）	姿势正确	3	
	3.8	一步一步升高（脚扣登杆）	每步升高高度正确	3	
	3.9	体形协调	灵活、轻巧	2	
	3.10	上横担动作	安全正确	2	
	3.11	正确使用安全带	位置正确，检查扣环	2	
	4	横担上的工作			
	4.1	使用传递绳吊工具	动作熟练正确	2	不熟练扣1～2分
	4.2	调整双钩紧线器	调到中间合适位置	4	
	4.3	坐在横担上挂好钢丝绳套	位置正确	4	不正确扣1～3分
	4.4	挂双钩紧线器	安全、可靠	4	
	5	导线上的操作			

	序号	项 目 名 称	质 量 要 求	满分	扣 分
评分标准	5.1	沿绝缘子串下至导线上	动作安全正确	4	不正确扣 1～3 分
	5.2	坐在升降板上，双脚蹬在导线上或坐在导线上	动作安全正确、平稳	3	
	6	拆除悬垂线夹			
	6.1	将双钩紧线器下钩钩住导线	操作正确	2	不正确扣 1～2 分
	6.2	拆卸悬垂线夹固定螺母	操作正确	3	
	6.3	操作双钩紧线器，将导线提起	操作正确	4	
	6.4	检查受力部件并用脚蹬冲击试验	操作正确	4	不检查试验不给分
	6.5	拆下悬垂线夹	操作正确	3	不正确扣 1～2 分
	7	装上滑轮			
	7.1	装上放线滑轮，导线放进滑轮	合上盖，关上保险	4	不正确扣 1～4 分
	7.2	放松双钩紧线器	使导线重量落在放线滑轮上，并认真检查	4	
	7.3	取下双钩紧线器及钢丝绳套	用传递绳传送至地面	3	不正确扣 1～2 分
	8	其他要求			
	8.1	清理现场	符合文明生产要求	3	不正确扣 1～2 分
	8.2	着装正确	应穿工作服、工作胶鞋，戴安全帽	5	漏一项扣 2 分
	8.3	操作动作	动作熟练流畅	5	动作不熟练扣 1～4 分
	8.4	在规定时间内完成	按要求完成	5	超过时间不给分每超过 2min 倒扣 1 分
	8.5	杆上不能掉东西	符合《安规》要求	4	每掉一件材料扣 2 分，掉一件工具扣 5 分

编　　号	C05B024	行为领域	e	鉴定范围	1
考试时限	40min	题　　型	B	题　　分	100

试题正文	110kV 输电线路直线杆上单个破损瓷绝缘子的处理

需要说明的 问题和要求	1. 杆上一人单独操作，杆下设一监护人员配合 2. 更换的绝缘子从上往下第七片 3. 要求着装正确（穿工作衣、工作胶鞋、戴安全帽）

工具、材料、 设备、场地	1. 在不带电的培训线路直径 300mm 等径杆上操作 2. 登杆工具：升降板或脚扣，安全带，传递绳 3. 工具选择：个人工具，钢丝绳套，双钩紧线器 4. 材料选择：瓷绝缘子及弹簧销

	序号	项 目 名 称	质 量 要 求	满分	扣　　分
评 分 标 准	1	工作准备			
	1.1	登杆工具选择	直径 300mm 等径杆 升降板或脚扣	2	错误扣 2 分
	1.2	升降板或脚扣 外观检查	无缺陷	3	不检查不给分
	1.3	安全带、升降 板或脚扣冲击实 验	在电杆 0.3～0.5m 高 处人力冲击无问题	4	安全工具没冲 击试验不给分
	1.4	瓷绝缘子的清 擦及检查	干净无缺陷	2	不检查不给分
	2	登杆基本功			
	2.1	登杆动作	安全正确	4	不正确扣 1～3 分
	2.2	体形配合	灵活、轻巧	3	
	2.3	上横担动作安 全正确	操作正确	2	不正确扣 1～2 分

	序号	项目名称	质量要求	满分	扣分
评分标准	3	横担上的工作			
	3.1	到位后正确使用安全带	位置正确,检查扣环扣牢	4	不正确扣 1～3 分
	3.2	登杆工具杆上摆放	摆放正确、安全、不掉下	4	
	3.3	人坐在横担上正确的用吊绳将工具吊到电杆上	操作正确	3	
	3.4	挂好钢丝绳套	位置正确	3	不正确扣 1～2 分
	3.5	双钩紧线器调至中间合适位置,挂好双钩紧线器	操作正确	3	
	4	至导线上的工作面			
	4.1	沿着绝缘子串下到导线上	动作正确	3	不正确扣 1～3 分
	4.2	坐到导线上	安全平稳	3	
	5	拆旧绝缘子			
	5.1	拔除第七片绝缘子上、下弹簧销了	操作正确	3	不正确扣 1～2 分
	5.2	将双钩紧线器下钩钩住导线	操作正确	4	不正确扣 1～3 分
	5.3	操作紧线器将导线提起	操作正确	4	
	5.4	导线与绝缘子分离,并拆下第七片绝缘子	操作正确	4	

	序号	项 目 名 称	质 量 要 求	满分	扣 分
评分标准	6	装新绝缘子	操作正确		
	6.1	吊下旧绝缘子，吊上新绝缘子	操作正确	2	不正确扣 1～2 分
	6.2	换上新绝缘子	操作正确	3	
	6.3	转动绝缘子，使弹簧销穿入方向正确	向受电侧穿	4	不正确扣 3 分
	6.4	操作双钩紧线器，将导线下放至绝缘子受力	操作正确	4	不正确扣 1～3 分
	6.5	装弹簧销子到位	操作正确	4	不正确不给分
	6.6	拆除双钩紧线器	操作正确	3	不正确扣 1～2 分
	6.7	质量检查	检查认真	4	不检查不给分
	7	其他要求			
	7.1	着装正确	应穿工作服、工作胶鞋，戴安全帽	3	每漏一项扣 1 分
	7.2	清理现场和工具	符合文明生产要求	2	不正确扣 1～2 分
	7.3	操作动作	熟练流畅	5	不熟练扣 1～3 分
	7.4	按时完成	规定时间内完成操作	4	超过时间不给分，每超过 2min 倒扣 1 分
	7.5	杆上不能掉东西	符合《安规》要求	4	每掉一件材料扣 2 分，掉一件工具扣 5 分

编　号	C05B025	行为领域	e	鉴定范围	1
考试时限	30min	题　型	B	题　分	100

试题正文	110kV 输电线路直线杆上安装导线防振锤的操作
需要说明的问题和要求	1. 要求单独操作，杆下设一人监护，一人配合 2. 用升降板或脚扣登杆 3. 着装正确（穿工作服、工作胶鞋，戴安全帽） 4. 告知安装尺寸
工具、材料、设备、场地	1. 在不带电的培训线路上操作 2. 工具材料自选 3. 个人工具 4. 登杆工具，安全带，传递绳

	序号	项目名称	质量要求	满分	扣　分
评分标准	1	工作准备			
	1.1	升降板（或脚扣）外观检查	无缺陷	3	不正确扣 1～3 分
	1.2	升降板（或脚扣）、安全带进行人体冲击试验	在电杆 0.3～0.5m 高处人力冲击无问题、无损伤	5	没冲击试验扣 4 分
	1.3	材料选择	导线防振锤（含螺栓平垫圈、弹簧垫圈）铝包带	3	每错、漏一项扣 1 分
	2	登杆基本功和熟练程度			
	2.1	挂板、上板、挂上板（升降板登杆）	脚绷紧升降板绳子挂上板	3	
	2.2	上上板（升降板登杆）	一手抓紧上板两根绳子，另一手压紧踩板头部上板	3	不正确扣 1～3 分
	2.3	板倒挂（升降板登杆）	升降板靠近大腿，一膝肘部挂紧升降板绳子	3	

	序号	项目名称	质量要求	满分	扣分
评分标准	2.4	侧身脱钩取板（升降板登杆）	动作正确	4	不正确扣 1～3 分
	2.5	调整脚扣皮带（脚扣登杆）	脚扣皮带调整正确	3	
	2.6	脚扣扣在杆上（脚扣登杆）	位置正确	3	
	2.7	手扶电杆，重心稍向后（脚扣登杆）	姿势正确	3	
	2.8	一步一步升高（脚扣登杆）	每步升高高度正确	4	
	2.9	体形协调	灵活、轻巧	4	
	2.10	上横担动作安全正确	动作正确	4	
	3	操作方法和步骤			
	3.1	登杆工具杆上摆放	摆放正确，安全，不掉下	4	不正确扣 1～3 分
	3.2	正确使用安全带	符合《安规》要求	4	
	3.3	人体沿绝缘子下至导线	动作正确	4	
	3.4	出导线至工作点	动作正确	4	
	3.5	量出安装尺寸，作好印记	尺寸正确	2	不正确扣1分
	3.6	缠绕铝包带	按规范要求	2	不正确不给分
	3.7	吊材料上杆动作熟练	操作正确	4	不正确扣 1～3 分

	序号	项目名称	质量要求	满分	扣分
评分标准	3.8	安装防振锤	操作正确	4	不正确扣 1~3 分
	3.9	按规定拧紧螺栓	操作正确	4	
	4	技术规范和工艺要求			
	4.1	铝包带应紧密缠绕，其方向应与外层铝股的绞制方向一致	达到技术要求	4	不正确不给分
	4.2	所缠铝包带可以露出夹口，但不应超过 10mm，其端头应回夹于夹内压住	达到技术要求	4	不正确扣 1~3 分
	4.3	螺栓穿向：两边线由内向外穿，中线由左向右穿	达到技术要求	4	不正确不给分
	4.4	安装距离偏差不应大于正负 30mm	达到技术要求	4	有偏差扣 1~3 分
	4.5	防振锤应与地面垂直	达到技术要求	3	不正确扣 1~2 分
	5	其他要求			
	5.1	着装正确	应穿工作服、工作胶鞋，戴安全帽	2	每漏一项扣1分
	5.2	操作动作	熟练流畅	5	不熟练扣 1~4 分
	5.3	按时完成	在规定时间内完成下杆至地面	5	超过时间不给分，每超过 2min 倒扣 1 分
	5.4	杆上不得掉东西	按《安规》要求操作	5	掉一件材料扣 2 分，掉一件工具扣 5 分

编　　　号	C54B026	行为领域	e	鉴定范围	1
考试时限	30min	题　　型	B	题　　分	100
试题正文	220kV 带电检测零值绝缘子的操作				
需要说明的问题和要求	1. 杆塔上单独操作，杆塔下设一人监护记录 2. 如果发现一串悬垂绝缘子有 5 片零值绝缘子、耐张绝缘子有 6 片零值绝缘子，应停止检测工作				
工具、材料、设备、场地	1. 在运行线路上操作 2. 火花间隙零值绝缘子检测杆一根 3. 绝缘传递绳一根				

	序号	项 目 名 称	质 量 要 求	满分	扣　　　分
评分标准	1	工作准备			
	1.1	认真检查放电间隙，调整放电间隙为 0.7mm	间隙正确	4	不正确扣 2～3 分
	1.2	检查操作杆是否干净	用干净的毛巾或布仔细擦拭	4	不正确扣 1～3 分
	1.3	检查吊绳	要求是绝缘绳	4	不正确不给分
	2	登杆塔操作			
	2.1	登杆塔	动作熟练，带传递绳上杆塔	4	不正确不给分
	2.2	定工作位置	在耐张杆塔上测量时，工作人员应站在横担上	5	
	2.3	使用安全带	安全带所系位置正确	5	不正确扣 1～3 分
			检查扣环是否牢固	4	不检查不给分
	3	将测量杆吊上杆塔			
	3.1	操作要求	动作熟练正确	5	不正确扣 1～4 分
	3.2	技术要求	传递绳上升部分与吊绳尾绳不缠绕	5	

	序号	项 目 名 称	质 量 要 求	满分	扣　　分
评分标准	4	测量			
	4.1	测量要求	测量顺序正确，从横担侧向线夹测量	5	不正确不给分
	4.2	测量技术要求	测量位置正确，火花间隙短路叉两端切实分别接触瓷裙上下侧的铁件上	5	
	4.3	杆塔上转移	杆塔上转移时测量杆放平稳	5	不正确扣 1～3分
	4.4	杆塔上测量	不漏测	5	
	5	发现零值绝缘子			
	5.1	测量要求	将火花间隙短路叉翻一面再测一次	5	不正确不给分
	5.2	技术要求	火花间隙短路叉保持原位，报告记录后才可移开火花间隙短路叉	5	
	6	将测量杆吊下			
	6.1	吊绳绑扎要求	吊绳绑扎正确，杆朝下，叉朝上	5	不正确不给分
	6.2	操作要求	放下时测量杆不碰杆塔	5	不正确扣 1～5分
	6.3	测量杆吊下要求	测量杆接近地面要减速，让监护人员接住	5	不正确扣 1～4分
	7	其他要求			
	7.1	动作要求	动作熟练流畅	5	不熟练扣 1～5分
	7.2	着装正确	应穿工作服、工作胶鞋，戴安全帽	5	每漏一项扣2分
	7.3	时间要求	按时完成	5	超过时间不给分，每超 1min 倒扣 1分

编　　号	C54B027	行为领域	e	鉴定范围	2
考试时限	40min	题　型	B	题　分	100

试题正文	用闭式卡具更换220kV输电线路耐张杆上双耐张串上单片瓷绝缘子

需要说明的问题和要求	1. 杆塔上一人单独操作，杆塔下设一监护人员配合 2. 更换的绝缘子从横担向线夹数第12片 3. 登杆工具自选，准备吊绳、安全带，带个人工具 4. 要求着装正确（穿工作服、工作胶鞋、戴安全帽）

工具、材料、设备、场地	1. 利用不带电的培训线路操作 2. 配合用换单个绝缘子的卡具

	序号	项目名称	质量要求	满分	扣　分
评分标准	1	工作准备			
	1.1	卡具检查	合格适用	2	不正确扣1～2分
	1.2	检查登杆工具，整理传递绳	操作正确	2	
	1.3	瓷绝缘子检查	无缺陷、有弹簧销、清擦干净	3	
	1.4	工具材料摆放	工具材料摆放有序，专用卡具轻拿轻放	3	
	2	登杆			
	2.1	登杆动作	熟练正确，带传递绳头上杆	4	不正确扣1～2分
	2.2	上横担	动作安全，上横担后登杆工具放稳当	4	不正确扣1～3分
	2.3	正确使用安全带	所系部位正确，安全带扣后要检查扣环是否扣牢	4	不正确扣1～4分
	3	进入工作面			
	3.1	从横担进入工作点	方式正确，手扶一串、脚踩一串绝缘子或坐在绝缘子串上移动	5	不正确扣2～5分
	3.2	到工作点后人员定位	定位正确，坐好后不得反复移动	5	不正确扣1～3分
	3.3	吊卡具上杆塔	吊上卡具动作熟练正确，绳子尾部不得与卡具缠绕	4	不正确不给分

序号	项目名称	质量要求	满分	扣分
4	拆除旧绝缘子			
4.1	调整卡具丝杠	使卡具长度合适,一次操作到位	5	反复一次扣3分
4.2	松开卡具螺栓,将卡具卡住绝缘子	卡住要换的绝缘子,不能卡错	5	不正确扣2~5分
4.3	取弹簧销	取出要换的绝缘子两端的弹簧销,操作顺利	5	不正确扣1~3分
4.4	收紧丝杠卡具,至绝缘子可取出为止	一次操作到位,不得反复	5	不正确扣1~3分
4.5	取出绝缘子	旧绝缘子取出顺利	5	不正确扣1~4分
5	装新绝缘子			
5.1	旧绝缘子吊下,新绝缘子吊上	绑绝缘子方法正确,操作正确	5	不正确扣1~3分
5.2	装新绝缘子顺利,装弹簧销、转绝缘子、整理绝缘子弹簧销方向	装新绝缘子顺利,弹簧销方向正确,穿入方向是由上往下	5	不正确扣1~4分
5.3	松丝杠	丝杠棘轮换向,松开丝杠	5	不正确扣1~3分
5.4	取下卡具吊下	卡具收好,绑牢固再吊下	4	不正确扣1~3分 卡具掉下扣30分
6	其他要求			
6.1	材料、工具传递	杆上不能掉东西	5	每掉一件材料扣2分
6.2	着装正确	应穿工作服、工作胶鞋,戴安全帽	5	每漏一项扣2分
6.3	操作情况	动作熟练流畅	5	不熟练扣1~4分
6.4	考核时间	按时完成	5	超过时间不给分,每超2min倒扣1分

注:最左侧纵列为"评分标准"。

行业：电力工程　　　　工种：送电线路工　　　　等级：初/中

编　　号	C54B028	行为领域	e	鉴定范围	1
考试时限	60min	题　型	B	题　　分	100

试题正文	电杆上安装 35kV 单瓷横担（上字型排列）的操作

需要说明的问题和要求	1. 要求杆上单独操作，杆下设一监护人，一配合人员 2. 利用数学培训杆 3. 要求着装正确（穿工作服、工作胶鞋，戴安全帽，系安全带） 4. 提供安装图纸 5. 定出线路供电方向

工具、材料、设备、场地	1. 个人工具 2. 登杆工具自选 3. 吊绳、钢卷尺 4. CD–35–6 型瓷横担三支并带螺栓 5. 上瓷横担支架（铁横担）一套、下瓷横担支架（铁横担）一套

	序号	项目名称	质量要求	满分	扣　　分
评分标准	1	工作准备			
	1.1	检查工具、材料	齐全	4	错、漏一项扣 2 分
	1.2	工具、材料摆放	材料摆放整齐而有序，剪断螺栓带在身上，瓷横担安装螺栓装在瓷横担安装孔上	4	不正确扣 1～3 分
	1.3	瓷横担拭擦	干净	2	不干净扣 1～2 分
	1.4	查看图纸	了解安装尺寸	4	不正确扣 1～3 分
	2	上杆至工作面			
	2.1	登杆动作熟练，带传递绳头上杆	动作正确	3	不正确扣 1～2 分

	序号	项目名称	质量要求	满分	扣 分
评分标准	2.2	正确使用安全带	位置正确,系好后检查扣环是否扣牢	4	不正确扣 1～3 分
	2.3	杆上站立姿式、位置正确	瓷横担装在受电侧,人站在受电侧	4	不正确扣 1～3 分
	3	装上支架			
	3.1	用钢卷尺量出安装上支架的位置	位置正确	3	不正确扣 1～2 分
	3.2	将上支架用传递绳吊上	动作正确	3	不正确扣 1～2 分
	3.3	安装上支架	要求支架垂直于线路方向	4	不正确扣 1～3 分
	3.4	安装 U 形抱箍	不能少垫片,螺母要拧紧,双母并紧	4	漏一件扣 2 分 不正确扣 1～3 分
	4	装上瓷横担			
	4.1	瓷横担吊上电杆,将瓷横担头部放在肩上,安装部位放在上支架上并用一手扶住安装部位	操作正确	5	不正确扣 1～4 分
	4.2	将瓷横担螺栓拆开,扶住安装部位的手拿住螺母,另一手将螺杆由上向下穿入安装孔内,用手拧紧螺母	操作正确	5	不正确扣 1～4 分
	4.3	将瓷横担从肩上推出,使剪断螺栓孔对齐	操作正确	5	不正确扣 1～4 分

<table>
<tr><th></th><th>序号</th><th>项 目 名 称</th><th>质 量 要 求</th><th>满分</th><th>扣 分</th></tr>
<tr><td rowspan="16">评分标准</td><td>4.4</td><td>剪断螺栓由上往下穿入并拧紧，解开吊绳</td><td>操作正确</td><td>4</td><td>不正确扣 1～3 分</td></tr>
<tr><td>4.5</td><td>检查瓷横担是否垂直线路方向，将瓷横担螺栓双帽拧紧</td><td>瓷横担垂直线路方向，瓷横担螺栓双帽拧紧</td><td>4</td><td>不正确扣 1～3 分</td></tr>
<tr><td>5</td><td>装下支架及下瓷横担</td><td></td><td></td><td></td></tr>
<tr><td>5.1</td><td>下至下支架安装处，量出下支架安装位置</td><td>位置正确</td><td>4</td><td>不正确扣 1～3 分</td></tr>
<tr><td>5.2</td><td>所站工作位置正确</td><td>要求安全带与下支架安装点在同一平面上</td><td>4</td><td>不正确扣 1～3 分</td></tr>
<tr><td>5.3</td><td>将下支架用传递绳吊上</td><td>先放在安全带上，解开吊绳</td><td>5</td><td>不正确扣 1～3 分</td></tr>
<tr><td>5.4</td><td>装下支架</td><td>要求上下支架平行，并且上下支架及瓷横担在同一平面上并垂直于线路方向</td><td>5</td><td>不正确扣 1～4 分</td></tr>
<tr><td>5.5</td><td>装下瓷横担</td><td>按上述方法安装另外两支瓷横担</td><td>5</td><td>不正确扣 1～4 分</td></tr>
<tr><td>6</td><td>其他要求</td><td></td><td></td><td></td></tr>
<tr><td>6.1</td><td>操作要求</td><td>杆上不能掉东西</td><td>4</td><td>每掉一件小东西扣 2 分，大东西扣 5 分</td></tr>
<tr><td>6.2</td><td>着装</td><td>着装正确</td><td>2</td><td>每漏一项扣 1 分</td></tr>
<tr><td>6.3</td><td>动作要求</td><td>动作熟练流畅</td><td>5</td><td>不熟练扣 1～4 分</td></tr>
<tr><td>6.4</td><td>时间要求</td><td>按时完成</td><td>4</td><td>超过时间不给分，每超过 2min 倒扣 1 分</td></tr>
</table>

编　号	C43B029	行为领域	e	鉴定范围	1
考试时限	50min	题　型	B	题　分	100

试题正文	单耐张串绝缘子紧线画印及挂线的操作

需要说明的问题和要求	1. 杆塔上单人操作 2. 指挥一人，监护一人，杆塔下配合两人 3. 机动绞磨一台（含人员） 4. 弧垂观测人员 5. 导线一端已经挂上，桩锚已设好，临时拉线已装好 6. 可同时鉴定弧垂观测人员及杆塔下配合人员、指挥人员，操作一相导线

工具、材料、设备、场地	1. 在不带电的培训线路上操作 2. 经纬仪、机动绞磨、牵引钢丝绳、滑车、三角卡线器、钢丝绳套等紧线工具 3. 导线、绝缘子、金具、桩锚、每人带个人工具

	序号	项目名称	质量要求	满分	扣　分
评分标准	1	登杆			
	1.1	整理吊绳，登杆	动作正确，带吊绳	4	不正确扣1～2分
	1.2	正确使用安全带	安全带所系位置正确，并检查扣环是否扣牢	4	不正确扣1～2分
	2	安装紧线工具			
	2.1	站在或坐在横担挂线点附近，将钢丝绳套吊上电杆	操作正确	4	不正确扣1～3分
	2.2	钢丝绳套所挂位置正确	要求牵引钢丝绳在不妨碍挂线情况下，离挂线点越近越好	5	不正确扣1～4分

	序号	项 目 名 称	质 量 要 求	满分	扣 分
评分标准	2.3	将牵引钢丝绳及紧线滑轮车吊上杆塔	操作正确	5	不正确扣 1~4分
	2.4	紧线滑车挂在钢丝绳套上	要求滑车口离挂线点高差越小越好	5	不正确扣 1~4分
	2.5	检查滑车开盖	切实关好并上保险	4	不正确不给分
	2.6	检查并整理牵引钢丝绳	不得缠绕	4	不正确扣 1~3分
	3	画印			
	3.1	导线紧到弧垂合格时,听从指挥画印	一般用胶带或胶布在牵引钢丝绳上作印记	4	不正确扣 1~3分
	3.2	看准位置画印	要求从挂线孔中心的铅垂线与横担中心线平行的铅垂面与牵引钢丝绳交点处为印记处	5	不正确扣 1~5分
	3.3	印画好后,通知指挥人员将导线落地	通知语言或手势信号正确	4	不正确扣 1~2分
	4	地面人员卡耐张线夹挂线			
	4.1	紧线快到位时,一手拉住直角挂板,另一手拿着直角挂板的螺栓,通知再牵引一点	用正确的语言或手势信号指挥牵引	5	不正确扣 1~4分

351

	序号	项目名称	质量要求	满分	扣分
评分标准	4.2	紧线到位后将直角挂板螺栓孔对齐挂线孔，将螺栓穿上	螺栓穿入方向由上向下，拧紧螺母，插上开口销	5	不正确扣 1～4 分
	4.3	转动绝缘子串，检查弹簧销及线夹位置正确，通知松牵引	使弹簧销一律由上往下穿，线夹位置正确	5	不正确扣 1～4 分
	5	清理工作现场			
	5.1	从导线上取下三角卡线器	用双股吊绳一端挂在碗头处，另一端绑于横担上，人坐在吊绳上，将三角卡线器取下	5	不正确扣 1～4 分
	5.2	人回到横担上，解下吊绳	动作正确	4	不正确扣 1～3 分
	5.3	将杆塔上工用具用吊绳吊下	动作正确	4	不正确扣 1～4 分
	5.4	杆下放松临时拉线，杆上拆除临时拉线吊下	操作正确	4	不正确扣 1～2 分
	6	其他要求			
	6.1	着装正确	应穿工作服、工作胶鞋，戴安全帽	5	每漏一项扣 2 分
	6.2	动作要求	动作熟练流畅	5	不熟练扣 1～4 分
	6.3	时间要求	按时完成	5	超过时间不给分，每超过 2min 倒扣 1 分
	6.4	安全要求	杆上不能掉东西	5	每掉一件小材料扣 1 分，掉一件工具扣 3 分

编　号	C43B030	行为领域	e	鉴定范围	2
考试时限	60min	题　　型	B	题　　分	100

试题正文	压接引流线（耐张跳线、弓子线）并安装的操作

需要说明的问题和要求	1. 杆塔上两人操作，尽量两人同时鉴定，杆塔下一人监护 2. 引流线长度已知，耐张绝缘子为双串 3. 要求着装正确（穿工作服、工作胶鞋，戴安全帽） 4. 准备工具：吊绳及个人工具、油盘、汽油、画线笔等，细钢丝刷、导电胶、卷尺、液压机、断线钳等

工具、材料、设备、场地	在不带电的培训线路上操作

	序号	项 目 名 称	质 量 要 求	满分	扣　　分
	1	工作准备			
	1.1	检查钢芯铝绞线	符合设计要求，不扭曲	2	不正确扣 1～2 分
	1.2	检查液压引流板	符合设计要求，带螺栓及垫圈，无损伤及脏污	2	不正确扣 1～2 分
评分标准	1.3	检查液压机	性能正常，选用的压模合格	5	不正确扣 1～4 分
	2	压接引流板			
	2.1	用卷尺量出所需钢芯铝绞线	画印准确	2	不正确扣 1～2 分
	2.2	剪取所需的长度	长度正确	2	每误差2cm扣 1 分
	2.3	清洗引流板及导线压接部分并晾干	清洗部位正确	4	不正确扣 1～2 分
	2.4	画记号并按记号穿入导线	注意导线自然弧度方向	4	不正确扣 1～2 分

	序号	项 目 名 称	质 量 要 求	满分	扣　　分
评分标准	2.5	引流板方向检查	平面与自然弧度一致（一人拿起一端引流板，让引流线离地进行检查）	4	不正确扣 1～2 分
	2.6	施压前检查印记	正确到位	4	不正确扣 1～3 分
	2.7	由管底向管口连续施压	正确使用液压机，按压接规程压接引流板	6	不正确扣 1～6 分
	2.8	检查压后尺寸并回答提问（判定合格的标准）	正确使用游标卡尺，判定正确	4	不正确扣 1～4 分
	2.9	修掉飞边毛刺	正确使用锉刀	2	不正确扣 1～2 分
	3	安装引流线			
	3.1	两人分别登杆塔	动作熟练安全	4	不正确扣 1～3 分
	3.2	坐在绝缘子串上移动或手扶一串，脚踩一串绝缘子移动至线夹侧	动作正确	4	不正确扣 1～3 分
	3.3	使用安全带	所系位置正确，检查扣环扣牢	4	不正确扣 1～3 分
	3.4	两人用两根吊绳，同时吊压接好的引流线，上杆塔	操作正确	4	不正确扣 1～3 分
	3.5	拆下螺栓，用钢丝刷沾导电胶，刷线夹与引流板接触面，清除其表面氧化膜，保留导电胶	操作正确	4	不正确扣 1～3 分

354

	序号	项目名称	质量要求	满分	扣分
评分标准	3.6	先穿上方侧螺栓，螺栓用手拧紧	操作正确	4	不正确扣1~3分
	3.7	用脚蹬出引流线，使下方侧螺栓两个孔对齐，穿入螺栓（另一人同样操作）	操作正确	4	不正确扣1~3分
	4	技术要求			
	4.1	对螺栓要求	螺栓穿入方向正确（边线由内向外，中间由左向右穿）	4	不正确扣1~3分
	4.2	对螺母要求	螺母按规定拧紧	3	不正确扣1~3分
	4.3	对引流线要求	检查且调整引流线，使之美观	4	不正确扣1~3分
	4.4	检查要求	检查引流线至杆塔的电气间隙符合设计要求	4	不正确扣1~3分 不检查不给分
	5	其他要求			
	5.1	着装正确	应穿工作服、工作胶鞋，戴安全帽	3	每漏一项扣1分
	5.2	动作要求	动作熟练流畅	5	不熟练扣1~3分
	5.3	安全要求	杆上不准掉东西	4	每掉一件材料扣2分，每掉一件工具扣3分
	5.4	时间要求	在规定时间内完成	4	超过时间不给分，每超过2min倒扣1分

行业：电力工程　　　　工种：送电线路工　　　　等级：中/高

编　号	C43B031	行为领域	e	鉴定范围	2
考试时限	60min	题　型	B	题　分	100

试题正文	处理损坏间隔棒的操作
需要说明的 问题和要求	1. 杆塔上单独操作，使用飞车 2. 杆塔下一人配合，一人监护 3. 要求着装正确（穿工作服、工作胶鞋、戴安全帽） 4. 直线杆塔上下飞车
工具、材料、 设备、场地	1. 在不带电的培训线路上操作，飞车一辆（根据分裂导线根数选用 飞车） 2. 间隔棒一套、个人工具安全带、传递绳等

	序号	项目名称	质量要求	满分	扣　分
评 分 标 准	1	飞车检查			
	1.1	结构牢固、无变形、无裂纹	检查部位正确、合格适用	4	不正确扣 1～3分
	1.2	转动机构灵活、轮子挂胶完好	检查部位正确，合格适用	3	不正确扣 1～2分
	1.3	刹车可靠、计数器可靠	检查部位正确，合格适用	3	不正确扣 1～2分
	2	挂飞车			
	2.1	选择工作杆塔	选择直线杆塔上飞车	2	不正确扣 1～2分
	2.2	登杆塔动作熟练	动作正确	3	
	2.3	使用安全带	正确使用安全带，检查扣环是否扣牢	3	
	2.4	吊飞车上杆塔	可挂滑车，由杆下人员拉上，也可以不用滑车，由杆上人员站在横担上，直接将飞车吊上	5	不正确扣 2～4分
	2.5	打开前后活门，将飞车吊起超过导线高度，从两根导线中间插入	操作正确	5	不正确扣 1～4分
	2.6	沿绝缘子串下至导线，检查飞车确实挂好	操作正确	5	

356

	序号	项 目 名 称	质 量 要 求	满分	扣　　分
评分标准	3	更换间隔棒			
	3.1	慢慢坐上飞车	稳住飞车（必要时用吊绳固定）	5	
	3.2	关闭前后活门，系好安全带	安全带系在正确位置上（绕住导线，并且不妨碍飞车运行）	5	
	3.3	将传递绳带上飞车	操作正确	4	
	3.4	慢慢蹬动飞车	用稳定速度行驶	5	
	3.5	行至脱落的间隔棒边，拆除旧间隔棒，吊下旧间隔棒，吊上新间隔棒并安装好	操作正确	5	不正确扣 1～4 分
	3.6	装螺栓	螺栓由线束外侧向内穿入并切实拧紧	5	
	3.7	过间隔棒	先拆除，飞车过后再安装	5	
	3.8	下飞车	行至悬垂绝缘子边，稳住飞车，抱住绝缘子，人坐至导线上，打开飞车活门	5	
	3.9	将飞车从导线上取出	吊绳绑好飞车，人站在导线上，安全带系在绝缘子串上将飞车取出	5	
	3.10	飞车吊下杆塔	操作正确	4	
	3.11	人沿绝缘子串上横担，下杆塔	动作正确	4	不正确不给分
	4	其他要求			
	4.1	动作要求	动作熟练流畅	5	不熟练扣 1～4 分
	4.2	着装正确	穿工作服、工作胶鞋，戴安全帽	5	漏一项扣 2 分
	4.3	时间要求	按时完成	5	超过时间不给分，每超过 2min 倒扣 1 分

行业：电力工程　　　　工种：送电线路工　　　　等级：高/技师

编　号	C32B032	行为领域	e	鉴定范围	1
考试时限	60min	题　型	B	题　分	100
试题正文	螺栓式耐张线夹制作及配合单耐张绝缘子串挂线的操作				

需要说明的问题和要求	1. 杆塔上单人操作，指挥一人，监护一人 2. 杆塔下单人操作，派两人配合 3. 机动绞磨一台（含人员）弧垂观测人员一人 4. 导线一端已经挂上，桩锚已设好，临时拉线已装好 5. 可同时鉴定，弧垂观测及机动绞磨操作人员、杆上操作人员 6. 操作一相导线 7. 螺栓式线夹可以重复使用
工具、材料、设备、场地	1. 在不带电的培训线路上操作 2. 经纬仪 3. 机动绞磨、牵引钢丝绳、滑车、紧线卡头（又叫三角卡线器或鬼爪卡线器）、钢丝绳套、U形挂环等紧线工具 4. 导线、绝缘子、金具、桩锚等，每人带个人工具

	序号	项目名称	质量要求	满分	扣　分
评分标准	1	工作准备			
	1.1	所选工作面正确	处于画印点正投影处	2	不正确扣1～2分
	1.2	所有工器具及材料认真检查	摆放整齐有序	2	不正确扣1～2分
	1.3	组装耐张绝缘子串	绝缘子串排列方向正确，直角挂板处朝挂线点	2	不正确扣1～2分
	1.4	装绝缘子弹簧销	绝缘子弹簧销插入方向一致	2	不正确扣1～2分
	1.5	制作一根与耐张串的实际长度等长的比尺	从直角挂板孔中心量至耐张线夹导线拐弯处，尺寸准确	2	不正确扣1～2分
	2	定出耐张线夹的位置	紧线工具在杆上已安装好		
	2.1	拖动紧线滑轮上的牵引钢丝绳至工作面，在绳套头上装上三角卡线器（鬼爪紧线器）	操作正确	4	不正确扣1～3分

	序号	项目名称	质量要求	满分	扣分
评分标准	2.2	将卡线器卡在导线的适当位置	线紧到弧垂合格后，卡线器离紧线滑车距离在不妨碍画印情况下越近越好，不能返工	5	不正确扣1～4分　返工一次扣4分
	2.3	紧线、观测弧垂、画印		0	
	2.4	画印后放下导线，不能动卡线器，拉紧导线和钢丝绳，每人用双手同时捏紧导线和牵引钢丝绳比平面印	将钢丝绳上印记比在导线上，并清除钢丝绳上的印记，以利于下次紧线	5	不正确扣1～5分
	2.5	比尺一头对准印记，一头朝卡线器方向，比出耐张线夹安装位置并画印	尺寸准确	5	不正确扣1～5分
	2.6	量出耐张线夹需要缠绕铝包带的位置并画印	位置准确	4	不正确扣1～2分
	2.7	留出引流线（耐张跳线）的长度，剪断导线	留出引流线的长度符合设计要求	4	不正确扣1～4分
	3	制作耐张线夹			
	3.1	缠绕铝包带	应紧密缠绕，其缠绕方向应与外层铝股绞制方向一致，从中间画印处开始向两边缠绕	4	不正确扣1～4分
	3.2	将导线上的印记转移到铝包带上，铝包带端头应压回线夹内	所缠铝包带可露出夹口，但不应超过10mm，端头应压回线夹内	5	不正确扣1～4分
	3.3	耐张线夹导线拐弯处，对准导线上的印记，安装耐张线夹	耐张线夹安装方向正确，倒装式线夹、U形螺栓在引流线上	5	不正确扣1～4分
	3.4	注意留下作引流线（耐张跳线）的导线的自然弧度	要与引流线（耐张跳线）弧度方向一致	4	不正确扣1～4分

359

	序号	项目名称	质量要求	满分	扣分
评分标准	3.5	装耐张线夹	耐张线夹压块要装正，U形螺栓两侧出丝一样长。螺栓按规定拧紧，所有垫圈、销钉不能丢失，螺栓销钉穿向正确	5	不正确扣 1～4 分
	4	装防振锤			
	4.1	按图纸要求量出防振锤安装位置	防振锤安装距离偏差不大于正负 30mm	4	不正确扣 1～4 分
	4.2	按规定要求缠绕铝包带	所缠铝包带可露出夹口，但不应超过 10mm，端头应压回夹口内	4	不正确扣 1～4 分
	4.3	安装防振锤	防振锤下垂方向与引流线（耐张跳线）下垂方向一致，螺栓拧紧、穿向正确	5	不正确扣 1～4 分
	5	挂线			
	5.1	拆下三角卡线器后，将其卡于防振锤附近，以不碰防振锤即可	操作正确	4	不正确扣 1～2 分
	5.2	用铁丝将绝缘子串绑于牵引钢丝绳上，必要时多绑几道或用专用托架将绝缘子串托住绑于牵引钢丝绳上	操作正确	5	不正确扣 1～2 分
	5.3	紧线、挂线	符合规定要求	0	
	6	其他要求			
	6.1	动作要求	动作熟练流畅	6	不熟练扣 1～4 分
	6.2	着装正确	应穿工作服、工作胶鞋、戴安全帽	6	漏一项扣 2 分
	6.3	时间要求	按时完成	6	超过时间不给分，每超过 2min 倒扣 1 分

编　号	C32B033	行为领域	e	鉴定范围	2
考试时限	50min	题　型	B	题　分	100
试题正文	大截面钢芯铝绞线直线管液压连接的操作				
需要说明的问题和要求	两人配合在一平地上操作				
工具、材料、设备、场地	液压机及钢模、液压管、导电脂、油盘、锉刀、汽油、专用毛刷、棉纱等				

	序号	项 目 名 称	质 量 要 求	满分	扣　　分
评分标准	1	工作准备			
	1.1	检查液压机及钢模	液压机性能良好，两组钢模合格	4	不正确扣 1～3 分
	1.2	检查液压管（含钢管）	液压管规格正确，质量良好清洗干净，并使其干燥	4	不正确扣 1～3 分
	2	机械准备			
	2.1	检查并正确连接液压机	液压机的缸体应垂直地平面，并放置平稳	2	不正确扣 1～2 分
	2.2	选择并安装钢模	选择的钢模应与被压管配套，钢模安装正确	3	不正确扣 1～3 分
	3	导线切割			
	3.1	将被压接的导线掰直，两端头用绑线扎好	防止散股，切割整齐并与轴线垂直	3	不正确扣 1～3 分
	3.2	导线两端头清洗	清洗长度不短于管长的 1.5 倍	3	不正确扣 1～2 分
	3.3	在管两端部各量出钢管长度的 1/2 加 20mm 处加绑扎线	尺寸准确	3	不正确扣 1～3 分
	3.4	在距绑扎线 5～8mm 处，用割线器或钢锯割去铝股部分	在切割内层铝股时，只割到每股直径的 3/4 处，然后将铝股逐股掰断	4	伤及钢芯扣 5 分 不正确扣 1～3 分
	3.5	检查两端部割线尺寸	正确	2	不正确扣 1～2 分
	3.6	用汽油或其他清洗剂清洗露出的钢芯	擦净并使其干燥	3	不正确扣 1～3 分
	4	穿钢芯管			

	序号	项 目 名 称	质 量 要 求	满分	扣　　分
评 分 标 准	4.1	在钢管中心及钢芯的 1/2 钢管长度画一印记后，将导线的钢芯穿入钢管中	画印记后应立即检查印记位置是否正确	3	不正确扣 1～3 分
	4.2	检查两钢芯的端头在钢管中心相碰	位置正确	3	不正确扣 1～3 分
	4.3	握住钢绞线两端头并控制钢管	使钢绞线不能窜动	3	不正确扣 1～3 分
	5	压钢芯管			
	5.1	检查定位印记是否在指定位置。先在钢管中心压第一模	被压管放入下钢模时位置正确，定位印记在指定位置	3	不正确扣 1～3 分
	5.2	第一模压好后应检查压后对边距尺寸	用游标卡尺检查压后尺寸，合格后再继续工作	4	不正确扣 1～4 分
	5.3	然后向一端进行施压，相邻两模至少应重叠 5mm	液压机的操作必须使每一模都达到规定压力	3	不正确扣 1～3 分
	5.4	压完一端后再压另一端	操作正确	2	不正确扣 1～2 分
	5.5	钢管全部压完后检查合格	外观检查，尺寸检查，弯曲度检查	3	不正确扣 1～3 分
	6	穿铝管			
	6.1	以钢管中心为准，在两端导线上各量 1/2 铝管长度划两个印记。在两个印记外侧 50mm 处各画一个印记	操作正确	3	不正确扣 1～3 分
	6.2	画印记后应立即检查印记位置是否正确	尺寸准确	4	不正确扣 1～3 分

<table>
<tr><td rowspan="20">评分标准</td><td>序号</td><td>项目名称</td><td>质量要求</td><td>满分</td><td>扣分</td></tr>
<tr><td>6.3</td><td>管长两印记内的导线表面涂导电脂。先将导电脂薄薄地均匀涂上一层，以将外层铝股覆盖住，再用钢丝刷沿钢芯铝绞线轴线方向进行擦刷</td><td>操作准确，使液压后能与铝管接触的铝股表面全部刷到</td><td>4</td><td>不正确扣 1～3 分</td></tr>
<tr><td>6.4</td><td>以铝管中心为准，向两侧各量 1/2 钢管长度在铝管上画两个印记并认真检查印记准确</td><td>印记位置准确</td><td>4</td><td>不正确扣 1～3 分</td></tr>
<tr><td>6.5</td><td>将铝管移至两导线所画的印记内，使钢管中心和铝管中心重合</td><td>操作正确，位置准确</td><td>4</td><td>中心每偏差 1mm，扣 1 分</td></tr>
<tr><td>7</td><td>压铝管</td><td></td><td></td><td></td></tr>
<tr><td>7.1</td><td>在钢管印记外 10mm 处对准压模边第一模，然后朝铝管口方向压第二模</td><td>操作正确，钢管及钢管两端各 10mm 不压，每一模都达到压力</td><td>4</td><td>不正确扣 1～3 分</td></tr>
<tr><td>7.2</td><td>从第二模开始，相邻两模至少应重叠 5mm</td><td>压完一侧后压另一侧</td><td>3</td><td>不正确扣 1～2 分</td></tr>
<tr><td>7.3</td><td>压接完成后，进行压接尺寸检查，锉去飞边毛刺</td><td>操作正确</td><td>4</td><td>不正确扣 1～3 分</td></tr>
<tr><td>7.4</td><td>对有弯曲的压接管在规程允许范围内进行校直</td><td>操作正确</td><td>3</td><td>不正确扣 1～3 分</td></tr>
<tr><td>8</td><td>其他要求</td><td></td><td></td><td></td></tr>
<tr><td>8.1</td><td>动作要求</td><td>动作熟练流畅</td><td>5</td><td>不熟练扣 1～4 分</td></tr>
<tr><td>8.2</td><td>安全要求</td><td>操作人员头部应在液压机侧面并避开钢模，防止钢模压碎飞出伤人</td><td>2</td><td>不正确不给分</td></tr>
<tr><td>8.3</td><td>计算要求</td><td>计算压后对边距尺寸 S 准确 S=0.866×0.993D+0.2mm，D 是压接管外径尺寸</td><td>2</td><td>不正确不给分</td></tr>
<tr><td>8.4</td><td>时间要求</td><td>按时完成</td><td>3</td><td>超过时间不给分，每超过 1min 倒扣 1 分</td></tr>
</table>

行业：电力工程　　　　工种：送电线路工　　　等级：高级工/技师

编　号	C32B034	行为领域	e	鉴定范围	1
考试时限	100min	题　型	B	题　分	100
试题正文	部分损伤导线更换处理的操作				
其他需要说明的问题和要求	1. 档距中导线损伤严重，需更换导线 LGJ-150 型约 70m 2. 一人操作，派两人配合 3. 受损导线已放至地面 4. 地形平坦 5. 钳压连接				
工具、材料、设备、场地	1. 在不带电的培训线路上模拟操作 2. 工具、材料准备：压接钳 1 把（含配套钢模），紧线钳（三角卡线器）4 只，双钩紧线器或手拉葫芦 1 套，钢丝绳套 1 只，断线钳 1 把，卸扣或 U 形环 4 只，LGJ-150 型导线约 70m，JT-150 型钳压接续管（含衬垫）两套，复合电力脂、细钢丝刷、油盘、游标卡尺、汽油等				

	序号	项目名称	质　量　要　求	满分	扣　　分
评分标准	1	工作准备			
	1.1	检查所有紧线工具（外观无缺陷，规格正确）	检查认真，合格适用	2	不正确扣 1～2 分
	1.2	检查所有金具（外观无缺陷，规格正确）	检查认真，合格适用	2	
	1.3	检查钳压接续管（清洗干净并干燥，规格正确）	检查认真，合格适用	2	
	2	定出导线压接管位置（考问）			
	2.1	距离要求	离悬垂线夹距离大于 5m，离耐张线夹距离大于 15m	2	不正确扣 1～2 分
	2.2	数量要求	一挡内不许有两个接续管	2	
	2.3	处理受损导线	受损导线要求全部换下	2	

	序号	项目名称	质 量 要 求	满分	扣 分
评分标准	3	导线展开			
	3.1	将导线抬至两压接管之间位置	操作方法正确	2	不正确扣 1~2 分
	3.2	由中间向两边滚动导线圈，将导线展开	操作方法正确	2	
	3.3	尽力靠近需要更换的旧导线但不能压住旧导线	操作方法正确	2	
	4	新导线一端卡线			
	4.1	将两只紧线钳用卸扣或 U 形环连在一起	连接可靠	2	不正确扣 1~2 分
	4.2	将一只紧线钳卡过导线损伤部位，留有未损伤导线作为压接用（见示意图 CB-1）	操作正确	3	
	4.3	将新导线头部用汽油清洗干净并晾干	清洗长度为 3~4 倍压接管长度，绑扎好端头	3	
	4.4	将新导线穿过压接管，新导线头用另一只紧线钳卡紧	操作正确	3	
	5	新导线另一端紧线			
	5.1	将双钩紧线器或手拉葫芦放松	操作正确	2	不正确扣 1~2 分

	序号	项目名称	质 量 要 求	满分	扣 分
评分标准	5.2	将紧线钳夹紧新导线，夹后需留下 1m 左右的线头	操作正确	3	不正确扣 1～2分
	5.3	紧线钳后部用 U 形环或卸口连接一钢丝绳套	操作正确	3	
	5.4	钢丝绳套另一端连接双钩紧线器或手拉葫芦一端	操作正确	3	
	5.5	拉紧新导线，将双钩紧线器或手拉葫芦另一端挂上卡在旧导线紧线钳上	操作正确	3	
	5.6	摇紧双钩紧线器或收紧手拉葫芦，并冲击检查	操作正确，使旧导线上的拉力慢慢转移到新导线上来	3	
	6	新线一端压接			
	6.1	将压接管一端靠紧紧线钳，将另一端在旧导线上比齐画印，再在印外 20～25mm 处剪断旧导线（如模拟操作不能断线以下口头回答）	操作正确	3	不正确扣 1～2分
	6.2	清除旧导线头的氧化层，清洗旧导线头并晾干，在新旧导线两端头表面薄薄地涂一层复合电力脂	操作正确	3	

	序号	项目名称	质 量 要 求	满分	扣 分
评分标准	6.3	移动压接管使旧导线头也穿进压接管	要求旧导线头出压接管 20～25mm，穿进铝衬垫，铝衬垫两端出头长度一致	3	不正确扣 1～2 分
	6.4	钳压第一模	在铝管中间对准印记压第一模	2	
	6.5	第二模开始按顺序钳压	向一侧顺序钳压完后，再从中间向另一侧顺序压完	2	
	6.6	压完后质量检查	用游标卡尺认真检查两端及中间正面侧面的压接后尺寸合格	3	
	6.7	将新导线在压接管和紧线钳间剪断	注意新导线头出压接管 20～25mm	2	
	6.8	取下两把紧线夹头	操作正确	2	
	7	新线另一端压接			
	7.1	将新导线头清洗干净	清洗长度为 1.5 倍压接管长度，绑扎好端头	2	不正确扣 1～2 分
	7.2	将新导线头穿进压接管，新线头露出压接管一端 20～25mm，并在压接管另一侧比齐在旧导线上画印	操作正确	3	
	7.3	在画印处将旧导线剪断	操作正确	2	
	7.4	清除旧导线头的氧化层并清洗晾干，在新旧导线两端头表面薄薄地涂一层复合电力脂	操作正确	3	

	序号	项目名称	质 量 要 求	满分	扣 分
评分标准	7.5	将旧导线穿过压接管塞进铝衬垫	要求铝衬垫两端出头长度一致。新旧导线出压接管的长度各为 20~25mm	3	不正确扣 1~2 分
	7.6	钳压第一模	在铝管中间对准印记压第一模	2	
	7.7	第二模开始按顺序钳压	向一侧顺序钳压完后，再从中间向另一侧顺序压完	2	
	7.8	压完后质量检查	用游标卡尺认真检查两端及中间正面侧面的压接后尺寸合格	3	
	7.9	松开双钩或手拉葫芦，取下两把紧线钳	操作正确	2	
	7.10	应将压接管安排在钢丝绳部分，不能在双钩和紧线夹头部位	操作正确，要在钢丝绳套上加保护层	2	
	8	其他要求			
	8.1	认真检查工作现场，整理工用具，收回旧导线	符合文明生产要求	2	不正确扣 1~2 分
	8.2	动作要求	动作熟练流畅	5	不熟练扣 1~4 分
	8.3	时间要求	按时完成	3	超过时间不给分，每超过 2min 倒扣 1 分

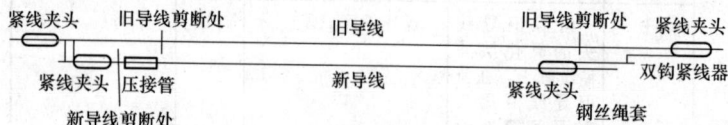

图 CB-1

行业：电力工程　　　　工种：送电线路工　　等级：技师/高级技师

编　　　号	C21B035	行为领域	e	鉴定范围	2
考试时限	30min	题　　型	B	题　　分	100

试题正文	机动绞磨的使用操作

需要说明的问题和要求	1. 派两人协助，并设指挥一人 2. 实际操作可在培训场地吊起一重物

工具、材料、设备、场地	机动绞磨、牵引绳、桩锚或地锚等

	序号	项 目 名 称	质 量 要 求	满分	扣　　分
评分标准	1	机动绞磨安放位置的选择			
	1.1	有操作场所，现场开阔、视线好	地势较平坦,能看见指挥信号和起吊过程	3	不正确扣 1～2 分
	1.2	符合安全规定的要求	全面考虑操作人员的安全	4	不正确扣 2～4 分
	1.3	符合现场工作的要求	尽量不妨碍其他项目的操作，布置时要考虑一点多用，尽力不发生一个工作现场转移绞磨的工作	3	不正确扣 1～2 分
	2	检查绞磨			
	2.1	机动绞磨放平	绞磨平稳	3	不平稳扣 1～2 分
	2.2	检查机油，汽油、齿轮箱油	机油油面合格,汽油够用,齿轮箱油面合格	4	一项不检查扣 2 分
	2.3	认真检查锚桩	必须有可靠的地锚或桩锚	4	不正确扣 1～3 分
	3	准备牵引			
	3.1	后钢丝绳与锚桩连接好	绞磨芯筒中线对准牵引方向	3	不正确扣 1～3 分
	3.2	打开油管开关,按下加油按钮	操作正确	3	不正确扣 1～3 分

369

	序号	项目名称	质量要求	满分	扣 分
评分标准	3.3	变速箱挂空挡,离合器处于离位	操作正确	3	不正确扣 1～3分
	3.4	调速杆放在中偏低的位置上,视汽油机温度适当关上阻风门	操作正确	3	不正确扣 1～3分
	3.5	拉动启动绳,使汽油机起动预热,打开阻风门	操作正确	3	不正确扣 1～3分
	4	牵引			
	4.1	松开挡板,将牵引钢丝绳缠上绞磨芯	受力绳从绞磨芯下方进入顺时针缠绕,不少于 5 圈	4	不正确扣 1～4分
	4.2	尾绳人员拉紧尾绳	操作正确	2	不正确扣 1～2分
	4.3	装上挡板并切实固定	操作正确	3	不正确扣 1～3分
	4.4	将绞磨芯拨至自由转动位置收紧尾绳	使牵引绳预受力	2	不正确扣 1～2分
	4.5	将绞磨芯拨至牵引位置	切实固定	2	不正确扣 1～2分
	4.6	挂上高速档,平稳合上离合器	使牵引绳和绞磨后钢丝绳受力	4	不正确扣 1～3分
	4.7	牵引工作中尾绳应及时收紧	尾绳保持受力状态	2	不正确扣 1～2分
	4.8	必要时停止牵引,移动绞磨	使绞磨芯中线对准牵引方向	4	不正确扣 1～3分
	4.9	根据工作情况配合档位,调速器(油门大小)进行牵引工作	操作正确	4	不正确扣 1～3分
	5	技术要求			

	序号	项 目 名 称	质 量 要 求	满分	扣 分
评 分 标 准	5.1	两眼密切注意指挥和起吊过程	手不能离开离合器操纵杆,及时减慢牵引速度或及时停止牵引	4	不正确扣 1~3分
	5.2	感觉到机动绞磨受力大时要及时减至慢档,同时检查桩锚是否松动	操作正确	4	不正确扣 1~4分
	5.3	牵引工作结束后,要先用倒档,松劲后,再从绞磨芯上拆出钢丝绳,人力拖松	准备下一次牵引工作	2	不正确扣 1~2分
	6	工作结束			
	6.1	调速器(油门)加大,让汽油机高速运转几秒钟再熄火	操作正确	3	不正确扣 1~2分
	6.2	调速器(油门)放至怠速位置,关上油管开关	操作正确	2	不正确扣 1~2分
	6.3	从绞磨芯上拆出牵引钢丝绳并复位	操作正确	1	不正确扣 0.5~1分
	6.4	从桩锚上拆出后钢丝绳套并作好绞磨运走的准备	操作正确	1	不正确扣 0.5~1分
	7	其他要求			
	7.1	动作要求	动作熟练流畅	6	不熟练扣 1~4分
	7.2	对离合器分合要求	离合器分合切实到位	5	不正确扣 1~2分
	7.3	技术要求	熟悉指挥信号,反应迅速	6	不正确扣 1~2分
	7.4	时间要求	按时完成	3	超过时间不给分,每超过 2min扣 1分

371

编　　号	C21B036	行为领域	e	鉴定范围	1
考试时限	60min	题　型	B	题　　分	100

试题正文	指挥更换110kV线路孤立档导线的操作

需要说明的问题和要求	1. 操作时只更换一相导线（只准备更换一相导线的材料） 2. 引流线（跳线、弓子线）并沟线夹连接 3. 耐张绝缘子为单串 4. 准备足够的熟练工作人员

工具、材料、设备、场地	1. 在不带电的培训线路上模拟运行中线路操作 2. 准备以下材料：钢芯铝绞线够用，绝缘子16片或110kV合成绝缘子2只、直角挂板2只、球头挂环2只、碗头挂板2只、螺栓式耐张线夹2只、防振锤2只、铝包带若干、并沟线夹6只 3. 准备以下工具：放线盘一只、110kV验电笔一支、接地线两付、绝缘手套一副、临时拉线用钢丝绳2根、紧线器1～2套（做临时拉线用）、大锤1～2把、紧线钳（鬼爪夹线器）一把、牵引钢丝绳一根、机动绞磨一台、角铁桩4根、断线钳1～2把、滑轮20～30kN两只、滑轮10kN一只、钢丝绳套3～4只

	序号	项目名称	质量要求	满分	扣　　分
评分标准	1	工作准备			
	1.1	检查材料齐备情况	指定专人检查并亲自抽查	2	不正确扣1～2分
	1.2	检查材料规格型号及质量	指定专人检查并亲自抽查	3	不正确扣2～3分
	1.3	检查工具齐备情况	指定专人检查并亲自抽查	3	不正确扣1～3分
	1.4	检查工具规格型号、质量及符合安全要求	指定专人检查并亲自抽查	3	不正确扣1～3分
	1.5	检查验电笔是否正常	指定专人试验检查	4	不正确扣2～4分
	1.6	检查机动绞磨	指定专人检查并启动试验	4	不正确扣2～4分
	2	办理停电手续，领取工作票	手续正确	4	不正确扣2～4分

<table>
<tr><td rowspan="20">评分标准</td><td>序号</td><td>项 目 名 称</td><td>质 量 要 求</td><td>满分</td><td>扣　　分</td></tr>
<tr><td>3</td><td>人员分工</td><td></td><td></td><td></td></tr>
<tr><td>3.1</td><td>安全员（副指挥）</td><td>1 人</td><td>1</td><td>不正确不给分</td></tr>
<tr><td>3.2</td><td>杆上人员</td><td>1 号杆 1～2 人，2 号杆 2 人</td><td>1</td><td>不正确扣 0.5～1 分</td></tr>
<tr><td>3.3</td><td>杆下人员</td><td>1 号杆 3 人（含作业组负责人 1 人），2 号杆 3 人（含作业组负责人 1 人）(指定做临时拉线人员)</td><td>1</td><td>不正确扣 0.5～1 分</td></tr>
<tr><td>3.4</td><td>操作绞磨人员</td><td>2 人（指定机手及拉尾绳人）</td><td>1</td><td>不正确扣 1～2 分</td></tr>
<tr><td>3.5</td><td>放线盘管理人员</td><td>2 人（指定一人负责）</td><td>1</td><td>不正确扣 0.5～1 分</td></tr>
<tr><td>3.6</td><td>拖线人员</td><td>足够（指定一人负责）</td><td>1</td><td>不正确扣 1～2 分</td></tr>
<tr><td>4</td><td>宣讲安全措施（要求结合实际）</td><td></td><td></td><td rowspan="5">每错、漏一项扣 1 分</td></tr>
<tr><td>4.1</td><td>切实做好验电、挂接地线工作</td><td>指定专人操作并指定专人监护</td><td>1</td></tr>
<tr><td>4.2</td><td>所使用的起重用具必须严格检查，严禁超载使用</td><td>指定专人操作</td><td>1</td></tr>
<tr><td>4.3</td><td>松线前要认真检查杆根及拉线，必要时调整或更换拉线</td><td>指定专人负责</td><td>1</td></tr>
<tr><td>4.4</td><td>只有安装好可靠的临时拉线后方可松线</td><td>指定专人负责</td><td>1</td></tr>
</table>

	序号	项 目 名 称	质 量 要 求	满分	扣 分
评分标准	4.5	工作中要统一指挥，保持通信良好	现场检查通信设备	1	每错、漏一项扣1分
	4.6	杆上工作人员要使用合格的安全带，现场人员应戴好安全帽	指定安全员检查	1	
	4.7	牵引绳在绞磨芯上缠绕不少于5圈	指定专人负责	1	
	4.8	任何人不得跨越受力钢丝绳或停留在受力钢丝绳内侧	相互提醒	1	
	4.9	受力时要认真检查受力装备	指定专人负责	1	
	4.10	安全措施应根据具体情况增加	安全员、工作人员发言	1	
	5	指挥现场布置及操作			
	5.1	1号杆挂线，2号杆放紧线	布置正确、清楚、全面	2	每错、漏一项扣1～2分
	5.2	放线盘	放至2号杆杆根附近	2	
	5.3	绞磨	放至2号杆适当位置松、紧线	2	
	5.4	绞磨及绞磨导向滑轮	固定于专用锚桩上	2	
	6	展放新导线			
	6.1	指挥展放新导线。展放导线时三根线要切实分开，不得相互压住，并尽量在两挂线点间的直线上	注意检查，能发现问题	2	不正确扣1～2分

序号	项 目 名 称	质 量 要 求	满分	扣　　分
6.2	检查电杆及拉线，必要时调整或更换拉线	注意检查，能发现问题，指挥决定正确	2	不正确扣 1～2 分
7	撤线			
7.1	验电、挂接地线	指挥正确	2	
7.2	在两耐张杆横担上安装临时拉线	指挥正确，切实拉紧，方向正确，方向为靠换新线一侧	2	
7.3	临时拉线上端应在两杆横担头部，用 8 字形结锁紧，并不得妨碍松紧线工作	指挥正确	2	
7.4	指挥杆上人员拆开引流线（跳线、弓子线）	指挥正确	2	
7.5	松、紧线用滑车和用钢丝绳套固定于横担挂线点附近，并不得妨碍松紧线工作	指挥正确	2	一项不正确扣 1～2 分
7.6	牵引钢丝绳及紧线钳吊上杆塔并安装好	指挥正确	2	
7.7	将紧线钳卡在线夹与防振锤之间，绝缘子串和牵引钢丝绳绑扎在一起，绑扎不少于两点	指挥正确	2	
7.8	指挥绞磨收紧牵引钢丝绳，使绝缘子串不再受拉力	指挥正确	2	

左侧竖排：评 分 标 准

	序号	项目名称	质量要求	满分	扣分
评分标准	7.9	拆下绝缘子串，指挥绞磨放下旧导线	指挥正确	2	一项不正确扣1～2分
	7.10	拆下1号杆的绝缘子串，放下旧导线（放下的旧导线要及时回收，以免妨碍新线紧线）	指挥正确	2	
	8	安装新导线			
	8.1	1号杆挂上新导线和新绝缘子串	指挥正确，操作也正确	2	一项不正确扣1～2分
	8.2	紧新线并观测弧垂，画印	指挥正确，操作也正确	2	
	8.3	将新导线和新绝缘子串挂上2号杆挂点	指挥正确，操作也正确	2	
	8.4	搭接引流线（跳线、弓子线）	指挥正确，操作也正确	2	
	8.5	拆除临时拉线	指挥正确，操作也正确	2	
	8.6	检查施工现场，拆除接地线	清理现场，仔细检查确无问题，撤离工作现场	2	
	9	其他要求			
	9.1	指挥	指挥熟悉、果断、正确	5	不正确扣1～3分
	9.2	处理问题	处理问题快捷、正确	5	不正确扣1～5分
	9.3	工作终结恢复送电	以清晰、准确、规定语言报告工作终结，恢复送电	2	不正确扣1～2分
	9.4	考核时间	按时完成	5	超过时间酌情扣分

376

行业：电力工程　　　　工种：送电线路工　等级：技师/高级技师

编　　　号	C21B037	行为领域	e	鉴定范围	1
考试时限	100min	题　　型	B	题　　分	100
试题正文	指挥用两根单抱杆整体立 15m 呼称高铁塔的操作				
需要说明的问题和要求	1. 模拟整体立塔工作，工作内容包括工器具准备（以上为口头或现场考问内容）安全措施、技术交底及技术要求、人员分工、现场布置及操作（以上为模拟指挥内容） 2. 模拟指挥：工作人员分工后要求到达工作位置，了解所要工作的内容及工器具分配；指挥下达命令后可以询问，清楚明白后回答，该项工作已模拟作好。如此直至全部工作结束 3. 铁塔组装好，摆放位置正确（铁塔轴线与线路方向重合，重心在基础中心上）				
工具、材料、设备、场地	1. 要求在培训场地操作 2. 50kN抱杆，12～15m 高，两根；机动绞磨两台 临时拉线钢丝绳直径 11～12.5mm，30m 左右 8 根；单滑车 20～30kN，两只；锚桩角钢 18～20 根（土质不好要用地锚），铁塔地脚螺母套筒扳手 牵引滑轮 50kN，三轮、两轮各两台；钢丝绳套直径 15.5mm，六根 牵引钢丝绳直径 11～12.5mm，150～200m，两根；卸扣，大锤，红、绿旗				

<table>
<tr><td rowspan="15">评分标准</td><td>序号</td><td>项 目 名 称</td><td>质 量 要 求</td><td>满分</td><td>扣　　分</td></tr>
<tr><td>1</td><td>工作准备</td><td></td><td></td><td></td></tr>
<tr><td>1.1</td><td>检查材料齐备情况</td><td>指定专人检查并亲自抽查</td><td>1</td><td>不正确不给分</td></tr>
<tr><td>1.2</td><td>检查材料规格型号及质量</td><td>指定专人检查并自抽查</td><td>1</td><td>不正确不给分</td></tr>
<tr><td>1.3</td><td>检查工具齐备情况</td><td>指定专人检查并自抽查</td><td>1</td><td>不正确不给分</td></tr>
<tr><td>1.4</td><td>检查工具规格型号、质量及符合安全要求</td><td>指定专人检查并自抽查</td><td>1</td><td>不正确不给分</td></tr>
<tr><td>1.5</td><td>检查机动绞磨</td><td>指定专人检查并启动试验</td><td>2</td><td>不正确扣 1～2 分</td></tr>
<tr><td>1.6</td><td>检查基础尺寸</td><td>指定专人检查并亲自参与</td><td>2</td><td>不正确扣 1～2 分</td></tr>
</table>

	序号	项目名称	质量要求	满分	扣分
评分标准	1.7	基础铁塔组装情况	指定专人检查并亲自参与	2	不正确扣 1~2 分
	2	人员分工			
	2.1	副指挥一人	人员安排正确	1	一项不正确扣1分
	2.2	安全员一人	人员安排正确	1	
	2.3	临时拉线每点2人，共12人	人员安排正确，立塔时可抽出6人帮忙	1	
	2.4	机动绞磨每台2人，共4人	人员安排正确	1	
	2.5	机动人员2~4人	人员安排正确	1	
	3	宣讲安全措施			
	3.1	所有起重工用具认真检查，不合格者严禁使用，严禁超载使用	指定安全员督促所有工作人员执行	1	每错一项扣1分
	3.2	现场工作人员要听从指挥，注意信号，密切配合。除指定人员，其他人员都应在塔高1.2倍距离以外，并不得让行人进入工作现场	指定安全员督促所有工作人员执行	1	
	3.3	锚桩要安装牢固，受力后要认真检查，并应有一人看护	指定专人负责	1	
	3.4	铁塔离地后要认真检查各受力点，并冲击检查	指定专人负责并亲自参与	1	

	序号	项 目 名 称	质 量 要 求	满分	扣 分
评分标准	3.5	铁塔吊点绑扎要对称，要选择有水平材或斜材支撑的地方要有防止滑动措施	指定专人负责	1	每错一项扣1分
	3.6	铁塔立起离地后，要慢慢移动对准螺栓，不得用冲击力	指定专人负责	1	
	3.7	起立过程中要密切监护，铁塔不得挂住其他设施（安全措施要根据现场情况增加）	指定副指挥负责	1	
	3.8	吊点绑扎要考虑不能损伤铁塔，绑扎点要用麻包等保护，必要时要补强或加吊点	指定专人负责并亲自参与	1	
	3.9	地脚螺栓要按要求拧紧，铁塔组立偏差合格	指定专人负责并亲自参与	1	
	4	按要求布置六处临时拉线锚桩及两处绞磨机锚桩，如土质不行要埋钢地锚（分派人员、交代工作、提出要求）			
	4.1	铁塔根部两处：锚桩位置距基础应大于1.2倍塔高，临时拉线基本平行线路方向，两处锚桩之间的距离应稍大于铁塔根开	指挥正确，交代清楚，要求正确	2	不正确扣1～2分

	序号	项 目 名 称	质 量 要 求	满分	扣 分
评分标准	4.2	铁塔根部两处：锚桩位置距基础应大于 1.2 倍塔高，临时拉线基本平行线路方向，两锚桩之间的距离应稍大于铁塔左右横担展伸总宽度	指挥正确，交代清楚，要求正确	2	不正确扣 1~2 分
	4.3	左右两处：锚桩位置距基础应大于 1.2 倍塔高，两锚桩位置连线与抱杆根部连线在一条直线上并垂直于线路方向	指挥正确，交代清楚，要求正确	2	不正确扣 1~2 分
	4.4	绞磨锚桩位置分别位于铁塔根部桩销位置外侧并不影响绞磨操作	指挥正确，交代清楚，要求正确	1	不正确扣 1 分
	4.5	要求所有锚桩位置大于铁塔全高的 1.2 倍以外	指挥正确，交代清楚，要求正确	1	不正确扣 1 分
	5	抱杆组立（分派人员、交代工作、提出要求）			
	5.1	将两根抱杆放于铁塔两边并平行于铁塔，抱杆头部放在铁塔下横担上，两腿齐平紧靠基础	指挥正确，操作结果也正确	2	不正确扣 1~2 分
	5.2	将滑轮组三轮滑车一侧挂于抱杆头部，滑轮组两轮滑车侧挂于抱杆根部	指挥正确，操作结果也正确	2	

	序号	项目名称	质量要求	满分	扣分
评分标准	5.3	每根抱杆顶上绑好四根临时拉线，要注意浪风绳方向，注意不能妨碍滑轮组工作，临时拉线之间又不得相互干扰	指挥正确，操作结果也正确	2	不正确扣 1～2 分
	5.4	抱杆根用钢丝绳与铁塔基础连接作制动用	指挥正确，操作结果也正确	2	
	5.5	将牵引钢丝绳上绞磨，控制好左右后临时拉线，用一副木抱杆将抱杆立起	指挥正确，操作结果也正确	2	
	5.6	木抱杆失效时要拉紧控制绳，让木抱杆缓缓放倒至地面	指挥正确，操作结果也正确	2	
	5.7	重复操作将第二根抱杆立起	指挥正确，操作结果也正确	2	
	5.8	拆除抱杆制动，检查并调整抱杆位置（土质不好抱杆腿部要支垫）	指挥正确，操作结果也正确	2	
	5.9	调整临时拉线，并将临时拉线切实扎牢在锚桩上	指挥正确，操作结果也正确	2	
	5.10	注意左右两侧有两根妨碍铁塔起立的临时拉线要作好拆除准备，绑扎时不能被压住	指挥正确，操作结果也正确	2	

	序号	项 目 名 称	质 量 要 求	满分	扣 分
评分标准	6	铁塔起立（分派人员、交代工作、提出要求）			一项不正确扣1~2分
	6.1	铁塔上按技术要求绑扎吊点	指挥正确，操作结果也正确	2	
	6.2	将滑轮组的二轮滑车从抱杆根部取下挂至铁塔吊点上	指挥正确，操作结果也正确	2	
	6.3	在每根抱杆根部加一垂直角铁桩（要求靠紧抱杆）	指挥正确，操作结果也正确	2	
	6.4	角铁桩及抱杆根部用一钢丝绳套套住并挂一转向滑车	指挥正确，操作结果也正确	2	
	6.5	牵引钢丝绳经转向滑车进绞磨芯，在绞磨芯上缠绕不得少于5圈	指挥正确，操作结果也正确	2	
	6.6	开动机动绞磨，使牵引绳受力，检查各滑轮及绑扎点	指挥正确，操作结果也正确	2	
	6.7	指挥同时开动两台机动绞磨，使铁塔头部平稳离地	指挥正确，操作结果也正确	2	
	6.8	铁塔头部离地后停止牵引，进一步检查各受力点及所有锚桩并冲击检查	指挥正确，操作结果也正确	2	
	6.9	确无问题后将中间两根妨碍铁塔起立的临时拉线从桩锚上拆下并抛过塔身	指挥正确，操作结果也正确	2	

	序号	项目名称	质量要求	满分	扣分
评 分 标 准	6.10	前方临时拉线上准备两根大绳,必要时用大绳拉动临时拉线,让铁塔横担过前临时拉线	指挥正确,操作结果也正确	2	一项不正确扣1~2分
	6.11	指挥两台绞磨同时工作,并指挥控制其牵引速度,使铁塔平稳起立。铁塔根部人员及时用钢钎移动铁塔	指挥正确,操作结果也正确	2	
	6.12	副指挥负责指挥控制使滑轮组始终垂直地面	指挥正确,操作结果也正确	2	
	6.13	指挥时密切注意铁塔始终不能碰触抱杆、临时拉线等	指挥正确,操作结果也正确	2	
	6.14	铁塔全部离地前,要用大绳绑住铁塔脚(最少绑两脚)并指定人员拉住。同时通知负责监护临时拉线人员,凡是未受力的临时拉线都要派人压紧,防止临时拉线及锚桩受冲击力	指挥正确,操作结果也正确	2	
	6.15	铁塔全离地时,左右临时拉线受力成倍增大,要密切监视锚桩受力情况以确保安全	指挥正确,操作结果也正确	2	

	序号	项 目 名 称	质 量 要 求	满分	扣　　分
评分标准	6.16	铁塔悬空后塔下工作人员稳住塔脚，看哪只脚最低就先连接那只脚的地脚螺栓	指挥正确，操作结果也正确	2	一项不正确扣1～2分
	6.17	机动绞磨慢慢放松，进一个地脚螺栓上一个螺母（一只铁塔脚只上一个不加垫片的螺母），四脚落地后加垫片将螺母拧紧	指挥正确，操作结果也正确	2	
	7	拆除抱杆（分派人员、交代工作、提出要求）			
	7.1	慢慢压松左右两侧临时拉线，并控制前后临时拉线配合松动机动绞磨，使抱杆缓缓倒下	指挥正确，操作结果也正确	2	一项不正确扣1～2分
	7.2	倒抱杆时，抱杆根部用钢丝绳锁住，在铁塔基础上控制作为制动	指挥正确，操作结果也正确	2	
	7.3	抱杆倒地后派人上塔拆下滑轮组用吊绳慢慢放下，检查铁塔组立偏差	指挥正确，操作结果也正确	2	
	8	其他要求			
	8.1	指挥清理现场	整齐、干净	1	不正确不给分
	8.2	指挥要求	指挥熟练、有条理、正确	5	酌情给、扣分
	8.3	处理问题	处理问题果断、正确	2	酌情给、扣分
	8.4	时间要求	按时完成	2	酌情给、扣分

4.2.3 综合操作

行业：电力工程　　　　工种：送电线路工　　　　等级：初

编　号	C05C038	行为领域	e	鉴定范围	1
考试时限	20min	题　型	C	题　分	100
试题正文	定期巡视要做哪些工作				
需要说明的问题和要求	现场模拟操作或考问				
工具、材料、设备、场地	在运行线路或培训线路上考问				

	序号	项目名称	质量要求	满分	扣　分
评分标准	1	对沿线的交通及各种有碍线路安全运行的情况进行检查和处理			
	1.1	维护和检修用道路及桥梁情况	回答正确，流畅	3	
	1.2	线路防护区内栽植树木、挖渠、土石方爆破等	回答正确，流畅	3	每错一项扣1～3分
	1.3	修建房屋、道路和堆放器材等有碍安全现象	回答正确，流畅	3	
	2	杆塔外观检查			
	2.1	杆塔本身及各部件有无歪斜现象	回答正确，流畅	3	不正确扣1～3分
	2.2	杆塔基础周围土壤是否有突起或下沉，基础本身有无明显裂纹、损坏现象	回答正确，流畅	3	不正确扣1～3分

	序号	项 目 名 称	质 量 要 求	满分	扣　　分
评分标准	2.3	杆塔部件和固定情况，是否有缺少螺栓、螺母、螺丝松扣等情况	回答正确，流畅	4	不正确扣 1～4 分
	2.4	混凝土有无裂纹、剥落和钢筋外露情况，杆塔部位是否有生锈、裂纹等缺陷	回答正确，流畅	3	不正确扣 1～3 分
	2.5	杆塔上是否有鸟巢及其他外物	回答正确，流畅	4	不正确扣 1～4 分
	2.6	相序牌、标号牌等标志是否完整	回答正确，流畅	3	不正确扣 1～3 分
	2.7	杆塔周围不应有妨碍工作的其他蔓藤类植物	回答正确，流畅	3	不正确扣 1～3 分
	3	导线及架空地线			
	3.1	导线及架空地线是否有断股、磨损及闪络烧伤的痕迹	回答正确，流畅	3	不正确扣 1～3 分
	3.2	弧垂是否有不平衡现象、导线对地、对交叉设施及其他物体距离是否正常	回答正确，流畅	3	不正确扣 1～3 分
	3.3	线夹上有无锈蚀、缺少螺丝和垫圈，是否有螺母松扣、开口销丢失或脱出现象	回答正确，流畅	3	不正确扣 1～3 分

386

	序号	项 目 名 称	质 量 要 求	满分	扣 分
评分标准	3.4	各连接处如压接管、并沟线夹有无过热现象，如变色等情况，两端导线有无抽丝现象	回答正确，流畅	3	不正确扣 1～3 分
	3.5	引流线（或耐张跳线）是否有歪曲变形或距杆塔过近等现象	回答正确，流畅	3	不正确扣 1～3 分
	4				
	4.1	绝缘子的脏污情况，瓷质部分是否有裂纹或破碎现象	回答正确，流畅	3	
	4.2	瓷面是否有闪络痕迹	回答正确，流畅	3	每错一项扣 1～3 分
	4.3	绝缘子串是否有严重偏斜	回答正确，流畅	3	
	4.4	金具是否有生锈、损坏、缺少开口销和弹簧销的情况	回答正确，流畅	3	
	5	基础和拉线			
	5.1	拉线是否有锈蚀、松弛、断股和受力不均现象	回答正确，流畅	3	每错一项扣 1～3 分
	5.2	拉线基础是否有松动、土壤下沉、基础上拔等情况	回答正确，流畅	3	

	序号	项目名称	质量要求	满分	扣分
评分标准	5.3	拉线棒、楔形线夹、NUT型线夹、抱箍等是否有锈蚀和松动	回答正确，流畅	3	每错一项扣1～3分
	5.4	NUT型线夹螺母是否丢失		3	
	6	接地装置			
	6.1	架空地线与引下线连接处是否缺少夹具	回答正确，流畅	3	每错一项扣1～3分
	6.2	接地引下线与接地装置连接线是否断线或松动	回答正确，流畅	3	
	6.3	接地螺母是否松动或丢失	回答正确，流畅	3	
	7	了解情况			
	7.1	向沿线居民了解是否听到异常声音	回答正确，流畅	3	每错一项扣1～3分
	7.2	向沿线居民了解晚上是否看到异常发红或发光	回答正确，流畅	3	
	8	作好巡视记录	记录清楚明了	5	不正确扣1～5分
	9	其他要求			
	9.1	回答问题	清楚、连贯、有条理	5	酌情给、扣分
	9.2	时间要求	按时完成	4	超过时间不给分，每超过1min倒扣1分

行业：电力工程　　工种：送电线路工　　　等级：初/中

编　　号	C54C039	行为领域	e	鉴定范围	1
考试时限	60min	题　　型	C	题　　分	100

试题正文	指挥用单抱杆起立 15m 拔梢杆的操作

需要说明的问题和要求	1. 工具、材料已在现场，所有锚桩已经安装好 2. 指挥布置工作现场，指挥各道工序，设一安全员协助检查 3. 立电杆的单抱杆用小抱杆起立 4. 准备以下工具：长度 10m 左右 30kN 以上抱杆一根，6m 左右小抱杆一副，机动绞磨一台，直径 11～12.5mm 牵引钢丝绳约 100m，角铁桩（12～14 根）；直径 11mm 临时拉线，大于 20m，4 根；30kN 滑轮组（两轮、三轮各一只），20kN 滑轮一只，钢丝绳套 3～4 只，大锤 3～5 把，铁锹 2 把，夯一台，卸扣，登杆工具，个人工具，吊绳 3～4 根，花篮螺栓式联板扣 5 副，钢钎等，红、绿旗，如土质不行应增加角铁桩或地锚

工具、材料、设备、场地	在培训场地操作

	序号	项目名称	质量要求	满分	扣　　分
评分标准	1	工作准备			
	1.1	检查材料齐备情况	指定专人检查并亲自抽查	1	不正确不给分
	1.2	检查材料规格型号及质量	指定专人检查并亲自抽查	1	不正确不给分
	1.3	检查工具齐备情况	指定专人检查并亲自抽查	2	不正确扣 1～2 分
	1.4	检查工具规格型号、质量及符合安全要求	指定专人检查并亲自抽查	2	不正确扣 1～2 分
	1.5	检查机动绞磨	指定专人检查并启动试验	4	不正确扣 1～2 分
	1.6	检查杆坑尺寸	指定专人检查并亲自参与	2	不正确扣 1～2 分
	2	人员分工（具体落实到人）			

	序号	项目名称	质量要求	满分	扣分
评分标准	2.1	副指挥1人	具体落实到人	1	每错、漏一项扣1分
	2.2	安全员1人	人员安排正确	1	
	2.3	临时拉线每点2人，共8人	人员安排正确	1	
	2.4	机动绞磨2人	人员安排正确	1	
	2.5	杆上人员及机动人员	人员安排正确	1	
	3	宣讲安全事项			一项不正确扣1分
	3.1	统一指挥信号	讲解正确	1	
	3.2	所有工作人员要服从指挥，互相关心施工安全	督促大家执行	1	
	3.3	所有起重工具认真检查，不合格者不准使用，不准超载	指派安全员或专人负责检查落实	1	
	3.4	电杆起立时，除指定人员外，其他人员在杆高1.2倍距离以外	督促大家执行	1	
	3.5	不能站在受力钢丝绳内侧，不准跨越受力钢丝绳	督促大家执行	1	
	3.6	各桩锚有专人看守	指派专人负责	1	
	3.7	不准闲人进入工作现场	督促大家执行	1	

	序号	项目名称	质量要求	满分	扣分
评分标准	3.8	现场工作人员应戴安全帽，杆上工作人员应使用安全带	督促大家执行	1	一项不正确扣1分
	3.9	根据现场情况补充	安全员和大家发言	1	
	4	起立抱杆准备工作	要求现场实际操作。如果是模拟操作，要仔细分派人员、交代工作、提出要求		
	4.1	将四方的临时拉线锚桩安装好	指挥正确，结果也正确。安装距离为杆高1.2～1.3倍，方向各为90°，其中两根应与电杆和抱杆脚连线方向一致，并在一条直线上	3	每错、漏一项扣1～3分
	4.2	将机动绞磨锚桩安装好	指挥正确，结果也正确。安装方向应与电杆摆设方向一致，距离为电杆高度1.2倍以上	3	
	4.3	单抱杆脚应设在离杆坑1m左右，视土质情况，距离近些为好，必要时采取防沉、防塌措施	指挥正确，结果也正确	3	
	4.4	单抱杆摆放应与电杆同一方向，根部朝机动绞磨方向	指挥正确，结果也正确	3	
	4.5	在单抱杆根部安一角桩，代替制动，必要时安装抱杆制动系统	指挥正确，结果也正确	3	

	序号	项 目 名 称	质 量 要 求	满分	扣 分
评分标准	4.6	小抱杆双脚分开 1.8m 左右，双脚放在单抱杆根部，向头部方向前进约 1.5m，两脚连线与大抱杆垂直	指挥正确，结果也正确	3	每错、漏一项扣 1～3 分
	4.7	将滑轮组及四方临时拉线挂在单抱杆头部，动滑轮挂在单抱杆根部	指挥正确，结果也正确	3	
	4.8	四方临时拉线分开拉至各自的锚桩	指挥正确，结果也正确	3	
	4.9	将牵引钢丝绳放在小抱杆顶部，并用一根吊绳中部绑紧小抱杆头，一端翻过牵引钢丝绳作为小抱杆反向拉绳，另一端作为木抱杆起立拉绳	指挥正确，结果也正确	3	
	5	起立抱杆	要求现场实际操作。如果是模拟操作，要仔细分派人员，交代工作、提出要求		
	5.1	派两人各自稳住木抱杆根部，再派两人扛起小抱杆。两人拉起立拉绳的一端将木抱杆拉至 60°左右，并将吊绳两端暂时固定	指挥正确，结果也正确。检查调整使单抱杆中心、小抱杆中心、单抱杆制动中心、牵引中心在一条直线上	3	一项不正确扣 1～3 分

392

	序号	项目名称	质量要求	满分	扣分
评分标准	5.2	收紧牵引钢丝绳，使它受力，松开吊绳两端，开动绞磨并指挥临时拉线使单抱杆平稳立起	指挥正确，结果也正确	3	一项不正确扣1～3分
	5.3	小抱杆快失效时要拉紧小抱杆反向拉绳，使小抱杆轻轻倒下并及时收走	指挥正确，结果也正确	3	
	5.4	松开动滑轮与抱杆根部的连接，将四方临时拉线调整好并扎紧	指挥正确，结果也正确。使动滑轮自然下垂对准杆坑的边部（抱杆一受力就能对准杆坑中心）	3	
	6	起立电杆	要求现场实际操作。如果是模拟操作，要仔细分派人员、交代工作、提出要求		
	6.1	计算出抱杆有效高度并留下0.5m左右余量，确定电杆吊点位置，一定要在重心以上	在不影响工作前提下，吊点高些有利于电杆调直。指挥正确，结果也正确	3	一项不正确扣1～3分
	6.2	用大于12.5mm的钢丝绳套套在吊点位置上，并用卸扣与动滑轮连接好，杆梢绑两根棕绳	指挥正确，结果也正确	3	
	6.3	用大于12.5mm的钢丝扣在抱杆根部，上连接10～20kN的导向滑轮，牵引绳从滑轮穿出	指挥正确，结果也正确	3	

	序号	项 目 名 称	质 量 要 求	满分	扣　分
评分标准	6.4	开动绞磨，待电杆离地后认真检查各受力点及各锚桩并冲击检查，确无问题，继续起吊。密切注意电杆重心变化，必要时用钢钎移动电杆，将电杆重心对准杆坑	指挥正确,结果也正确	3	一项不正确扣 1～3 分
	6.5	电杆根部快离地时，派两人用绳子套住电杆根部，控制电杆摆动，继续起吊，并将电杆对准杆坑，及时停止牵引	指挥正确,结果也正确	3	
	6.6	绞磨倒车将电杆慢慢放入杆坑，到位后拉动杆梢绳子，调整电杆铅直，并及时回土分层夯实	指挥正确,结果也正确	3	
	6.7	杆根牢固后，登杆拆除吊绳及吊点	指挥正确,结果也正确	3	
	7	其他要求			
	7.1	技术要求	指挥熟练、果断、正确、有条理	5	不正确扣 1～5 分
	7.2	处理问题	老练、正确	5	不正确扣 1～5 分
	7.3	时间要求	按时完成	4	模拟操作时间不给分,实际操作酌情给分

行业：电力工程　　　　工种：送电线路工　　　　等级：中/高

编　　号	C43C040	行为领域	e	鉴定范围	1
考试时限	60min	题　型	C	题　　分	100

试题正文	指挥 30m 双杆整体组立的操作
需要说明的问题和要求	1. 电杆已经组装完毕，所有地锚已经安装好 2. 所有工具已在现场 3. 模拟实际操作，人员分工后，指挥工作人员进行每项操作
工具、材料、设备、场地	在培训场地操作

	序号	项 目 名 称	质 量 要 求	满分	扣　分
评分标准	1	宣讲安全措施（模拟实际操作）			一项不正确扣 1 分
	1.1	讲明施工方法及信号，工作人员要明确分工，密切配合，服从指挥，并保持通信畅通	检查通信工具	1	
	1.2	使用前严格检查起重工用具，严禁过载使用	指派安全员督促检查并亲自参与，所有起重工用具合格	1	
	1.3	除指挥人员及指定人员外，其他人员必须远离杆下 1.2 倍杆高距离以外，行人不得进入工作现场	督促大家执行	1	
	1.4	主牵引、制动系统中心，杆塔中心及抱杆中心（抱杆顶）应在同一垂直面上	指派专人（副指挥）负责检查	1	
	1.5	抱杆受力均匀、两侧拉绳应控制好、不得左右倾斜。根据土质地形采取防沉、防滑措施	指派专人（副指挥）负责检查	1	

	序号	项目名称	质量要求	满分	扣分
评分标准	1.6	杆塔起立离地后，应对各受力点处、各地锚做一次全面检查并冲击，确无问题，再继续起立。起立60°后，应减慢速度，拉好后方拉线，并密切注意各侧拉线	指挥有关人员负责检查并亲自参与	1	一项不正确扣1分
	1.7	只有正式拉线做好、杆基回土夯实后、方可登杆拆除所有牵引和临时拉线	指派专人负责检查	1	
	1.8	工作现场人员应着装正确，戴安全帽，杆上人员使用安全带	督促大家执行	1	
	1.9	安全措施根据现场情况增加	安全员和大家发言	1	
	2	人员分工（模拟实际操作）			
	2.1	副指挥一人，并负责电杆侧面指挥	人员安排正确	1	错、漏一项扣1分
	2.2	安全员一人	人员安排正确	1	
	2.3	两制动系统各两人，共四人（并负责反方向拉绳）	人员安排正确	1	
	2.4	左右临时拉线各两人，共四人	人员安排正确	1	
	2.5	机动绞磨一人，尾绳两人，共三人	人员安排正确	1	
	2.6	做拉线四人（制动系统和左右临时拉线抽四人协助）	人员安排正确	1	

	序号	项目名称	质量要求	满分	扣分
评分标准	2.7	登杆工作两人	人员安排正确	1	错、漏一项扣1分
	2.8	其他工作人员四至六人	人员安排正确	1	
	3	工作开始前的检查	模拟操作时要仔细分派人员、交代工作、提出要求		
	3.1	检查双杆横担处与双杆根部交叉距离是否相等	指派专人负责检查	1	
	3.2	检查根开是否正确	指派专人负责检查	1	
	3.3	杆坑内有无余土		1	
	3.4	马道是否合格,双马道坡度是否一致	指派专人负责检查	1	
	3.5	检查总牵引地锚与电杆中心,制动双地锚中心是否在一条直线上	指派专人负责检查并亲自参与	1	一项不正确扣1分
	3.6	检查制动地锚操作人员及总牵引地锚位置是否符合要求(大于杆高1.2倍的距离)	指派专人负责检查并亲自参与	1	
	3.7	检查左右临时拉线地锚位置是否正确,与两主杆坑为一直线,距离大于杆高1.2倍	指派专人负责检查并亲自参与	1	
	3.8	检查各绑扎点及吊点钢丝绳套锁紧情况及位置是否正确	指派专人负责检查并亲自参与	1	

	序号	项 目 名 称	质 量 要 求	满分	扣 分
评分标准	4	制动系统安装	模拟操作时：要仔细分派人员、交代工作、提出要求		
	4.1	将两根直径25mm制动钢丝绳分别一端锁紧在电杆根部，锁紧位置距离杆根应为20cm左右并有防止滑动措施；另一端通过滑轮组锁紧在制动地锚上	锁紧位置距离杆根应为20cm左右，并有防止滑动措施。指挥正确，结果也正确	2	不正确扣1～2分
	5	抱杆安装	模拟操作时，要仔细分派人员、交代工作、提出要求		
	5.1	将一副16～18m高的抱杆布置好，抱杆根部距离电杆根部约6m处	指挥正确，操作也正确	3	
	5.2	抱杆两根距离约5～6m，并用钢丝绳锁紧腿部	指挥正确，操作也正确	3	
	5.3	将两根等长的、直径不小于15.5mm的吊点钢丝绳套穿过抱杆顶端的两只单轮滑轮。吊点钢丝绳套上端绑于双杆横担处	指挥正确，操作也正确	3	不正确扣1～3分
	5.4	两下端连接两只不小于50kN的滑车作滑动吊点，连接下吊点钢丝绳套	指挥正确，操作也正确	3	
	5.5	下吊点钢丝绳套绑扎点要正确，两点大致将电杆高度分为三部分	指挥正确，操作也正确	3	

	序号	项目名称	质量要求	满分	扣分
	5.6	将两只 100kN 四轮滑轮组安装于至牵引地锚及脱帽环上	指挥正确,操作也正确	3	不正确扣 1～3 分
	5.7	将抱杆脚制动钢丝绳锁紧在电杆上。锁紧受力要均衡,方向要正确	指挥正确,操作也正确	3	
	6	抱杆起立	模拟操作时,要仔细分派人员、交代工作、提出要求		
评分标准	6.1	一副小抱杆置于主抱杆根部,小抱杆顶支起总牵引绳,并将抱杆立起至对地夹角为 60°左右,用白棕绳一根,翻过主牵引钢丝绳绑住小抱杆	指挥正确,操作也正确	2	不正确扣 1～2 分
	6.2	开动绞磨牵引,使小抱杆慢慢倒下、大抱杆慢慢立起,小抱杆失效前应控制绑小抱杆的棕绳,使小抱杆慢慢放倒地面后,将棕绳及小抱杆收起	指挥正确,操作也正确	2	
	6.3	大抱杆起立至 60°差一点停止牵引,将所有吊点钢丝绳套调平,并受力均衡(也可用专用钢丝绳牵引起立大抱杆,牵引至角度后再挂上总牵引绳,使总牵引绳受力)	指挥正确,操作也正确	2	

	序号	项目名称	质量要求	满分	扣分
评分标准	6.4	大抱杆起立过程中要注意，及时放松制动钢丝绳，大抱杆到位后要将制动钢丝绳水平转180°，安装成反向制动绳	指挥正确，操作也正确	3	不正确扣1~2分
	6.5	将牵引钢丝绳缠上绞磨芯，所缠圈数为5~6圈	注意督促检查	3	
	7	起立电杆	模拟操作时，要仔细分派人员、交代工作、提出要求		
	7.1	收紧制动钢丝绳至电杆快移动时止	指挥正确，操作也正确	3	
	7.2	开动绞磨，指挥左右临时拉线，使电杆慢慢受力	指挥正确，操作也正确	3	
	7.3	检查左右吊点钢丝绳套是否平衡，不平衡应松牵引及时调整	指挥正确，操作也正确	3	
	7.4	检查制动，要求杆根位置正确	指挥正确，操作也正确	3	
	7.5	开动绞磨，使电杆慢慢离开地面，至横担离地30~50cm时再检查各受力点，各地锚，再冲击检查，确无问题，继续起立电杆	指挥正确，操作也正确	3	不正确扣1~3分
	7.6	立杆过程中控制左右临时拉线，使电杆中心线制动系统中心线、抱杆中心线、牵引系统四部分一直处于同一垂直面上	指挥正确，操作也正确	3	

400

	序号	项 目 名 称	质 量 要 求	满分	扣 分
评 分 标 准	7.7	电杆起立过程中还要由侧向指挥人员指挥，及时调整制动，使电杆根对准底盘中心	指挥正确，操作也正确	3	不正确扣 1～3 分
	7.8	密切监视抱杆，抱杆失效前要控制好绑住抱杆的绳子，抱杆一失效慢慢松开，使抱杆慢慢倒下	指挥正确，操作也正确	3	
	7.9	电杆起立至 60°左右时，要减慢牵引速度，拴好反方向拉线	指挥正确，操作也正确	3	
	7.10	电杆起立至 80°时，要停止牵引，将正式拉线用紧线器卡好，调整拉线，使杆身缓缓正直	指挥正确，操作也正确	3	
	8	调正电杆及做拉线	模拟操作时，要仔细分派人员、交代工作、提出要求		
	8.1	做好四方正式拉线	指挥正确，操作也正确	1	不正确扣 0.5～1 分
	8.2	及时回填土并夯实	指挥正确，操作也正确	1	
	8.3	拆除吊点钢丝绳套及牵引设备，拆除临时拉线	指挥正确，操作也正确	1	
	9	其他要求			
	9.1	指挥要求	指挥熟练，果断、正确	5	不正确扣 1～5 分
	9.2	时间要求	按时完成	2	超过时间不给分，每超过 2min 倒扣 1 分

行业：电力工程　　　　工种：送电线路工　　等级：技师/高级技师

编　号	C21C041	行为领域	e	鉴定范围	1
考试时限	80min	题　型	C	题　分	100
试题正文	某220kV线路一直线杆发生倒杆事故，其中两相导线严重损伤的处理				
需要说明的问题和要求	1. 模拟操作 2. 提供该直线杆图纸 3. 准备部分工作人员，人员分工后，指挥工作人员进行每项操作				
工具、材料、设备、场地	在培训场指定一基直线杆模拟操作				

	序号	项目名称	质量要求	满分	扣　分
评分标准	1	模拟查看事故现场（口头回答查看内容）			错一项扣1分
	1.1	了解设备损伤程度（包括相邻杆塔的损坏情况），找出事故原因	回答正确	1	
	1.2	现场统计抢修材料型号及数量	回答正确，统计准确	1	
	1.3	了解施工现场地形、地貌，了解运输道路	回答正确	1	
	1.4	确定抢修方案，画出施工方案草图	回答正确	1	
	1.5	查看有关图纸和资料，了解有关技术数据	回答正确	1	
	1.6	编制施工安全技术措施	回答正确	1	
	1.7	准备工具及材料	操作正确	1	
	2	宣讲安全措施			

402

续表

	序号	项 目 名 称	质 量 要 求	满分	扣　　分
评分标准	2.1	切实办好停电手续，认真验电，工作现场两侧杆塔挂接地线	宣讲正确，指定专人负责操作	2	错一项扣 1～2分
	2.2	所选用的起重工用具要认真检查，不合格者严禁使用，并严禁超载使用	宣讲正确，指定专人负责检查	2	
	2.3	运杆时要切实绑牢，排杆要有防止电杆滚动措施	宣讲正确，指定专人负责检查	2	
	2.4	立杆要严格按施工图布置各吊点及地锚埋设点	宣讲正确，指定专人负责检查并亲自参与检查	2	
	2.5	立杆时除指定人员外，其他人员应在 1.2 倍杆高距离以外	宣讲正确，指定专人负责督促检查	2	
	2.6	电杆起离地面后要停止牵引，认真检查各绑扎点、各受力点、各地锚、抱杆脚等并冲击，确无问题后方可继续起立	宣讲正确，指定专人负责检查并亲自参与检查	2	
	2.7	所有地锚要有专人监护。牵引绳在绞磨芯上缠绕不少于5圈	宣讲正确，指定专人负责检查	2	
	2.8	抱杆脚要在同一水平面上，两脚要用钢丝绳锁牢，如有必要要有防沉、防滑措施	宣讲正确，指定专人负责检查并亲自参与检查	2	

403

	序号	项 目 名 称	质 量 要 求	满分	扣 分
评分标准	2.9	电杆起立自始至终要随时调整左右临时拉线，保持主牵引地锚中心、电杆结构中心、制动地锚中心及人字抱杆顶点在同一垂直面上	宣讲正确，指定专人负责检查并亲自参与检查	2	错一项扣 1~2 分
	2.10	电杆起立在60°左右时，要拴好后临时拉线，绞磨要开始减速；80°时，要停止牵引，利用调整拉线的方法使电杆正直。正式拉线做好后，方可拆除牵引及临时拉线	宣讲正确，指定专人负责检查并亲自参与检查	2	
	2.11	起吊导线时，线下不得有闲人逗留，不得跨越受力牵引绳，不得站在受力牵引绳内角侧	宣讲正确，指定专人负责检查并亲自参与检查	2	
	2.12	现场工作人员应严格遵守《安规》，服从同一指挥，并相互监督《安规》的实施（根据现场具体情况增加）	安全员及工作人员发言补充安全措施	2	
	3	主要工器具及材料准备（口头安排人员准备）			
	3.1	接地线两副	准备正确	0.5	错一项扣 0.5 分
	3.2	电焊或氧焊设备及有关材料	工器具准备正确充足	0.5	

	序号	项 目 名 称	质 量 要 求	满分	扣 分
评分标准	3.3	排杆用工具及垫木等	工器具准备正确充足	0.5	错一项扣0.5分
	3.4	100kN 以上钢抱杆或铝合金抱杆一副（长度视杆高而定）	准备正确	0.5	
	3.5	8～10m 小型抱杆一副	准备正确	0.5	
	3.6	机动绞磨一台	准备正确	0.5	
	3.7	30kN 滑轮组两套（临时拉线用）	准备正确充足	0.5	
	3.8	50kN 滑轮组两套（制动用）	准备正确充足	0.5	
	3.9	100kN 四轮滑轮组一套（牵引用）	准备正确充足	0.5	
	3.10	100kN 地锚3～4块（视土质而定）	准备正确充足	0.5	
	3.11	30～50kN 地锚3块（视土质而定）	准备正确充足	0.5	
	3.12	牵引钢绳一根,直径12.5mm,200～300m	准备正确充足	0.5	
	3.13	临时拉线钢丝绳四根，直径12.5mm,30～50m	准备正确充足	0.5	
	3.14	起吊用吊点钢丝绳套，钢丝绳直径20mm左右,4根	准备正确充足	0.5	
	3.15	100kN 双轮滑车一只或 50kN 单滑轮两只（抱杆头用）	准备正确充足	0.5	

	序号	项目名称	质量要求	满分	扣分
评分标准	3.16	50kN 单滑车两只（吊点用）	工器具准备正确充足	0.5	错一项扣 0.5分
	3.17	20kN 单滑车两只（绞磨导向及吊导线线用）	工器具准备正确充足	0.5	
	3.18	钢丝绳套、卸扣若干	工器具准备正确充足	0.5	
	3.19	导线压接材料及工具	工器具准备正确充足	0.5	
	3.20	断线钳、钢锯、汽油盘等	工器具准备正确充足	0.5	
	3.21	紧线器四套	工器具准备正确充足	0.5	
	3.22	拉线金具、钢绞线及有关材料	材料准备正确充足	0.5	
	3.23	电杆及叉梁、横担、抱箍、拉杆等铁附件	材料准备正确充足	0.5	
	3.24	导线、金具、绝缘子等	材料准备正确充足	0.5	
	4	宣讲电杆组装的技术规范及要求			错一项扣 1～2分
	4.1	检查电杆基础质量及安装尺寸符合要求	宣讲正确	2	
	4.2	电杆质量合格：预应力混凝土电杆不得有纵、横向裂纹，普通混凝土电杆不得有纵向裂纹，横向裂纹不应超过 0.1mm，所有安装孔位置及尺寸准确	宣讲正确	2	

	序号	项 目 名 称	质 量 要 求	满分	扣 分
评分标准	4.3	电杆焊接质量合格。焊好的电杆分段或整根电杆的弯曲度不应超过其对应长度的2‰	回答正确	2	错一项扣1～2分
	4.4	电杆各构件的组装应牢固。螺栓穿入方向、螺杆露出螺母的长度、螺栓拧紧扭矩符合规范	回答正确	2	
	5	讲解电杆组立后的技术规范及要求			
	5.1	电杆组立及架线后其偏差在允许范围内	讲解正确	2	错一项扣1～2分
	5.2	拉线制作安装及调整符合要求	讲解正确	2	
	6	讲解架线及导线连接的技术规范及要求			
	6.1	压接管位置符合规范：一个档距内每根导线只允许一个压接管；压接管与悬垂线夹的距离不应小于5m；压接管不得出现在设计规定不准接头的档内	讲解正确	2	错一项扣1～2分
	6.2	压接质量合格，压接管上打有压接操作人员的钢印号码	讲解正确	2	
	6.3	导线弧垂应保持原设计要求	讲解正确	2	

	序号	项 目 名 称	质 量 要 求	满分	扣 分
评分标准	7	讲解附件安装的技术规范及要求	讲解正确		错一项扣1分
	7.1	绝缘子安装前应认真检查并将表面清擦干净	讲解正确	1	
	7.2	悬垂线夹安装前应包铝包带，铝包带应紧密缠绕，其缠绕方向应与外层铝股的绞制方向一致；所缠铝包带可露出夹口，但不应超过10mm，其端头应夹于线夹内压住	讲解正确	2	
	7.3	悬垂线夹安装后，绝缘子串应垂直地平面。个别与垂直位置的位移不应超过5°。且最大偏移值不应超过200mm	讲解正确	1	
	7.4	防振锤应与地面垂直，安装距离偏差不大于±30mm	讲解正确	1	
	8	抢修施工（每项都应分解，指挥要细化）	模拟实际操作，各项工作都要仔细分派人员、交代工作、提出要求		
	8.1	办理停电许可工作手续	指定专人办理	2	每错一项扣1～2分

	序号	项 目 名 称	质 量 要 求	满分	扣 分
评分标准	8.2	人员分工安排	符合组织分工原则		每错一项扣1～2分
	8.3	进入现场装设接地线	指挥正确,操作也正确	2	
	8.4	清理事故现场,运输抢修材料,布置施工现场,用原基础或安装新基础	指挥正确,操作也正确	2	
	8.5	排杆、焊杆、电杆组装	指挥正确,操作也正确	2	
	8.6	吊点布置	指挥正确,操作也正确	2	
	8.7	抱杆组立	指挥正确,操作也正确	2	
	8.8	立杆	指挥正确,操作也正确	2	
	8.9	更换部分导线,按原导线长度进行压接	指挥正确,操作也正确	2	
	8.10	将导、地线挂上杆塔	指挥正确,操作也正确	2	
	8.11	附件安装	指挥正确,操作也正确	2	
	8.12	恢复线路设备运行状态	指挥正确,操作也正确	2	
	8.13	检查抢修质量	指挥正确,操作也正确	2	
	8.14	拆除接地线,清理现场	指挥正确,操作也正确	2	
	9	其他工作及要求			
	9.1	工作总结	用规范语言报告工作结束,可以恢复送电	3	酌情给、扣分
	9.2	指挥要求	指挥熟练、果断、正确	5	酌情给、扣分

编　　号	C21C042	行为领域	e	鉴定范围	1
考试时限	120min	题　　型	C	题　　分	100
试题正文	组织指挥导线、架空地线架设的操作				
需要说明的问题和要求	1. 全过程负责指挥，非张力架线 2. 模拟实际操作，人员分工好后，指挥工作人员进行每项操作 3. 准备施工图纸一套 4. 现场模拟实际操作 5. 准备部分工作人员				
工具、材料、设备、场地	在培训场操作				

	序号	项目名称	质量要求	满分	扣　分
评分标准	1	认真看施工图纸，了解工程概况	写好答案后口头回答		错、漏一项扣0.5分
	1.1	线路架设长度	回答结果正确	0.5	
	1.2	导线、架空地线型号	回答结果正确	0.5	
	1.3	绝缘子、金具型号及连接方式，导线、架空地线不准接头情况	回答结果正确	0.5	
	1.4	地形情况	回答结果正确	0.5	
	1.5	交叉跨越情况	回答结果正确	0.5	
	1.6	初步选定弧垂观测档并计算观测值	回答正确，计算结果正确	0.5	
	1.7	讲出工程所需主要材料名称及数量	回答结果正确	0.5	
	2	模拟回答查看工作现场的内容			错、漏一项扣0.5分
	2.1	查交叉跨越的电力线、通信线、公路、铁路、河流等（含需要办停电申请的被跨越电力线名称及电源点）	回答内容正确	0.5	

410

	序号	项 目 名 称	质 量 要 求	满分	扣　　分
评分标准	2.2	查运输道路、选定紧线、挂线点及导线展放方向	回答内容正确	0.5	错、漏一项扣0.5分
	2.3	查各杆塔、拉线情况，必要时调整及加固	回答内容正确	0.5	
	2.4	确定临时补强拉线位置及数量	回答内容正确	0.5	
	2.5	查地形、地貌及特殊地形选用的特殊措施	回答内容正确	0.5	
	2.6	查沿线村庄和庄稼，派对外联系人进行赔偿洽谈	回答内容正确	0.5	
	2.7	确定弧垂观测档及观测点，确定弧垂观测方法	回答内容正确	0.5	
	3	组织分工，确定以下人员			
	3.1	作业负责人	人员安排正确	0.5	错、漏一项扣0.5分
	3.2	安全员	人员安排正确	0.5	
	3.3	停、送电联系人员	人员安排正确	0.5	
	3.4	对外联系人员	人员安排正确	0.5	
	3.5	技术负责人员	人员安排正确	0.5	
	3.6	质检员	人员安排正确	0.5	
	3.7	材料管理人员	人员安排止确	0.5	
	3.8	弧垂观测人员	人员安排正确	0.5	
	3.9	爆（液）压人员	人员安排正确	0.5	
	3.10	施工班组	人员安排正确，充足	0.5	

411

	序号	项 目 名 称	质 量 要 求	满分	扣 分
评分标准	4	宣讲安全措施清楚明了（模拟实际操作）			
	4.1	所有被跨越电力线必须停电并做好验电、接地工作。所有断路器要挂警告牌或设专人看守	指定专人负责	1	
	4.2	所有跨越架要保证高度和宽度，并要切实牢固，并派专人看守	指定专人负责，亲自检查	1	
	4.3	跨越有人通行但没有跨越架的地方有专人看守	指定专人负责看守	1	
	4.4	在有可能磨伤导线的地方、有可能挂住导线的地方，要采取措施并派人看守	指定专人负责看守	1	错、漏一项扣1分
	4.5	每基杆塔要挂上合格的放线滑车，每基杆塔都有专人看守	指定专人负责	1	
	4.6	所有看守人员，牵引人员或人力拖线带队人员、指挥人员之间的通信联络要畅通	检查通信设备良好	1	
	4.7	爆炸压接人员要严格按《安规》操作，起爆一定要保持安全距离	指定专人负责	1	
	4.8	所有紧线工用具要认真检查，不合格者严禁使用，严禁超载使用	指定安全员负责检查	1	

412

	序号	项 目 名 称	质 量 要 求	满分	扣 分
评 分 标 准	4.9	所有工作人员不得跨在导线上或站在导线内角侧	督促所有工作人员执行	1	错、漏一项扣1分
	4.10	现场工作人员要正确着装，戴安全帽	督促所有工作人员执行	1	
	4.11	杆塔上工作人员要使用安全带，要按《安规》操作，杆塔下要加强监护	督促所有工作人员执行	1	
	4.12	现场工作人员要严守《安规》，互相关心施工安全，监督《安规》及现场安全措施的落实	督促所有工作人员执行	1	
	4.13	增加补充安全措施	安全员和大家发言	1	
	5	宣讲技术规范及要求	指定专人负责检查（模拟技术交底口头回答）		错、漏一项扣1分
	5.1	放线过程中，对展放的导线及架空地线应认真进行外观检查。对制造厂在线上设有的损伤或断头标志的地方，应查明情况，妥善处理	指定专人负责检查	1	
	5.2	放线滑车的轮槽尺寸、轮槽底部直径及轮槽材料应与导线或架空地线相适应，保证符合国家现行标准	指定专人负责检查，保证导线、架空地线通过时不受损伤	1	

413

	序号	项目名称	质量要求	满分	扣分
评分标准	5.3	尽力减小导线损伤，如受损伤要按规范标准进行补修处理或割断重新以接续管连接	指定专人负责检查，讲出导线损伤补修标准	1	错、漏一项扣1分
	5.4	导线、架空地线的弧垂不平衡偏差应在允许范围内	讲出标准	1	
	5.5	架线后应测量导线与被跨越物的净空距离，计入导线蠕变伸长换算到最大弧垂时，必须符合设计规定	讲出规定	1	
	5.6	绝缘子金具等要求检查测试合格	指定专人负责检查	1	
	5.7	架线后要及时进行附件安装	指定专人负责通知	1	
	5.8	悬垂线表安装后，绝缘子串应垂直地面。个别情况的位移不应超过5°，偏移最大值不超过200mm	指定质检人员负责检查	1	
	5.9	各种螺栓、穿钉及弹簧销穿入方向合格	讲解穿钉及弹簧销穿入方向，指定质检人员负责检查	1	
	5.10	导线与线夹、导线与防振锤夹紧部位应缠绕铝包带，铝包带缠绕方向应与导线外层铝股的绞制方向一致。铝包带可需露出夹口，但不应超过10mm，其端头应回夹内压住	指定质检人员负责检查	1	

	序号	项 目 名 称	质 量 要 求	满分	扣 分
	5.11	引流线（耐张调线）应呈近似悬链线状自然下垂，其对杆塔及拉线等的电气间隙必须符合设计要求	指定专人负责检查	1	错、漏一项扣1分
	6	施工准备	模拟实际操作，要仔细分派人员、交代工作、提出要求		
	6.1	导地线提前运至导线展放点，并放好放线盘，要派专人看守	指挥正确，操作也正确	2	每错一项扣1～2分
	6.2	通过选择线轴控制压接管的位置	指挥正确，操作也正确	2	
评分标准	6.3	每基杆塔提前挂好放线滑车	指挥正确，操作也正确	2	
	6.4	耐张杆塔提前拉好临时拉线	指挥正确，操作也正确	2	
	7	跨越架搭设	模拟实际操作，要仔细分派人员、交代工作、提出要求		
	7.1	重要公路、铁路、河流等要事先联系好，搭好可靠的跨越架	指定专人负责	2	每错一项扣1～2分
	7.2	该搭跨越架的地方都要搭好可靠的跨越架	指定专人负责	2	
	7.3	跨越架要注意高度符合下方通行车、船安全通过限距	指定专人负责检查并亲自参与	2	
	7.4	跨越架方向要与线路方向垂直	指定专人负责检查并亲自参与	2	
	7.5	跨越架中心要以线路中心吻合	指定专人负责检查并亲自参与	2	

	序号	项目名称	质量要求	满分	扣分
评分标准	7.6	跨越架宽度要比两边距离大1~1.5m	指定专人负责检查并亲自参与	2	每错一项扣1~2分
	8	导线、架空地线展放	模拟实际操作：要仔细分派人员、交代工作、提出要求		
	8.1	派专人带领人员拖导线、架空地线（或牵引钢丝绳）。所拖放的线要尽量走直线，而且线与线之间不能交叉	指挥正确，操作也正确	1	
	8.2	导线、架空地线拖至直线杆塔后，应及时通过放线滑轮	指定专人负责	1	
	8.3	滑轮上应挂上一根大绳，大绳一端绑住导线或架空地线（或牵引钢丝绳），另一端将导线通过滑轮。注意线头一定要绑好	指定专人负责	1	每错一项扣1分
	8.4	线拉至挂线点应多拖点距离，考虑导线及耐张绝缘子串挂上杆塔	指定专人负责	1	
	8.5	导线如和地面坚硬物发生摩擦应采取措施防止导线受损	指定专人负责	1	
	8.6	如需要接头要由专人负责压接，接头检查合格要打钢印	指定专人负责	1	
	9	紧线及弧垂观测	模拟实际操作，要仔细分派人员、交代工作、提出要求		

	序号	项目名称	质量要求	满分	扣分
评 分 标 准	9.1	导线、架空地线挂好后，及时通知紧线	指挥正确，操作也正确	2	每错一项扣1～2分
	9.2	紧线牵引应在导线方向的直线延长线上。对地夹角一般为30°左右，尽量不用换向滑轮	指挥正确，操作也正确	2	
	9.3	紧线牵引受力后要通知全线检查，确没有挂住其他障碍物后方可继续紧线	指挥正确，操作也正确	2	
	9.4	紧线快至合格弧垂时要减慢牵引速度，听从弧垂观测人员的指挥	指挥正确，操作也正确	2	
	9.5	弧垂观测人员要注意气温变化，变化如超过5℃要及时调整观测值	指挥正确，操作也正确	2	
	9.6	弧垂合格后要停止牵引，让导线或架空地线稳定后再次观测，合格后再通知在牵引绳上画印	指挥正确，操作也正确	2	
	9.7	牵引绳放松，将牵引绳上的印记比至导线或架空地线上，按要求做耐张线夹	指挥正确，操作也正确	2	
	9.8	再次紧线将线挂上	指挥正确，操作也正确	2	
	9.9	再次观测弧垂并要求合格	指挥正确，操作也正确	2	

序号	项目名称	质量要求	满分	扣分
9.10	重复操作至所有线全部挂上	指挥正确，操作也正确	2	每错一项扣1～2分
10	模拟实际操作	要仔细分派人员、交代工作、提出要求		
10.1	导线（或架空地线）全部挂好后就可以通知附件安装	指挥正确，操作也正确	1	
10.2	一般由杆上作业人员用专用工具自行提升导线或架空地线，安装线夹	指挥正确，操作也正确	1	
10.3	按设计要求安装防振锤，注意包好铝包带及螺栓穿入方向	指挥正确，操作也正确	1	每错一项扣1分
10.4	按要求安装引流线（耐张跳线）。如果是用螺栓或耐张线夹做线夹时就要注意导线自然弧垂方向	指挥正确，操作也正确	1	
11	自检工作	模拟实际操作，要仔细分派人员、交代工作、提出要求		
11.1	认真检查工作现场并验收施工质量	质检人员组织检查	1	
11.2	测量交叉距离	测量人员负责检查	1	每错一项扣1分
11.3	整理工用具，拆除跨越架	指挥正确，操作也正确	1	
11.4	被停电线路联系恢复送电	停电联系人员负责	1	
12	其他要求			
12.1	措施要求	措施全面（要求根据现场情况补充）	3	酌情给、扣分
12.2	指挥要求	指挥熟练、果断、正确	5	酌情给、扣分
12.3	时间要求	按时完成	2	酌情给、扣分

（注：左侧竖排"评分标准"贯穿全表）

418

5 试卷样例

中级送电线路工知识要求试卷

一、选择题（每题 1 分，共 25 分）

下列每题都有四个答案，其中只有一个正确答案，将正确答案的题号填入括号内。

1. 悬垂绝缘子串除耐张杆水平排列及有设计规定者外，与地面垂直的角度误差不得超过（　　）。

（A）3°；（B）4°；（C）5°；（D）6°。

2. 带电作业人体感知电场强度是（　　）。

（A）2.0kV/cm；（B）2.4kV/cm；（C）3.5kV/cm；（D）4kV/cm。

3. 为了使线路三相电压降和相位间保持平衡，电力线路必须（　　）。

（A）按要求进行换位；（B）经常检修；（C）不能发生故障；（D）经常维护。

4. 电力线路的分裂导线一般每相用（　　）。

（A）2～4 根组成；（B）5～7 根组成；（C）7～9 根组成；（D）9～10 根组成。

5. 观测弧垂时，若紧线段为 12 档以上者，应同时选择（　　）。

（A）二档观测；（B）靠近两端各选一档；（C）中间选二档观测；（D）靠近两端和中间各选一档。

6. 导线发生舞动时，在最容易发生相间山涧的特大档距内，其导线接头（　　）。

（A）至多一个；（B）不能多于两个；（C）不应有；（D）不能多于二个。

7. 若用 LJ–70 型导线架设线路，该导线发生电晕的临界电压为（　　）。

（A）110kV；（B）176kV；（C）153kV；（D）220kV。

8. 混凝土强度可根据原材料和配合比的变化来选择和掌握，因此要求（　　）符合要求。

（A）抗拉强度和延伸率；（B）抗压强度和延伸率；（C）抗拉强度和硬度；（D）抗压强度和硬度。

9. LGJ–95～150 型导线应选配的悬垂线夹型号为（　　）。

（A）XGU–1；（B）XGU–2；（C）XGU–3；（D）XGU–4。

10. 线路故障时，为了限制故障的扩大，要求继电保护装置应具有（　　）。

（A）灵敏度；（B）快速性；（C）可靠性；（D）准确度。

11. 接续管和修补管与悬垂线夹的距离不应小于（　　）。

（A）0.5m；（B）5m；（C）10m；（D）15m。

12. 跨越通航河流大跨越的相间弧垂允许偏差为（　　）。

（A）300mm；（B）500mm；（C）800mm；（D）1000mm。

13. M24 螺丝扭矩应达到（　　）。

（A）25000N·m；（B）25000N·cm；（C）2500N·m；（D）2500N·cm。

14. 钢丝绳编插绳套时，插接股长度不得小于其外径的 20～24 倍，各次穿插次数不得少于 4 次，使用前必须经过（　　）%超负荷试验合格。

（A）110；（B）120；（C）125；（D）150。

15. 电力线路临时增减杆塔时，其杆塔的编号（　　）。

（A）从增减杆开始以下重新编号；（B）从头开始重新编号；（C）从耐张杆开始；（D）可不重新编号。

16. 衡量电能质量的三个主要指标是（　　）、频率、周波的合格率。

（A）电压；（B）电流；（C）线损；（D）功率。

17. 电力线路的电气参数有电阻、电抗、电导和（　　）。

（A）电纳；（B）电位差；（C）端电压；（D）电流。

18. 损耗电量占供电量的百分比称为（　　）。

（A）线损率；（B）消耗率；（C）变损率；（D）损耗率。

19. 架空地线的 19 股锌钢绞线断（　　）股，可用镀锌铁丝缠绕修理。

（A）1；（B）2；（C）3；（D）4。

20. 导线单位截面、单位长度上的荷载称为（　　）。

（A）比重；（B）比载；（C）比例；（D）荷重。

21. 倒落式人字抱杆整体立塔过程中，铁塔随抱杆的旋转而绕其支点（绞链转轴）（　　）。因此与垂直起吊重物不同，计算铁塔各部受力应有一些特殊的假设和要求。

（A）上升；（B）下降；（C）转动；（D）移动。

22. 送电线路所用绝缘子的片数根据电压等级、海拔高度及（　　）确定。

（A）气象条件；（B）地理条件；（C）导线型号；（D）污秽程度。

23. 在一档距内每根导线或架空地线只允许有一个压接管和（　　）个修补管。

（A）一；（B）二；（C）三；（D）四。

24. 铁塔基础保护层厚度允许误差为（　　）。

（A）+3mm；（B）+5mm；（C）−3mm；（D）−5mm。

25. 电气设备和电动工器具应用橡胶电缆,外壳必须(　　)。

（A）接零；（B）保护；（C）绝缘；（D）接地。

二、**判断题**（每题 1 分，共 25 分）

判断下列描述是否正确，对的在括号内打"√"，错的在括号内打"×"。

1. 在星形连接的电路中，线电压等于 3 倍的相电压。

（　　）

2. 杆塔基础的作用是保证杆塔在运行中不发生下沉或在受外力作用时不发生上拔或变形。　　　　　　（　　）

3. 衡量供电电能质量三个主要标准是频率、电压、功率。

（　　）

4. 变压器是利用电磁感应原理制成的改变交流电压传递电能的静止的电气设备。

（　　）

5. 配电变压器容量在 100kVA 以上者，一次侧熔丝的额定电流应取变压器额定电流的 1.5 倍。

（　　）

6. 高压配电线路的导线采用铜线时其最小允许截面为 16mm^2。

（　　）

7. 工程质量是检验出来的。

（　　）

8. 常用导线有铜绞线、铝绞线、钢芯铝绞线，其代表型号分别是 TJ、LJ、LGJ。

（　　）

9. 单回路线路中，导线在杆塔上的排列方式有三角、垂直、水平三种。

（　　）

10. 成套接地线必须用软铜线组成，其截面积不得小于 16mm^2，接地棒在地面下深度不得低于 0.5m。

（　　）

11. 架空地线是防止雷击杆塔的。

（　　）

12. 浇制铁塔基础的同组地脚螺栓中心对立柱中心的偏离为 10mm。

（　　）

13. 耐张绝缘子串片数比悬垂绝缘子串的同型绝缘子多一片。

（　　）

14. 混凝土用砂，根据具体情况在允许范围内应尽量选较粗的砂。

（　　）

15 整体立杆吊绳的最大受力，随着起立角度的增加而逐渐减小。

（　　）

16. 电力网在运行时，由于阻抗的作用必然产生电压降落，因而电力网各点电压是相同的。

（　　）

17. 施工定位测量是在施工之前根据批准的施工图设计，进行现场测量。

（　　）

18. 钢筋混凝土对钢筋的主要要求是有足够的强度，有较好的塑性，能与混凝土牢固连接。

（　　）

19. 铁塔上的镀锌铁件在特殊情况下可用气焊进行扩孔或烧孔。   （   ）

20. 不同品种的水泥不应在同一个基础腿中混合使用。

                                                    （   ）

21. 耐张塔经检查合格后可随即浇注保护帽。   （   ）

22. 接续管和修补管与间隔棒的距离不宜小于 0.5m。

                                                    （   ）

23. 线路施工测量使用的经纬仪，其最小读数不应大于 2。

                                                    （   ）

24. 对瓷绝缘子进行绝缘测定应用不低于 5000V 的绝缘电阻表逐个进行。   （   ）

25. 不安装间隔棒的垂直双分裂导线，同相子导线间的弧垂允许偏差应为＋200mm。   （   ）

三、简答题（每题 5 分）

1. 什么叫自动重合闸装置？

2. 线路放线后不能腾空过夜时应采取哪些措施？

3. 在线路施工前为什么要对杆塔进行校验？

4. 线路防雷工作有哪些要求？

5. 确定杆塔外形尺寸的基本要求有哪些？

四、计算题（每题 5 分）

1. 拉线对电杆夹角为 45°，拉线挂点距地面 14m，拉线盘埋深 3m，拉线坑中心地面高于电杆施工基面 4m，求拉线坑中心至电杆中心距离。

2. 钢板长 4m、宽 1.5m、厚 50mm。求这块钢板的质量（钢的密度是 7.85g/cm^3）。

3. 一铁塔的基础根开为 5800mm（正方形地脚螺栓式基础），浇制完毕后，测量其对角线实际尺寸为 8215mm。试计算是否超过允许误差值。

五、识绘图题（每题 5 分）

1. 指出图 1 中各金具的名称和类型。

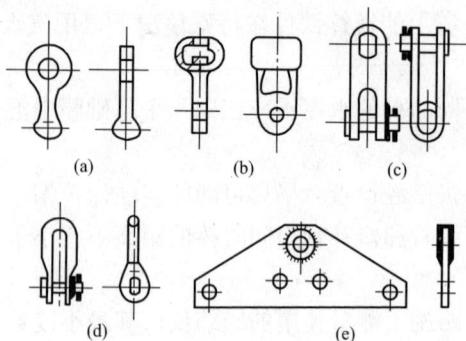

图 1

2. 识别图纸中铁塔分类代号各代表什么塔型?

1) Z; 2) N; 3) J; 4) ZJ; 5) D; 6) F; 7) K; 8) H。

中级送电线路工技能要求试卷

一、电杆上安装 35kV 单瓷横担（上字型排列）的操作

二、指挥用单抱杆起立 15m 拔梢杆的操作

中级送电线路工知识要求试卷答案

一、选择题

1.（C）; 2.（B）; 3.（A）; 4.（A）; 5.（D）; 6.（A）; 7.（B）;
8.（B）; 9.（C）; 10.（B）; 11.（B）; 12.（D）; 13.（B）;
14.（C）; 15.（B）; 16.（A）; 17.（A）; 18.（D）; 19.（A）;
20.（B）; 21.（C）; 22.（D）; 23.（C）; 24.（D）; 25.（D）。

二、判断题

1.（×）; 2.（×）; 3.（×）; 4.（√）; 5.（×）; 6.（√）;
7.（×）; 8.（√）; 9.（√）; 10.（×）; 11.（×）; 12.（√）;
13.（√）; 14.（√）; 15.（×）; 16.（×）; 17.（√）; 18.（√）;
19.（×）; 20.（√）; 21.（×）; 22.（√）; 23.（×）; 24.（√）;

25.（×）。

三、简答题

1. 答：当油断路器跳闸后，能够不用人工操作而使断路器自动重新合闸的装置，叫自动重合闸装置。

2. 答：一般应采取以下措施：

（1）未搭越线架的通道路口的导线，一律应挖沟埋入地面下。

（2）河道处应将导、地线沉入河底。

（3）对其他交叉跨越，应设法保持必要的安全距离，以保证通车、通航、通信、通电。

（4）对实在无法保证通车、通信的线路，应与有关部门取得联系，采取不破坏新线的相应措施。

3. 答：在线路施工前要对杆塔进行校验，这是因为施工班组提出组立杆塔的施工方法时，必须对本体有关部位的强度加以校验，以免构件发生弯曲变形或遭到损坏。校验的要求是校验杆塔在起吊初始状态时的各个吊点及结构上有集中荷重处的强度。该部位由于自重及附加荷重所承受的弯曲应力或弯曲力矩，应不超过设计容许的弯曲应力或弯曲力矩。

4. 答：一个线路运行维护人员应掌握所维护的线路的雷害规定，如雷电活动、雷击区等，应建立雷击跳闸记录、绝缘子闪络记录、线路接地及电阻测量记录等。只有充分了解本线路的雷电活动规律，才能正确防止雷电事故的发生。日常的维护工作内容主要有：

（1）检查架空地线、避雷针、接地装置有没有金属锈蚀及机械损伤的现象，在线路运行 5～10 年后应选点挖土检查接地体和接地线是否完好。

（2）雷击跳闸后应及时找出绝缘子闪络地点，并更换闪络击穿绝缘子，以防止下次雷击引起的重复跳闸。

（3）定期测量接地电阻，如接地电阻值比要求的值大很多，应根据条件进行改良，如增加接地体、使用减阻剂等。

（4）装有管型避雷器时，在巡视中应特别注意管型避雷器是否有动作放电情况，还应注意它的表面、排气孔和外部间隙是否有放电动作等现象。

5. 答：其基本要求如下。

（1）确定杆塔高度时，应满足导线对地面及交叉跨越物的距离要求。

（2）在内过电压、外过电压、运行电压三种情况下，各相导线与杆塔构件接地部分之间的空气间隙应当满足电气绝缘的要求。

（3）满足在档距中央（+15°，无风），导线与架空地线接近距离的要求。

（4）满足防雷保护角的要求。

（5）各相导线在档距中所需线间距离的要求。

（6）适当考虑带电作业安全距离的要求。

四、计算题

1. 解：$\because \tan 45°=1$

$\therefore$ 拉线坑中心至电杆中心距离为

$$S=（14+3-4）×\tan 45°=13×1=13（m）$$

答：拉线坑中心至电杆中心距离为 13m。

2. 解：体积 $V=400×150×5=3×10^5（cm^3）$

质量 $W=7.85×3×10^5=2.355×10^6（g）=2.355（t）$

答：这块钢板重 2.355t。

3. 解：

（1）按设计值对角线长度为：

$$5800×\sqrt{2}=8201（mm）$$

（2）允许误差值为±2‰，即

$$8201×（±2‰）≈±16.4（mm）$$

（3）对角线允许尺寸为 8184.6～8217.4mm，实际尺寸为8215mm，故未超过允许误差值。

答：未超过允许误差值。

五、识绘图题

1. 答：图 1（a）为球头挂环；图 1（b）为碗头挂环；图 1

（c）为直角挂板；图 1（d）为 U 形挂环；图 1（e）为二联板。图 1（a）～（e）所示均属连接金具。

2. 答：1）Z：直线塔；2）N：耐张塔；3）J：转角塔；4）ZJ：直线转角塔；5）D：终端塔；6）F：分支塔；7）K：跨越塔；8）H：换位塔。

中级送电线路工技能要求试卷答案

一、答案如下

编 号	C54B028	行为领域	e	鉴定范围	1
考试时限	60min	题 型	B	题 分	100
试题正文	电杆上安装 35kV 单瓷横担（上字型排列）的操作				
需要说明的问题和要求	1. 要求杆上单独操作，杆下设一监护人，一配合人员 2. 利用教学培训杆 3. 要求着装正确（穿工作服、工作胶鞋，戴安全帽，系安全带） 4. 提供安装图纸 5. 定出线路供电方向 6: 安装硅橡胶合成横担式绝缘子可参照此题				
工具、材料、设备、场地	1. 个人工具 2. 登杆工具自选 3. 吊绳，钢卷尺 4. CD–35–6 型瓷横担三支并带螺栓 5. 上瓷横担支架（铁横担）一套、下瓷横担支架（铁横担）一套				

	序号	项目名称	质量要求	满分	扣分
评分标准	1	工作准备			
	1.1	检查工具、材料	齐全	4	错、漏一项扣 2 分
	1.2	工具、材料摆放	材料摆放整齐而有序，剪断螺栓带在身上，瓷横担安装螺栓装在瓷横担安装孔上	4	不正确扣 1～3 分
	1.3	瓷横担拭擦	干净	2	不干净扣 1～2 分
	1.4	查看图纸	了解安装尺寸	4	不正确扣 1～3 分

	序号	项目名称	质量要求	满分	扣分
	2	上杆至工作面			
	2.1	登杆动作熟练，带传递绳头上杆	动作正确	3	不正确扣 1～2 分
	2.2	正确使用安全带	位置正确，系好后检查扣环是否扣牢	4	不正确扣 1～3 分
	2.3	杆上站立姿式、位置正确	瓷横担装在受电侧，人站在受电侧	4	不正确扣 1～3 分
	3	装上支架			
	3.1	用钢卷尺量出安装上支架的位置	位置正确	3	不正确扣 1～2 分
评分标准	3.2	将上支架用传递绳吊上	动作正确	3	不正确扣 1～2 分
	3.3	安装上支架	要求支架垂直于线路方向	1	不正确扣 1～3 分
	3.4	安装 U 形抱箍	不能少垫片，螺母要拧紧，双母并紧	1	漏一件扣 2 分 不正确扣 1～3 分
	4	装上瓷横担			
	4.1	瓷横担吊上电杆，将瓷横担头部放在肩上，安装部位放在上支架上并用一手扶住安装部位	操作正确	5	不正确扣 1～4 分
	4.2	将瓷横担螺栓拆开，扶住安装部位的手拿住螺母，另一手将螺杆由上向下穿入安装孔内，用手拧紧螺母	操作正确	5	不正确扣 1～4 分
	4.3	将瓷横担从肩上推出，使剪断螺栓孔对齐	操作正确	5	不正确扣 1～4 分

428

	序号	项目名称	质量要求	满分	扣分
评分标准	4.4	剪断螺栓由上往下穿入并拧紧，解开吊绳	操作正确	4	不正确扣1~3分
	4.5	检查瓷横担是否垂直线路方向，将瓷横担螺栓拧紧	瓷横担垂直线路方向，瓷横担螺栓双帽拧紧	4	不正确扣1~3分
	5	装下支架及下瓷横担			
	5.1	下至下支架安装处，量出下支架安装位置	位置正确	4	不正确扣1~3分
	5.2	所站工作位置正确	要求安全带与下支架安装点在同一平面上	4	不正确扣1~3分
	5.3	将下支架用传递绳吊上	先放在安全带上，解开吊绳	5	不正确扣1~3分
	5.4	装下支架	要求上下支架平行，并且上下支架及瓷横担在同一平面上并垂直于线路方向	5	不正确扣1~4分
	5.5	装下瓷横担	按上述方法安装另外两支瓷横担	5	不正确扣1~4分
	6	其他要求			
	6.1	操作要求	杆上不能掉东西	4	每掉一件小东西扣2分，大东西扣5分
	6.2	着装正确	应穿工作服、工作胶鞋、戴安全帽	2	每漏一项扣1分
	6.3	动作要求	动作熟练流畅	5	不熟练扣1~4分
	6.4	时间要求	按时完成	4	超过时间不给分，每超过2min倒扣1分

二、答案如下

编　号	C54C039	行为领域	e	鉴定范围	1
考试时限	60min	题　型	C	题　分	100
试题正文	指挥用单抱杆起立 15m 拔梢杆的操作				

需要说明的问题和要求	1. 工具、材料已在现场，所有锚桩已经安装好 2. 指挥布置工作现场，指挥各道工序，设一安全员协助检查 3. 立电杆的单抱杆用小抱杆起立 4. 准备以下工具：长度 10m 左右 30kN 以上抱杆一根，6m 左右小抱杆一副，机动绞磨一台，直径 11～12.5mm 牵引钢丝绳约 100m，角铁桩（12～14 根）；直径 11mm 临时拉线，大于 20m，4 根；30kN 滑轮组（两轮、三轮各一只），20kN 滑轮一只，钢丝绳套 3～4 只，大锤 3～5 把，铁锹 2 把，夯一只，卸扣，登杆工具，个人工具，吊绳 3～4 根，花篮螺栓式联扣 5 副，钢钎等，红、绿旗，如土质不行应增加角铁桩或地锚

工具、材料、设备、场地	在培训场地操作

<table>
<tr><td rowspan="9">评
分
标
准</td><td>序号</td><td>项 目 名 称</td><td>质 量 要 求</td><td>满分</td><td>扣　　分</td></tr>
<tr><td>1</td><td>工作准备</td><td></td><td></td><td></td></tr>
<tr><td>1.1</td><td>检查材料齐备情况</td><td>指定专人检查并亲自抽查</td><td>1</td><td>不正确不给分</td></tr>
<tr><td>1.2</td><td>检查材料规格型号及质量</td><td>指定专人检查并亲自抽查</td><td>1</td><td>不正确不给分</td></tr>
<tr><td>1.3</td><td>检查工具齐备情况</td><td>指定专人检查并亲自抽查</td><td>2</td><td>不正确扣 1～2 分</td></tr>
<tr><td>1.4</td><td>检查工具规格型号、质量及符合安全要求</td><td>指定专人检查并亲自抽查</td><td>2</td><td>不正确扣 1～2 分</td></tr>
<tr><td>1.5</td><td>检查机动绞磨</td><td>指定专人检查并启动试验</td><td>4</td><td>不正确扣 1～2 分</td></tr>
<tr><td>1.6</td><td>检查杆坑尺寸</td><td>指定专人检查并亲自参与</td><td>2</td><td>不正确扣 1～2 分</td></tr>
<tr><td>2</td><td>人员分工（具体落实到人）</td><td></td><td></td><td></td></tr>
</table>

	序号	项 目 名 称	质 量 要 求	满分	扣　　分
评 分 标 准	2.1	副指挥 1 人	具体落实到人	1	每错、漏一项扣 1 分
	2.2	安全员 1 人	人员安排正确	1	
	2.3	安全拉线每点 2 人，共 8 人	人员安排正确	1	
	2.4	机动绞磨 2 人	人员安排正确	1	
	2.5	杆上人员及机动人员	人员安排正确	1	
	3	宣讲安全事项			
	3.1	统一指挥信号	讲解正确	1	一项不正确扣 1 分
	3.2	所有工作人员要服从指挥，互相关心施工安全	督促大家执行	1	
	3.3	所有起重工具认真检查，不合格者不准使用，不准超载	指派安全员或专人负责检查落实	1	
	3.4	电杆起立时，除指定人员外，其他人员在杆高 1.2 倍距离以外	督促大家执行	1	
	3.5	不能站在受力钢丝绳内侧，不准跨越受力钢丝绳	督促大家执行	1	
	3.6	各桩锚有专人看守	指派专人负责	1	
	3.7	不准闲人进入工作现场	督促大家执行	1	
	3.8	现场工作人员应戴安全帽，杆上工作人员应使用安全带	督促大家执行	1	

序号	项目名称	质量要求	满分	扣分
3.9	根据现场情况补充	安全员和大家发言	1	一项不正确扣1分
4	起立抱杆准备工作	要求现场实际操作。如果是模拟操作，要仔细分派人员、交代工作、提出要求		每错、漏一项扣1～3分
4.1	将四方的临时拉线锚桩安装好	指挥正确，结果也正确。安装距离为杆高1.2～1.3倍，方向各为90°，其中两根应与电杆和抱杆脚连线方向一致，并在一条直线上	3	
4.2	将机动绞磨锚桩安装好	指挥正确，结果也正确安装方向应与电杆摆设方向一致，距离为电杆高度1.2倍以上	3	
4.3	单抱杆脚应设在离开杆坑 1m左右，视土质情况，距离近些为好。必要时采取防沉、防塌措施	指挥正确，结果也正确	3	
4.4	单抱杆摆放应与电杆同一方向，根部朝机动绞磨方向	指挥正确，结果也正确	3	
4.5	在单抱杆根部安装角桩，代替制动，必要时安装抱杆制动系统	指挥正确，结果也正确	3	
4.6	小抱杆双脚分开 1.8m左右，双脚放在单抱杆根部，向头部方向前进约 1.5m，两脚连线与大抱杆垂直	指挥正确，结果也正确	3	

评分标准

	序号	项目名称	质量要求	满分	扣分
评分标准	4.7	将滑轮组及四方临时拉线挂在单抱杆头部，动滑轮挂在单抱杆根部	指挥正确，结果也正确	3	每错、漏一项扣1～3分
	4.8	四方临时拉线分开拉至各自的锚桩	指挥正确，结果也正确	3	
	4.9	将牵引钢丝绳放在小抱杆顶部，并用一根吊绳中部绑紧小抱杆头，一端翻过牵引钢丝绳作为小抱杆反向拉线，另一端作为木抱杆起立拉绳	指挥正确，结果也正确	3	
	5	起立抱杆	要求现场实际操作。如果是模拟操作，要仔细分派人员、交代工作、提出要求		
	5.1	派两人各自稳住木抱杆根部，再派两人扛起木抱杆。两人拉起拉绳的一端将小抱杆拉起至60°左右，并将吊绳两端暂时固定	指挥正确，结果也正确。检查调整使单抱杆中心、小抱杆中心、单抱杆制动中心、牵引中心在一条直线上	3	一项不正确扣1～3分
	5.2	收紧牵引钢丝绳，使它受力，松开吊绳两端，开动绞磨并指挥临时拉线使单抱杆平稳立起	指挥正确，结果也正确	3	

	序号	项目名称	质量要求	满分	扣分
评分标准	5.3	小抱杆快失效时要拉紧小抱杆反向拉绳，使小抱杆轻轻倒下并及时收走	指挥正确，结果也正确	3	一项不正确扣1~3分
	5.4	松开动滑轮与抱杆根部的连接，将四方临时拉线调整好并扎紧	指挥正确，结果也正确。使动滑轮自然下垂对准杆坑的边部（抱杆一受力就能对准杆坑中心）	3	
	6	起立电杆	要求现场实际操作。如果是模拟操作，要仔细分派人员、交代工作、提出要求		
	6.1	计算出抱杆有效高度并留下0.5m 左右余量，确定电杆吊点位置，一定要在重心以上	在不影响工作前提下，吊点高些有利于电杆调直。指挥正确，结果也正确	3	一项不正确扣1~3分
	6.2	用大于 12.5mm 的钢丝绳套套在吊点位置上，并用卸扣与动滑轮连接好，杆梢绑内根棕绳	指挥正确，结果也正确	3	
	6.3	用大于 12.5mm 的钢丝扣在抱杆根部，上连接 10~20kN 的导向滑轮，牵引绳从滑轮穿出	指挥正确，结果也正确	3	

434

	序号	项 目 名 称	质 量 要 求	满分	扣 分
评分标准	6.4	开动绞磨,待电杆离地后认真检查各受力点及各锚桩并冲击检查,确无问题,继续起吊。密切注意电杆重心变化,必要时用钢钎移动电杆,将电杆重心对准杆坑	指挥正确,结果也正确	3	一项不正确扣1~3分
	6.5	电杆根部快离地时,派两人用绳子套住电杆根部,控制电杆摆动,继续起吊,并将电杆对准杆坑,及时停止牵引	指挥正确,结果也正确	3	
	6.6	绞磨倒车将电杆慢慢放入杆坑,到位后拉动杆梢绳子,调整电杆铅直,并及时回土分层夯实	指挥正确,结果也正确	3	
	6.7	杆根牢固后,登杆拆除吊绳及吊点	指挥正确,结果也正确	3	
	7	其他要求			
	7.1	技术要求	指挥熟练、果断、正确、有条理	5	不正确扣1~5分
	7.2	处理问题	老练正确	5	不正确扣1~5分
	7.3	时间要求	按时完成	4	模拟操作时间不给分,实际操作酌情给分

6 组卷方案

6.1 理论知识考试组卷方案

技能鉴定理论知识试卷每卷不应少于五种题型，其题量为45～60题（试卷的题型与题量的分配，参照附表）。

附表　　　　试卷的题型与量的分配（组卷方案）表

题　型	鉴定工种等级		配　分	
	初级、中级	高级工、技师	初级、中级	高级工、技师
选　择	20题（1～2分/题）	20题（1～2分/题）	20～40	20～40
判　断	20题（1～2分/题）	20题（1～2分/题）	20～40	20～40
简答/计算	5题（6分/题）	5题（5分/题）	30	25
绘图/论述	1题（10分/题）	1题（5分/题） 2题（10分/题）	10	15
总　计	45～55	47～60	100	100

6.2 技能操作考核方案

对于技能操作试卷，库内每一个工种的各技术等级下，应最少保证有5套试卷（考核方案），每套试卷应由2～3项典型操作或标准化作业组成，其选项内容互为补充，不得重复。

技术操作考核由实际操作与口试或技术答辩两项内容组成，初、中级工实际操作加口试进行，技术答辩一般只在高级工、技师、高级技师中进行，并根据实际情况确定其组织方式和答辩内容。